AD KONINGS

Atlas der Malawisee Cichliden

Ad Konings

Atlas der Malawisee Cichliden

Band II

Petrotilapia* sp. – *Tyrannochromis nigriventer

Petrotilapia sp. „mumbo yellow", Mumbo, Männchen

©1996 by bede-Verlag, Bühlfelderweg 12, 94239 Ruhmannsfelden, Germany
Herstellung und Gestaltung: Marcus Degen
Bildnachweis: Alle Bilder Ad Konings, außer wenn anders aufgeführt
Durchsicht des deutschen Manuskripts: Sabine Melke

Band II: ISBN: 3-931 792-10-2
Band I: ISBN: 3-931 792-09-9 (Band I enthält die Arten *Alticorpus macrocleithrum bis Pallidochromis tokolosh*)

Die Arten *Alticorpus macrocleithrum* bis *Palidochromis nigriventer* finden Sie, ebenso ausführlich, im Band I des Atlas der Malawisee Cichliden.

Außerdem enthält der Band I die allgemeinen einleitenden Kapitel · Der Malawisee · Das Aquarium für Malawisee Cichliden · Impressionen vom Leben am Malawisee, sowie eine Übersicht über die Merkmale der Gattungen der Malawisee Cichliden.

ISBN 3-931 792-09-9

Petrotilapia sp. "black flank"

HANDELSNAMEN: Diese Art wurde noch nicht exportiert.
VERBREITUNG: *P.* sp. "black flank" scheint an den Felsriffen und Inseln in der Nähe von Chilumba endemisch zu sein.
VARIANTEN UND MORPHEN: Keine bekannt.
MAXIMALE LÄNGE: *P.* sp. "black flank" wird etwa 14cm lang.
BIOTOP: Dieser Mbuna wird primär im sedimentfreien Felsenbiotop von der Wasseroberfläche an bis in 10m Tiefe angetroffen.
ERNÄHRUNG: Wie alle anderen *Petrotilapia* Arten, frißt er vom sedimentfreien Aufwuchs. Die vielen, dreispitzigen Zähne sind sehr schlank und flexibel. Wenn die breiten Lippen gegen das Substrat gepreßt werden, passen sich die Zähne dem Profil des Felses an. Wird das Maul geschlossen, kämmen alle Zähne gemeinsam die lockeren Algen aus dem Substrat. Unter diesem lockeren Material befinden sich zahlreiche winzige Kieselalgen, die die Algenstränge als Substrat benutzen.
ABLAICHVERHALTEN: Territoriale Männchen findet man das ganze Jahr über. Sie verteidigen eine Höhle in der oberen Region des Biotops. Weibchen und nicht brütenden Männchen suchen allein nach Nahrung.
ÄHNLICHE ARTEN: Brütende *P.* sp. "black flank" Männchen sind durch einen sehr dunkelblauen Körper und einen orangegelb gefärbten Rand der Schwanzflosse und des weichstrahligen Teils der Rückenflosse gekennzeichnet. Die Weibchen sind bräunlich und zeigen ein Pigmentierungsmuster aus senkrechten Bändern und horizontalen Fleckenreihen. Ein submarginales, schwarzes Band ist in der Rückenflosse sichtbar. Die Weibchen gleichen denen von *P.* sp. "likoma barred", die viel dunkler gefärbt sind und denen die deutlichen, horizontalen Punktreihen fehlen. Sowohl die Männchen als auch die Weibchen von *P.* sp. "black flank" gleichen *P. nigra.* Die brütenden Männchen der letztgenannten Art zeigen deutliche, senkrechte Bänder. Die Weibchen haben eine hellbraunere Farbe als die von *P.* sp. "black flank". *P.* sp. "eastern gold" Männchen sind schwer von *P.* sp. "black flank" zu unterscheiden; die Weibchen sind jedoch leuchtendgelb.

Petrotilapia sp. „black flank", Katale

Petrotilapia sp. „black flank", Mpanga Rocks

Petrotilapia sp. "chitande"

HANDELSNAMEN: Diese Art wurde noch nicht exportiert.
VERBREITUNG: *P.* sp. "chitande" kommt an der Küste zwischen Selewa und Ngara vor. Er wurde bei Chewere, Mdoka, der Insel Chitande, der Insel Chirwa und an der Küste südlich von Selewa gefunden.
VARIANTEN UND MORPHEN: Die Männchen bei Mdoka haben eine größere, gelbgefärbte Stelle auf dem Körper als die Männchen an anderen Stellen. Die Tiere der südlichen Populationen, bei Selewa, haben ein breiteres, submarginales Band auf der Rückenflosse, als die der nördlichen.
MAXIMALE LÄNGE: *P.* sp. "chitande" erreicht eine Gesamtlänge von etwa 15cm.
BIOTOP: Er kommt im sehr seichten Felsenbiotop in 3 bis 10m Tiefe vor. Manchmal wird er auch in der Übergangszone angetroffen.
ERNÄHRUNG: Wie alle *Petrotilapia* frißt er vom sedimentfreien Aufwuchs. Seine Nahrung besteht aus lockeren Algen, die vom Felssubstrat abgekämmt werden.
ABLAICHVERHALTEN: Territoriale Männchen kommen das ganze Jahr über vor. Sie verteidigen eine Höhle, die gegen einen Fels gebaut wurde. Die Weibchen und nicht-brütenden Männchen suchen allein nach Nahrung. Jungtiere findet man vorwiegend in extrem seichten Felsregionen.
ÄHNLICHE ARTEN: Brütende *P.* sp. "chitande" Männchen sind durch eine hellblaue Körperfarbe, ein schwarzes, submarginales Band auf der Rückenflosse und eine gelbe Färbung auf dem unteren Teil von Körper und Kopf gekennzeichnet. Er ähnelt sehr *P. genalutea* und könnte sogar mit dieser Art artgleich sein. *P.* sp. "chitande"

Petrotilapia sp. „chitande", Chewere, Weibchen

Petrotilapia sp. „chitande", Chirwa Is.

Petrotilapia sp. „chitande", Chewere, Männchen

Petrotilapia sp. „chitande", Chitande Is.

Weibchen haben eine gelbliche Färbung und zwei horizontale Fleckenreihen und senkrechte Bändern auf dem Körper. Das Pigmentierungsmuster ist nicht so stark ausgeprägt wie bei *P. genalutea*.

Petrotilapia sp. "chitimba"

HANDELSNAMEN: Diese Art wurde noch nicht exportiert.
VERBREITUNG: *P.* sp. "chitimba" wurde nur in Chitimba Bay, südlich von Chilumba gefunden.
VARIANTEN UND MORPHEN: Keine bekannt.
MAXIMALE LÄNGE: Die Männchen können maximal eine Gesamtlänge von etwa 16cm erreichen; die Weibchen bleiben um ein Viertel der Länge des Männchens kleiner.
BIOTOP: *P.* sp. "chitimba" lebt in der Übergangszone, die aus flachen Sandsteinplatten, die dick mit Sediment bedeckt sind, und Sand besteht. Das Chitimba Reef befindet sich in etwa 20-25m Tiefe und ist der einzige Platz, an dem *P.* sp. "chitimba" gefunden wurde. *Petrotilapia* Mitglieder werden selten in solchen Tiefen angetroffen und wenn, dann nur im sedimentfreien Felsenbiotop.
ERNÄHRUNG: *P.* sp. "chitimba" kämmt lockeres Material von den Sandsteinplatten an Stellen, die relativ frei von Sediment sind, wurde aber auch beim Planktonfressen beobachtet.
ABLAICHVERHALTEN: Ein territoriales Männchen verteidigt die Oberfläche einer großen Platte gegen Artgenossen. Andere Arten werden größtenteils im Revier des Männchens toleriert. Maulbrütende Weibchen schwimmen im Biotop umher, da es nur wenig Stellen zum Verstecken gibt und die in der Regel von anderen territorialen Arten besetzt sind. Die Jungtiere werden in derselben Tiefe freigesetzt und fressen vorwiegend Plankton.
ÄHNLICHE ARTEN: *P.* sp. "chitimba" ist durch sehr deutliche, breite, senkrechte Bänder gekennzeichnet und ist als solcher von allen anderen *Petrotilapia* Arten zu unterscheiden. Die Weibchen haben ein sehr deutliches Muster aus senkrechten Bändern und eine viel hellere Hintergrundfarbe als *P.* sp. "likoma barred" und *P.* sp. "mumbo blue".

Petrotilapia sp. „chitimba", Männchen

Petrotilapia sp. „fuscous", Mbenji

Petrotilapia sp. „chitimba", juvenile

Petrotilapia sp. „fuscous", Maleri

Petrotilapia sp. "fuscous"

HANDELSNAMEN: Diese Art wurde niemals exportiert.
VERBREITUNG: *P.* sp. "fuscous" kommt um die Maleri Inseln und bei Mbenji vor.
VARIANTEN UND MORPHEN: Keine bekannt.
MAXIMALE LÄNGE: *P.* sp. "fuscous" erreicht eine Gesamtlänge von etwa 14cm.
BIOTOP: Er kommt im Felsenbiotop in 5 bis 20m Tiefe vor.
ERNÄHRUNG: Wie alle *Petrotilapia* frißt er vom sedimentfreien Aufwuchs und sammelt lockere Algen, die er vom Aufwuchs der Felsen abkämmt.
ABLAICHVERHALTEN: Territoriale Männchen kommen das ganze Jahr über vor. Sie verteidigen eine Höhle zwischen den Felsen. Artgleiche Männchen werden aggressiv vom Nest weggejagt, aber andere Arten werden toleriert. Die Weibchen und nichtbrütenden Männchen leben einzeln.
ÄHNLICHE ARTEN: Brütende *P.* sp. "fuscous" Männchen besitzen eine dunkelbraune bis blaubraune Körperfarbe; Brust und Bauch sind orange gefärbt. Manchmal reicht die orange Farbe bis zu den Wangen. Die Weibchen haben eine dunkle Farbe, viel dunkler als *P. genalutea,* mit einem schwarzen, submarginalen Band auf der Rückenflosse und zwei horizontalen Punktreihen auf dem Körper.

Petrotilapia genalutea

MARSH, 1983
HANDELSNAMEN: Petrotilapia Tridentiger, Petrotilapia Pointed Head.
VERBREITUNG: *P. genalutea* kommt an jeder Felsküste südlich von Ruarwe an der Westseite und südlich des Flusses Ruhuhu an der Ostseite vor und wird sogar an dem südlichsten Felsvorsprung, den Chemwezi Rocks gefunden. Er kommt auch an jeder Insel zwischen diesen beiden Stellen, außer bei Likoma, Chizumulu, Chinyankwazi und Chinyamwezi vor.
VARIANTEN UND MORPHEN: Auf den Abbildungen sind die geringen Unterschiede in den Populationen an den verschiedenen Stellen erkennbar. Die Weibchen sind in allen bekannten Populationen sehr ähnlich.
MAXIMALE LÄNGE: *P. genalutea* erreicht eine Gesamtlänge von etwa 16cm.

BIOTOP: Er kommt im seichten Felsenbiotop in 3 bis 20m Tiefe vor, wird aber auch oft in der Übergangszone gesehen.
ERNÄHRUNG: Wie alle *Petrotilapia* frißt er vom sedimentfreien Aufwuchs des Felssubstrats. Manchmal schwimmen große Schulen nahrungssuchender Tiere durch den Biotop und durchkämmen die reichen Algenmatten (Algengärten), die normalerweise in den Revieren sehr aggressiver Arten vorkommen. Wegen ihrer großen Zahl ist der Besitzer eines solchen Reviers nicht in der Lage, seinen Besitz vor diesen eindringenden Pflanzenfressern zu verteidigen.
ABLAICHVERHALTEN: Territoriale Männchen kommen das ganze Jahr über vor. Sie verteidigen eine Höhle zwischen den Felsen. Artgleiche Männchen werden aggressiv vom Nest vertrieben, aber andere Arten werden toleriert. Die Weibchen und nichtbrütenden Männchen suchen in bisweilen großen Gruppen nach Nahrung, während die maulbrütenden Weibchen sich zwischen den Felsen zu verstecken scheinen.
ÄHNLICHE ARTEN: Brütende *P. genalutea* Männchen sind durch einen hellblauen Körper, ein schwarzes, submarginales Band auf der Rückenflosse und eine gelbe Färbung der Kopfunterseite gekennzeichnet. Er gleicht sehr *P.* sp. "chitande" und könnte sogar artgleich mit ihm sein. *P. genalutea* Weibchen erkennt man an den beiden horizontalen Reihen großer Flecken. die seitliche Mittellinie kann auch aus miteinander verschmolzenen Flecken bestehen, die als ein breites Band erscheinen. Das Pigmentierungsmuster ist deutlich und die Grundfarbe weißlich, was sie von *P.* sp. "chitande" Weibchen unterscheidet. Letztere haben eine gelbliche Grundfarbe mit undeutlicher, senkrechter Bänderung.

Petrotilapia genalutea, Makokola Reef, Weibchen

Petrotilapia genalutea, Ilala Gap, Weibchen

Petrotilapia genalutea, Boadzulu, Männchen

Petrotilapia genalutea, Eccles Reef

Petrotilapia genalutea, Mumbo Is., Männchen

Petrotilapia genalutea, Maleri

Petrotilapia genalutea, Makanjila Point

Petrotilapia genalutea, Cóbué, Männchen

Petrotilapia genalutea, Mundola

Petrotilapia genalutea, Cóbué, Weibchen

Petrotilapia genalutea, Selewa

Petrotilapia genalutea, Tumbi Point

Petrotilapia genalutea, Ntumba

Petrotilapia genalutea, Gome

Petrotilapia sp. "gold"

HANDELSNAMEN: *Petrotilapia* Tridentiger Gold. Nur Weibchen wurden exportiert, als es noch erlaubt war. Sie waren mit *P.* sp. "yellow chin" Männchen "gepaart".
VERBREITUNG: *P.* sp. "gold" kommt um die Inseln Chinyankwazi und Chinyamwezi vor.
VARIANTEN UND MORPHEN: Die Weibchen bei Chinyankwazi haben ein etwas stärker ausgeprägtes Pigmentierungsmuster als die bei Chinyamwezi.

Petrotilapia sp. „gold", Chinyamwezi, Männchen

Petrotilapia sp. „gold", Chinyamwezi, Weibchen

Petrotilapia sp. „gold", Chinyankwazi, Weibchen

MAXIMALE LÄNGE: *P.* sp. "gold" erreicht maximal eine Gesamtlänge von etwa 16cm.
BIOTOP: Er kommt im Felsenbiotop von der Wasseroberfläche bis in etwa 30m Tiefe vor.
ERNÄHRUNG: Wie alle *Petrotilapia* frißt er vom sedimentfreien Aufwuchs und kämmt lockere Algen vom Substrat. Unter dem lockeren Material befinden sich massenhaft winzige Kieselalgen, die die Nahrung anreichern.
ABLAICHVERHALTEN: Territoriale Männchen sieht man das ganze Jahr über. Sie verteidigen eine Höhle zwischen den Felsen oder eine Stelle zwischen zwei großen Felsblöcken. Die Weibchen und nichtbrütenden Männchen leben in großen Schulen.
ÄHNLICHE ARTEN: Brütende *P.* sp. "gold" Männchen sind durch eine dunkelblaue bis schwarze Körperfarbe mit schwarzen Bändern gekennzeichnet. Die unpaarigen Flossen sind schwarz. *P.* sp. "gold eastern" Männchen haben eine mehr bläuliche Farbe mit einem orangen Rand auf der Rückenflosse. Die Weibchen der letztgenannten Art zeigen kein derart deutliches Fleckenmuster wie die *P.* sp. "gold" Weibchen.

Petrotilapia sp. "gold eastern"

HANDELSNAMEN: Diese Art wurde noch nicht exportiert.
VERBREITUNG: *P.* sp. "gold eastern" kommt an der Ostküste, nördlich von Ntekete, vor.
VARIANTEN UND MORPHEN: Die Weibchen der Populationen südlich des Flusses Nsinje haben ein Muster aus zwei undeutlichen Fleckenreihen, während sie nördlich des Flusses fast völlig goldgelb sind.
MAXIMALE LÄNGE: *P.* sp. "gold eastern" wird etwa 12cm lang.
BIOTOP: Dieser Mbuna wird im Felsenbiotop in 5 bis 20m Tiefe gefunden, kommt aber auch in der Übergangszone vor.
ERNÄHRUNG: Ihre Nahrung besteht aus lockeren Algen, die sie vom Aufwuchs der Felsen abkämmen. In tieferen Schichten und an sedimentreicheren Stellen frißt *P.* sp. "gold eastern" an den senkrechten Flächen der Felsen und nicht von der mit Sediment bedeckten Oberfläche.
ABLAICHVERHALTEN: Territoriale Männchen sind das ganze Jahr über zu finden. Sie verteidigen aggressiv einen Laichplatz zwischen den Felsen, normalerweise in einer kleinen Höhle. Die Weibchen und nichtbrütenden Männchen suchen alleine nach Nahrung. Jungtiere findet man in seichtem Wasser.
ÄHNLICHE ARTEN: Brütende *P.* sp. "gold eastern" Männchen sind durch einen blauen Körper, einen schmalen, orangegelben Rand der Schwanzflosse und des weichstrahligen Teils der Rückenflosse gekennzeichnet. Die Weibchen sind leuchtendgelb mit einem undeutlichen Muster aus senkrechten Bändern und manchmal zwei horizontalen Punktreihen. Sie unterscheiden sich nicht

Petrotilapia sp. „gold eastern", Masinje, Weibchen

Petrotilapia sp. „likoma barred", Ndumbi/Likoma, Männ.

Petrotilapia sp. „gold eastern", Ntekete, Männchen

Petrotilapia sp. „likoma barred", Ndumbi/Likoma, Weib.

von den *P.* sp. "small blue" Weibchen. Ferner gleichen sie den *P.* sp. "gold" Weibchen, die größer sind und immer zwei horizontale Punktreihen zeigen. Die brütenden Männchen gleichen denen der *P. nigra* Gruppe. Die Männchen dieser Gruppe sind durch eine generell dunkelblaue Grundfarbe und einen gelborangen Rand an der Rücken- und Schwanzflosse gekennzeichnet.

Petrotilapia sp. "likoma barred"

HANDELSNAMEN: Diese Art wurde noch nicht exportiert.
VERBREITUNG: *P.* sp. "likoma barred" wird an der Insel Likoma und dem Taiwan Reef gefunden.
VARIANTEN UND MORPHEN: Keine bekannt.
MAXIMALE LÄNGE: *P.* sp. "likoma barred" erreicht eine Gesamtlänge von etwa 20cm.
BIOTOP: Er kommt im Felsenbiotop bei Likoma vom Wasserspiegel bis in 10m Tiefe und am Taiwan Reef von 7 bis 30m Tiefe vor.
ERNÄHRUNG: Ihre Nahrung besteht aus lockeren Algen, die im Aufwuchs der Felsen vorkommen. Wie alle *Petrotilapia* frißt er von sedimentfreiem Aufwuchs.
ABLAICHVERHALTEN: Brütende Männchen sind territorial und kommen das ganze Jahr über vor. Ihre Reviere sind um eine Höhle im Felsenbiotop zentriert und haben einen Durchmesser von manchmal über 5m. Die Weibchen leben in kleinen Gruppen oder einzeln. Maulbrütende Weibchen verstecken sich zwischen den Felsen.
ÄHNLICHE ARTEN: Brütende *P.* sp. "likoma barred" Männchen sind an ihrem Muster aus deutlichen, senkrechten Bändern und einem schwarzen, submarginalen Band auf der Rückenflosse zu erkennen. Sie gleichen brütenden *P.* sp. "mumbo blue" Männchen, die eine etwas andere blaue Farbe haben und denen die gelbe Färbung auf den Lippen fehlt. Dieses letztgenannte Merkmal ist nicht immer bei *P.* sp. "likoma barred" erkennbar. Die Weibchen beider Arten können leicht auseinandergehalten werden. *P.* sp. "mumbo blue" Weibchen haben eine hellere Farbe und zeigen kein Pigmentierungsmuster aus senkrechten Bändern. Die *P.* sp. "likoma barred" Weibchen haben ein Muster aus senkrechten Bändern und ein schwarzes, submarginales Band auf der Rückenflosse.

Petrotilapia sp. "likoma variable"

HANDELSNAMEN: Diese Art wurde noch nicht exportiert.
VERBREITUNG: *P.* sp. "likoma variable" ist an der Insel Likoma endemisch.
VARIANTEN UND MORPHEN: Die Männchen unterscheiden sich in der Intensität und dem Schimmer der blauen Farbe. Unterschiedlich gefärbte Männchen kommen nebeneinander vor.
MAXIMALE LÄNGE: *P.* sp. "likoma variable" erreicht eine Gesamtlänge von etwa 18cm.
BIOTOP: Er kommt im Felsenbiotop vom Wasserspiegel bis in etwa 20m Tiefe vor.
ERNÄHRUNG: Lockere Algen, die vom Aufwuchs der Felsen abgekämmt werden, stellen den Hauptanteil seiner Nahrung.
ABLAICHVERHALTEN: Territoriale Männchen kommen das ganze Jahr über vor; sie verteidigen eine Höhle zwischen den Felsen. Ihre Reviere sind sehr groß und können einen Durchmesser von etwa 4m haben. Artgleiche Männchen werden aggressiv vom Revier vertrieben, aber andere Arten werden toleriert. Die Weibchen und nichtbrütenden Männchen leben normalerweise allein.
ÄHNLICHE ARTEN: Brütende *P.* sp. "likoma variable" Männchen sind an dem ganz blauen Körper mit gelblicher Schnauze, Brust und Bauch zu erkennen. Das Blau ist viel dunkler als bei *P.* sp. "yellow chin" Männchen, mit denen er verwechselt werden könnten. Den braunen Weibchen fehlt ein deutliches, submarginales Band auf der Rückenflosse, das bei *P.* sp. "likoma barred" Weibchen sehr deutlich ist.

Petrotilapia sp. „likoma variable", Masimbwe, Männchen

Petrotilapia sp. „likoma variable", Masimbwe, Weibchen

Petrotilapia sp. "mumbo blue"

HANDELSNAMEN: Diese Art wurde noch nicht exportiert.
VERBREITUNG: *P.* sp. "mumbo blue" kommt bei Mumbo, Thumbi West und an der Insel Mbenji vor.
VARIANTEN UND MORPHEN: Es sind keine bekannt. Ich konnte diese Art bisher noch nicht an der Insel Mbenji beobachten.
MAXIMALE LÄNGE: *P.* sp. "mumbo blue" erreicht eine Gesamtlänge von etwa 17cm.
BIOTOP: Er kommt im sedimentfreien Felsenbiotop vom

Petrotilapia sp. „mumbo blue", Mumbo, Männchen

Petrotilapia sp. „mumbo blue", Mumbo, Weibchen

Wasserspiegel bis in etwa 6m Tiefe vor.
ERNÄHRUNG: Wie alle *Petrotilapia* frißt er die lockeren Algen vom sedimentfreien Aufwuchs. Unter dem lockeren Material befinden sich massenhaft winzige Kieselalgen, die die Nahrung des Fischs anreichern.
ABLAICHVERHALTEN: Territoriale Männchen kommen das ganze Jahr über vor und verteidigen in den oberen Bereichen des Felsenbiotops ein großes Gebiet. Artgleiche Männchen werden aggressiv aus dem Revier vertrieben, aber Weibchen und andere Arten werden innerhalb der Grenzen toleriert.
ÄHNLICHE ARTEN: Brütende *P.* sp. "mumbo blue" Männchen erkennt man an dem Muster aus deutlichen, senkrechten Bändern und einem schwarzen, submarginalen Band in der Rückenflosse. Sie gleichen brütenden *P.* sp. "likoma barred" Männchen, die dunkler gefärbt sind und größere adulte Tiere haben. *P.* sp. "mumbo blue" Weibchen sind rehbraun und haben ein deutliches, schwarzes, submarginales Band auf der Rückenflosse. Die P. sp. "likoma barred" Weibchen zeigen ein Muster aus deutlichen, senkrechten Bändern.

Petrotilapia sp. "mumbo yellow"

HANDELSNAMEN: Diese Art wurde noch nicht exportiert.
VERBREITUNG: *P.* sp. "mumbo yellow" ist an der Insel Mumbo endemisch.
VARIANTEN UND MORPHEN: Diese Art wurde noch nicht sorgfältig untersucht. Es scheint jedoch, daß brütende Männchen in tieferen Schichten eine leuchtendere gelbe Farbe zeigen als Männchen aus seichteren Regionen.
MAXIMALE LÄNGE: *P.* sp. "mumbo yellow" erreicht eine Gesamtlänge von etwa 16cm.
BIOTOP: Er kommt im Sandbiotop vom Wasserspiegel bis in etwa 25m Tiefe vor. Die meisten Tiere leben unter 10m Tiefe.
ERNÄHRUNG: Wie alle *Petrotilapia* frißt er lockere Algen aus dem sedimentfreien Aufwuchs. In tieferen Regionen, wo der Aufwuchs auf den Felsen von einer dünnen Sedimentschicht bedeckt ist, zieht es *Petrotilapia* vor, an den senkrechten Flächen oder sogar an der Unterseite der Felsen zu fressen.
ABLAICHVERHALTEN: Territoriale Männchen kommen

Petrotilapia sp. „mumbo yellow", Mumbo, Männchen

Petrotilapia sp. „mumbo yellow", Mumbo, Männchen

Petrotilapia nigra, Thumbi West, Männchen

Petrotilapia nigra, Otter Pt., Männchen

Petrotilapia nigra, Nkhomo Reef, Männchen

das ganze Jahr über vor und verteidigen einen Laichplatz zwischen den Felsen. Ihre Reviere befinden sich zwischen in 10 bis 15m Tiefe. Die Weibchen und unreifen Männchen leben normalerweise allein.
ÄHNLICHE ARTEN: Brütende *P.* sp. "mumbo yellow" Männchen besitzen sowohl eine intensiv gelbe Farbe als auch ein sehr deutliches, submarginales Band auf der Rückenflosse. Kein weiterer *Petrotilapia* weist beide Merkmale zugleich auf. *P.* sp. "mumbo yellow" Weibchen haben ein dunkles, submarginales Band auf der Rückenflosse, senkrechte Bänder und zwei horizontale Reihen schwarzer Flecken auf dem Körper. Sie sind praktisch nicht von denen des *P. nigra* zu unterscheiden.

Petrotilapia nigra

MARSH, 1983
HANDELSNAMEN: Diese Art wurde noch nicht exportiert.
VERBREITUNG: *P. nigra* kommt bei der Halbinsel Nankhumba, Domwe und der Insel Thumbi West, aber auch bei Nkhomo und am Jalo Reef vor.
VARIANTEN UND MORPHEN: Keine bekannt.
MAXIMALE LÄNGE: *P. nigra* wird etwa 14cm lang.
BIOTOP: Er lebt im Felsenbiotop in 3 bis 30m Tiefe. Die Weibchen werden primär in seichtem Wasser angetroffen (Ribbink et al., 1983). An den Riffen kommt er in der Übergangszone in 15 bis 25m Tiefe vor.
ERNÄHRUNG: Seine Nahrung besteht aus Algensträngen, die aus dem Aufwuchs der Felsen herausgekämmt werden. In tieferen Schichten und an sedimentreichen Stellen weidet *Petrotilapia* an senkrechten Flächen der Felsen anstatt an sedimentbedeckten Oberflächen.
ABLAICHVERHALTEN: Territoriale Männchen kommen das ganze Jahr über vor. Sie verteidigen ein großes Revier, das um eine Höhle zentriert ist. Die Weibchen und unreifen Männchen suchen allein nach Nahrung; nur manchmal werden sie zusammen mit *P. genalutea* gesehen (Ribbink et al., 1983).

ÄHNLICHE ARTEN: Brütende *P. nigra* Männchen sind durch eine dunkelblaue Körperfarbe, deutliche, senkrechte Bänder und einen schmalen, orangegelben Rand der Schwanzflosse und des weichstrahligen Teils der Rückenflosse gekennzeichnet. Die Weibchen sind an dem schwarzen, submarginalen Band auf der Rückenflosse und zwei horizontalen Reihen dunkler Flecken und senk-

Petrotilapia nigra, Jalo Reef, Männchen

Petrotilapia sp. „nigra tanzania", Magunga Reef, Männchen

Petrotilapia sp. „nigra tanzania", Makonde, Weibchen

Petrotilapia sp. „nigra tanzania", Mbamba Bay Is., Weib.

rechter Bänder auf den Flanken zu erkennen. Bei anderen Arten, die alle zur *P. nigra* Gruppe zusammengefaßt wurden, ist die Brutfärbung der Männchen ähnlich wie bei *P. nigra*. Ähnlich aussehende Arten dieser Gruppe sind *P.* sp. "nigra tanzania", *P.* sp. "black flank", *P.* sp. "nigra tumbi", *P.* sp. "nigra yellow dorsal", *P.* sp. "gold" und *P.* sp. "gold eastern". Die Männchen dieser Gruppe sind durch eine generell dunkelblaue Grundfarbe und einen orangegelben Rand auf Rücken- und Schwanzflosse gekennzeichnet. Die Männchen dieser Arten lassen sich in Brutfärbung voneinander unterscheiden (siehe Abbildungen), aber die *P. nigra* und die *P.* sp. "mumbo yellow" Weibchen sind nicht auseinanderzuhalten.

Petrotilapia sp. "nigra tanzania"

HANDELSNAMEN: Petrotilapia Ochre, Petrotilapia Rust, Petrotilapia Tanzania.
VERBREITUNG: *P.* sp. "nigra tanzania" kommt entlang der gesamten Nordostküste, nördlich von Mbamba Bay, vor.
VARIANTEN UND MORPHEN: Die Männchen am Magunga Reef und Higga Reef sind auf der Flanke ockergelb gefärbt; an anderen Stellen sind die Männchen dunkelblau und mit einem Muster aus senkrechten Bändern.
MAXIMALE LÄNGE: Die Männchen können maximal eine Gesamtlänge von etwa 17cm erreichen.
BIOTOP: *P.* sp. "nigra tanzania" kommt normalerweise im sedimentfreien Felsenbiotop unter 8m Tiefe vor. Manchmal wird er in der Übergangszone unterhalb von 15m gefunden.
ERNÄHRUNG: Seine Nahrung besteht aus Algen und Kieselalgen, die vom Aufwuchs der Felsen abgekämmt werden. Er vermeidet es, an sedimentbedeckten Stellen zu fressen und weidet deshalb hauptsächlich an den senkrechten Flächen der Felsen.
ABLAICHVERHALTEN: Brütende Männchen sind territorial und verteidigen einen großen Platz im Felsenbiotop. Ihre Reviere sind um eine Höhle oder einen Versteckplatz, die von überhängenden Felsen gebildet werden, zentriert. Die maulbrütenden Weibchen verstecken sich zwischen den Felsen und werden normalerweise einzeln angetroffen.
ÄHNLICHE ARTEN: Brütende Männchen am Magunga Reef und Higga Reef sind leicht unter anderen *Petrotilapia* Arten zu erkennen, aber in anderen Teilen seines

Petrotilapia sp. „nigra tanzania", Higga Reef, Männchen

Petrotilapia sp. „nigra tumbi", Tumbi Pt., Männchen

Petrotilapia sp. „nigra tumbi", Tumbi Pt., Weibchen

Verbreitungsgebiets gleichen sie mehreren anderen Arten der *P. nigra* Gruppe. Männchen dieser Gruppe sind durch eine generell dunkelblaue Grundfarbe und einen gelborangen Rand der Rücken- und Schwanzflosse gekennzeichnet. Die Männchen in Brutfärbung dieser Arten kann man gut auseinanderhalten (vgl. Abb.). *P.* sp. "nigra tanzania" Weibchen sind durch einen silbrigweißen Körper gekennzeichnet und setzen sich damit von den meisten anderen Mitgliedern der *P. nigra* Gruppe ab.

Petrotilapia sp. "nigra tumbi"

HANDELSNAMEN: Diese Art wurde noch nicht exportiert.
VERBREITUNG: *P.* sp. "nigra tumbi" wurde nur bei Tumbi Point in Mosambik gefunden, könnte aber noch viel weiter nördlich verbreitet sein.
VARIANTEN UND MORPHEN: Keine, da diese Art nur von einer einzigen Population bekannt ist.
MAXIMALE LÄNGE: Die Männchen können eine Gesamtlänge von 16cm erreichen; die Weibchen bleiben um etwa ein Fünftel kleiner.
BIOTOP: *P.* sp. "nigra tumbi" kommt im Felsenbiotop, manchmal in 20m Tiefe, normalerweise jedoch zwischen 5 und 15m Tiefe vor.
ERNÄHRUNG: Seine Nahrung besteht, wie bei allen bekannten *Petrotilapia* Arten aus lockeren Algen und Kieselalgen, die aus dem Aufwuchs der Felsen freigekämmt werden.
ABLAICHVERHALTEN: Brütende Männchen verteidigen aggressiv ihre Laichplätze im Felsenbiotop. Vor allem artgleiche Männchen werden vom Zentrum des Reviers vertrieben. Die Weibchen leben normalerweise allein, und wenn sie maulbrüten, verstecken sie sich zwischen den Felsen.
ÄHNLICHE ARTEN: Die Männchen gleichen mehreren anderen Mitgliedern der sog. *P. nigra* Gruppe, können aber anhand der Abbildungen der Männchen von *P. nigra, P.* sp. "nigra tanzania", *P.* sp. "nigra yellow dorsal", *P.* sp. "gold" und *P.* sp. "gold eastern" unterschieden werden. Die Weibchen haben eine bläulichbraune Farbe und zeigen zwei horizontale Punktreihen auf den Flanken. Die Weibchen fast aller anderen Mitglieder der *P. nigra* Gruppe zeigen, mit diesen Punktreihen, ein Muster aus senkrechten Bändern. Die Weibchen sind kaum von den *P.* sp. "nigra yellow dorsal" Weibchen zu unterscheiden, die ein schwaches Muster aus senkrechten Bändern aufweisen.

Petrotilapia sp. "nigra yellow dorsal"

HANDELSNAMEN: Diese Art wurde noch nicht exportiert.
VERBREITUNG: *P.* sp. "nigra yellow dorsal" kommt entlang der Ostküste zwischen Metangula und Meponda vor.
VARIANTEN UND MORPHEN: Brütende Männchen bei Chiloelo haben eine völlig orangegelbe Rückenflosse und die bei Metangula nur einen orangen Rand auf der Rückenflosse. Männchen bei Nkhungu Point sind am dunkelsten blau gefärbt und ihre Rückenflossen tragen nur einen sehr dünnen, gelben Rand.
MAXIMALE LÄNGE: Die Männchen können auf eine Gesamtlänge von etwa 17cm heranwachsen, während

Petrotilapia sp. „nigra yellow dorsal", Metangula nord, Männ.

Petrotilapia sp. „nigra yellow dorsal", Nkhungu Pt., Männ.

Petrotilapia sp. „nigra yellow dorsal", Metrangula nord, Weib.

Petrotilapia sp. „nigra yellow dorsal", Chiloelo, Männ.

die Weibchen um etwa ein Viertel kleiner bleiben.
BIOTOP: *P.* sp. "nigra yellow dorsal" bevorzugt den tieferen Felsenbiotop, wird aber auch in der Übergangszone gefunden. Normalerweise kommt er unter 8m Tiefe vor.
ERNÄHRUNG: Seine Nahrung umfaßt lockere Algen und anderes pflanzliches Material, das aus den Algenmatten auf den Felsen freigekämmt wird. Oft findet man ihn an senkrechten Flächen der Felsen grasen.
ABLAICHVERHALTEN: Die Männchen sind bei der Revierverteidigung sehr aggressiv. Ihr Revier ist um eine kleine Höhle zwischen den Felsen zentriert. Die Weibchen leben einzeln und bleiben, wenn sie maulbrüten, in der Nähe von Felsen. Die Jungen leben in den oberen Bereichen des Felsenbiotops.
ÄHNLICHE ARTEN: Die Männchen gleichen den *P. nigra* Männchen, können aber an dem etwas länglicheren Körper und einem breiten, orangegefärbten Rand auf der Rückenflosse erkannt werden. Die Weibchen gleichen denen einiger Mitglieder der *P. nigra* Gruppe.

Petrotilapia sp. "orange pelvic"

HANDELSNAMEN: Diese Art ist noch nicht exportiert worden.
VERBREITUNG: P. sp. "orange pelvic" ist an der Insel Chizumulu endemisch.
VARIANTEN UND MORPHEN: Keine bekannt.
MAXIMALE LÄNGE: *P.* sp. "orange pelvic" erreicht eine Gesamtlänge von etwa 16cm.
BIOTOP: Er kommt im sedimentfreien Felsenbiotop bis in etwa 6m Tiefe vor.
ERNÄHRUNG: Wie alle *Petrotilapia* frißt er vom sedimentfreien Aufwuchs, wo er lockere Algenstränge aberntet. Unter dem lockeren Material befinden sich auch zahlreiche winzige Kieselalgen, die auf den Algensträngen festsitzen und zur Nahrungsanreicherung des Fisches dienen.
ABLAICHVERHALTEN: Territoriale Männchen kommen das ganze Jahr über vor und verteidigen eine Höhle zwischen den Felsen. Artgleiche Männchen werden aggressiv vom Nest vertrieben, andere Arten und Weibchen jedoch toleriert. Die Weibchen und nichtbrütenden Männchen leben gewöhnlich einzelgängerisch.

Petrotilapia sp. „orange pelvic", Chizumulu, Männchen

ÄHNLICHE ARTEN: Brütende *P.* sp. "orange pelvic" Männchen sind durch ihre blaue Farbe und leuchtendorange Bauchflossen charakterisiert. Sie gleichen *P.* sp. "small blue" Männchen. Letztere sind an den gelben Bauchflossen und dem gelben Rand der Rücken- und Schwanzflosse gekennzeichnet. Diese Merkmale fehlen bei *P.* sp. "orange pelvic". *P.* sp. "orange pelvic" Weibchen haben ein dunkles, submarginales Band auf der Rückenflosse und eine deutliche, seitliche Mittellinie Reihe schwarzer Flecken auf dem Körper, die bei anderen *Petrotilapia* Arten nicht vorkommt.

Petrotilapia sp. "retrognathus"

HANDELSNAMEN: Diese Art wurde noch nicht exportiert.
VERBREITUNG: *P.* sp. "retrognathus" kommt um die Insel Chizumulu und am Taiwan Reef vor.
VARIANTEN UND MORPHEN: Am Taiwan Reef sind die brütenden Männchen um etwa 3cm größer als bei Chizumulu, und es fehlt ihnen die blaue Farbe auf der Rückenflosse, die bei ihnen ganz gelb ist.
MAXIMALE LÄNGE: *P.* sp. "retrognathus" kann eine Gesamtlänge von etwa 19cm erreichen.
BIOTOP: Er ist im seichten Felsenbiotop von der Wasseroberfläche bis in etwa 6m Tiefe bei Chizumulu zu finden, am Taiwan Reef jedoch in einer durchschnittlichen Tiefe von etwa 20m. Bei Chizumulu ist er auch in der Übergangszone zu finden.
ERNÄHRUNG: *P.* sp. "retrognathus" hat ein nach unten sich öffnendes Maul, das es ihm ermöglicht, im extrem niedrigen Wasser zu fressen. Alle anderen *Petrotilapia* fressen in einem Winkel von etwa 90 Grad zum Substrat. *P.* sp. "retrognathus" frißt in einem kleineren Winkel. Sein Futter besteht aus lockeren Algen und Kieselalgen.
ABLAICHVERHALTEN: Brütende Männchen sind territorial und verteidigen eine große Stelle im oberen Felsenbiotop und manchmal auch in der Übergangszone. Die Weibchen und nichtbrütenden Männchen sind Einzelgänger.

Petrotilapia sp. „retrognathus", Chizumulu, Männchen

Petrotilapia sp. „retrognathus", Chizumulu, Weibchen

Petrotilapia sp. „retrognathus", Taiwan Reef

ÄHNLICHE ARTEN: *P.* sp. "retrognathus" ist unter seinen Gattungsgenossen einzigartig, da er ein unterständiges Maul besitzt. Die Weibchen sind braun und haben ein Muster aus schwach sichtbaren, senkrechten Bändern, die nicht so deutlich erkennbar sind wie bei den braungefärbten Weibchen anderer Arten. Ferner fehlt den *P.* sp. "retrognathus" Weibchen ein schwarzes, submarginales Band in der Rückenflosse.

Petrotilapia sp. "ruarwe"

HANDELSNAMEN: Diese Art ist noch nicht exportiert worden.
VERBREITUNG: *P.* sp. "ruarwe" kommt an der Nordwestküste zwischen der Insel Mbowe und Ngara vor.
VARIANTEN UND MORPHEN: Brütende Männchen unterscheiden sich im Verlauf ihres Verbreitungsgebiets in der Färbung. Die Abbildungen geben einen Vergleich der nördlichen und südlichen Rassen. Die Weibchen und Jungfische der nördlichen Populationen sind eher braun als gelb wie in den südlichen Populationen.

Petrotilapia sp. „ruarwe", Charo, Männchen

Petrotilapia sp. „ruarwe", Chewere, Männchen

Petrotilapia sp. „ruarwe", Ruarwe, Weibchen

Petrotilapia sp. ;„ruarwe", Hora Mhango, Juvenil

Petrotilapia sp. „ruarwe", Mbowe Isl., Männchen

MAXIMALE LÄNGE: *P.* sp. "ruarwe" erreicht eine Gesamtlänge von etwa 18cm.
BIOTOP: Er kommt in den nördlichen Bereichen seines Verbreitungsgebiets im seichten Felsenbiotop vor, wird aber bei Chilumba, Ruarwe und der Insel Mbowe in Tiefen unter 20m gefunden.
ERNÄHRUNG: Wie alle *Petrotilapia* weidet er vom sedimentfreien Felsenbiotop. *P.* sp. "ruarwe" frißt auch an den senkrechten Flächen der Felsen in sedimentreichen Gegenden. Die Nahrung besteht aus Algen und Kieselalgen.
ABLAICHVERHALTEN: Territoriale Männchen findet man das ganze Jahr über. Sie verteidigen eine kleine Höhle zwischen den Felsen. Die Weibchen und nichtbrütenden Männchen leben normalerweise allein.
ÄHNLICHE ARTEN: *P.* sp. "ruarwe", nördlich der Insel Chitande, fehlt die gelbe Farbe auf der Kehle, der Brust und dem Bauch, und sie ähneln den *P. tridentiger* Männchen, die jedoch nördlich dieser Stelle nicht gefunden wurde. *P.* sp. "ruarwe" ist an seinem Pigmentierungsmuster, das aus senkrechten Bändern mit einer dünnen, seitlichen Mittellinie besteht, zu erkennen. *P. tridentiger* zeigt nur senkrechte Bänderung.

Petrotilapia sp. "small blue"

HANDELSNAMEN: Diese Art wurde ab und zu als Petrotilapia Nkhata Bay exportiert.
VERBREITUNG: *P.* sp. "small blue" kommt an der Nordwestküste zwischen Bandawe Point und Cape Manulo vor.
VARIANTEN UND MORPHEN: Die Abbildungen erlauben einen Vergleich der nördlichen und südlichen Varianten. Die Weibchen und Jungtiere der Population um Bandawe Point sind bräunlichgelb anstatt leuchtendgelb. Die Tiere bei Bandawe sind in der Regel 3cm größer als an anderen Fundstellen.
MAXIMALE LÄNGE: *P.* sp. "small blue" erreicht maximal eine Gesamtlänge von etwa 17cm.
BIOTOP: *P.* sp. "small blue" bevorzugt die etwas tieferen Schichten des Felsenbiotops. Bei der Insel Mphandikucha findet man ihn durchschnittlich in 3m Tiefe.

Petrotilapia sp. „small blue", Lion's Cove, Juvenil

Petrotilapia sp. „small blue", Nkhata Bay, Männchen

Petrotilapia sp. „small blue", Kawanga, Männchen

Petrotilapia sp. „small blue", Nkhata Bay, Weibchen

Petrotilapia sp. „small blue", Kawanga, Weibchen

Petrotilapia sp. „small blue", Mundola, Männchen

Petrotilapia sp. „small blue", Kande Island, Männchen

Petrotilapia tridentiger, Nkhudzi

Petrotilapia tridentiger, Boadzulu

Petrotilapia tridentiger, Puulu

ERNÄHRUNG: *P.* sp. "small blue" frißt an den senkrechten Flächen der Felsen in sedimentreichen Gegenden und kämmt lockere Algen vom Aufwuchs ab.
ABLAICHVERHALTEN: Brütende Männchen verteidigen relativ große Reviere mit einem Durchmesser von etwa 4m. Diese Reviere sind um einen Laichplatz zentriert, der normalerweise eine kleine Höhle um die Felsen oder eine Stelle unter einem überhängenden Felsblock ist. Die Weibchen und unreifen Männchen sind Einzelgänger.
ÄHNLICHE ARTEN: Brütende *P.* sp. "small blue" Männchen haben eine charakteristische Färbung, die in gewisser Hinsicht der von *P.* sp. "orange pelvic" ähnelt. Letzterer hat eine ganz blaue Farbe auf dem Körper und allen unpaarigen Flossen. *P.* sp. "small blue" Männchen haben gelbe Farbflecken auf der Rückenflosse, auf der Kehle und manchmal auf dem Kopf. Die *P.* sp. "small blue" Weibchen gleichen denen der südlichen *P.* sp. "ruarwe" Populationen, aber es fehlt ihnen die senkrechte Bänderung. Sie sind nicht von den *P.* sp. "gold eastern" Weibchen zu unterscheiden.

Petrotilapia tridentiger

TREWAVAS, 1935
HANDELSNAMEN: Diese Art wurde nur selten exportiert, jedoch ist kein Handelsname bekannt.
VERBREITUNG: *P. tridentiger* scheint von allen *Petrotilapia* am weitesten verbreitet zu sein. Er kommt von der Insel Chitande bis zu den Chemwezi Rocks, im Süden des Sees, vor, entlang der Westküste und von Ikombe im Norden bis Tumbi Point entlang der Ostküste. Man findet ihn nur an den Festlandküsten, selten um Inseln, außer bei Mpanga Rocks (Ribbink et al., 1983) und der Insel Hongi. Im Südostarm findet man ihn auch bei den Inseln Chemwezi, Boadzulu und Mphandi.
VARIANTEN UND MORPHEN: Keine bekannt.
MAXIMALE LÄNGE: *P. tridentiger* erreicht eine Gesamtlänge von etwa 17cm.

BIOTOP: *P. tridentiger* kommt im sehr seichten Felsenbiotop vor.
ERNÄHRUNG: Wie alle *Petrotilapia* frißt er vom sedimentfreien Aufwuchs und sammelt lockere Algen und Kieselalgen.
ABLAICHVERHALTEN: Territoriale Männchen kommen das ganze Jahr über vor und verteidigen einen Laichplatz um die Felsen. Diese Reviere findet man normalerweise

Petrotilapia tridentiger, Chia Lagoon

Petrotilapia sp. „yellow chin", Maleri

Petrotilapia tridentiger, Chirwa Is.

Petrotilapia sp. „yellow chin", Nakantenga

in 1 bis 5m Tiefe. Die Weibchen und unreifen Männchen leben gewöhnlich allein, sind aber auch manchmal bei der Nahrungssuche in großen Schulen zu sehen.
ÄHNLICHE ARTEN: Brütende *P. tridentiger* Männchen gleichen den Männchen der nördlichen Populationen von *P.* sp. "ruarwe". Diese letztgenannten haben ein schwaches Muster aus senkrechten Bändern mit einer seitlichen Mittellinie. *P. tridentiger* hat nur senkrechte Bänder. *P. tridentiger* Weibchen sind braun mit senkrechten Bändern, es fehlt ihnen jedoch der horizontale Streifen auf der Flanke, der bei den *P.* sp. "ruarwe" Weibchen aus den nördlichen Populationen vorhanden ist. *P.* sp. "ruarwe" Weibchen aus anderen Gegenden sind gelblich gefärbt.

Petrotilapia sp. "yellow chin"

HANDELSNAMEN: Petrotilapia Tridentiger Yellow-Blue.
VERBREITUNG: *P.* sp. "yellow chin" kommt entlang der Ostküste zwischen Makanjila Point und Metangula und um die Inseln Mbenji, Namalenje und Maleri vor.
VARIANTEN UND MORPHEN: Die Männchen der Population bei Metangula scheinen die leuchtendsten Farben zu haben, während denen am Makanjila Point der größte Teil der gelborangen Farbe auf dem Kopf, wie sie bei den anderen Populationen vorkommt, fehlt.
MAXIMALE LÄNGE: *P.* sp. "yellow chin" erreicht eine Gesamtlänge von etwa 17cm; die Weibchen bleiben um etwa ein Viertel kleiner.
BIOTOP: *P.* sp. "yellow chin" kommt im seichten Felsenbiotop und in der Übergangszone vor, normalerweise in den Bereichen vom Wasserspiegel bis in 5m Tiefe.
ERNÄHRUNG: Wie alle *Petrotilapia* frißt er vom sedimentfreien Aufwuchs. An Stellen, an denen eine dünne Sedimentschicht den Aufwuchs bedeckt, frißt *P.* sp. "yellow chin" an den senkrechten Seiten der Felsen. Das Futter besteht aus lockeren Algen.
ABLAICHVERHALTEN: Territoriale Männchen kommen das ganze Jahr über vor. Sie verteidigen eine Höhle zwischen den Felsen. Artgleiche Männchen werden aggressiv vom Revier vertrieben, andere Arten und Weibchen jedoch toleriert. Die Weibchen und nichtbrütenden Männchen leben normalerweise allein.
ÄHNLICHE ARTEN: Brütende *P.* sp. "yellow chin" Männchen sind durch eine hellblaue Farbe auf dem Körper

Petrotilapia sp. „yellow chin", Makanjila Pt.

Petrotilapia sp. „yellow ventral", Chizumulu Is., Männ.

Petrotilapia sp. „yellow chin", Metangula

Petrotilapia sp. „yellow ventral", Chizumulu Is., Weib.

Petrotilapia sp. „yellow ventral", Londo

und orangegelbes Maul, Kinn, Kehle und Wangen charakterisiert. Man könnte sie mit brütenden *P.* sp. "yellow ventral" Männchen verwechseln, der einzigen anderen Art mit einem ähnlichen Farbmuster, dem ein dunkles, submarginales Band in der Rückenflosse fehlt. Die letztgenannte Art zeigt viel weniger Blau auf dem Körper als *P.* sp. "yellow chin" und trägt eine völlig gelbe Rückenflosse. *P.* sp. "yellow chin" Weibchen erkennt man an der ganz dunkelbraunen Farbe und den fehlenden Bändern und Streifen.

Petrotilapia sp. "yellow ventral"

HANDELSNAMEN: Diese Art wurde nie exportiert.
VERBREITUNG: *P.* sp. "yellow ventral" findet man um die Insel Chizumulu und entlang der Ostufer zwischen Chiwindi und Mara Point.
VARIANTEN UND MORPHEN: Bei Lumbaulo und bei Cóbué sind die brütenden Männchen völlig gelb gefärbt, während sie bei Ntumba blau und gelb gefleckt sind.
MAXIMALE LÄNGE: *P.* sp. "yellow ventral" erreicht eine Gesamtlänge von etwa 16cm.
BIOTOP: Er kommt im sedimentreichen Teil des Felsenbiotops vor und wird manchmal auch in der Übergangszone beobachtet.
ERNÄHRUNG: *P.* sp. "yellow ventral" frißt von den senkrechten Flächen der Felsen im sedimentreichen Felsenbiotop oder der Übergangszone. Er frißt vorwiegend lockere Algenstränge, die er aus der Algenmatte auf den Felsen abkämmt.
ABLAICHVERHALTEN: Brütende Männchen verteidigen

Petrotilapia sp. „yellow ventral", Ntumba

Petrotilapia sp. „yellow ventral", Cóbué

relativ große Reviere mit einem Durchmesser von etwa 4m. Solche Reviere sind um einen Laichplatz zentriert, der normalerweise eine kleine Höhle zwischen den Felsen oder eine Stelle unter einem überhängenden Felsen darstellt. Die Weibchen und unreifen Männchen sind Einzelgänger.

ÄHNLICHE ARTEN: Brütende *P.* sp. "yellow ventral" Männchen sind durch die gelbe Bauchseite des sonst hellblau gefärbten Körpers und der gelben Rückenflosse. Einige Tiere sind ganz gelb. Man könnte ihn mit *P.* sp. "yellow chin" verwechseln, aber bei diesem Mbuna ist eine viel größere Stelle auf dem Körper hellblau gefärbt und die Rückenflosse blau. Die *P.* sp. "yellow chin" Weibchen sind an der dunkelbraunen Körperfarbe und den fehlenden Bändern und Streifen zu erkennen. *P.* sp. "yellow ventral" Weibchen sind hellbraun mit zwei horizontalen Punktreihen auf dem Körper. Die *P.* sp. "mumbo yellow" Männchen unterscheiden sich durch den Besitz eines submarginalen Bandes auf der Rückenflosse.

Placidochromis electra, Ntekete, Männchen

Placidochromis electra, Ntekete, Weibchen

Placidochromis electra, Likoma

Placidochromis electra

(BURGESS, 1979)

HANDELSNAMEN: Deep Water Hap, Haplochromis Jahni.

VERBREITUNG: *P. electra* kommt um die Insel Likoma und entlang der Ostufer zwischen dem Hai Reef und Makanjila Point vor.

VARIANTEN UND MORPHEN: Die Populationen bei Fort

Placidochromis electra, Chiwindi

Placidochromis electra, Mara Pt.

Placidochromis electra, Londo

Placidochromis electra, Lumessi

Maguire und bei Lumessi sind sehr dunkel gefärbt und ohne hellblaue Farbe. Auch sind die Weibchen der beiden letztgenannten Populationen dunkler als anderswo.
MAXIMALE LÄNGE: Ein Männchen kann maximal etwa 17cm groß werden, ein Weibchen etwa 13cm.
BIOTOP: *P. electra* kommt über Sand recht häufig vor, manchmal auch in der Übergangszone. Es ist kein scheuer Fisch, der die Felsen als Schutz benötigt. Er wurde "Deep Water Hap" genannt, da die meisten Tiere in Tiefen unter 15m gefangen wurden. Man sieht ihn jedoch auch im seichten Wasser, zum Beispiel kommt er bei Londo bis in 3m Tiefe vor.
ERNÄHRUNG: Ihre Nahrung pickt diese Art aus aufgewirbeltem Material. *P. electra* ist deshalb ein regelmäßiger Begleiter großer, grabender Cichliden, wie etwa *Taeniolethrinops praeorbitalis.* Er wird auch von Sediment angelockt, das durch die Flossen eines Tauchers aufgewirbelt wird. Die Nahrungspartikel, an die er interessiert ist, reichen von Wirbellosen bis Algen.
ABLAICHVERHALTEN: Männchen in Brutfärbung sieht man oft auf dem Sand nach Nahrung suchen. Territoriale Männchen wurden in der Übergangszone gefunden (Ribbink et al., 1983). Im Aquarium findet das Ablaichen auf einem Felsen statt. Ein Nest wird nicht gebaut. Die Eier werden im Maul des Weibchens befruchtet.
ÄHNLICHE ARTEN: Das Farbmuster von *P. electra* ist sehr charakteristisch und ist kaum mit dem irgendeiner anderen Art zu verwechseln. Vor allem sind die schwarzen Wangen ein gutes Merkmal, ihn von anderen Arten zu unterscheiden.

Placidochromis sp. "electra blackfin"

HANDELSNAMEN: Placidochromis Electra Makonde, Placidochromis Yellow Electra.
VERBREITUNG: Er kommt entlang der Nordostküste zwischen Manda und Ikombe vor.
VARIANTEN UND MORPHEN: Bei Lupingu haben die Männchen die leuchtendste gelbe Farbe, jedoch ist die geographische Variation bei den Männchen minimal. Bei Lupingu haben die Weibchen zusätzlich zu den schwarzen Bauchflossen auch schwarze Afterflossen und bei Ikombe tragen sie ein schwarzes, submarginales Band auf dem hartstrahligen Teil der Rückenflosse.
MAXIMALE LÄNGE: Die Männchen können maximal eine

Placidochromis sp. „electra blackfin", Msisi, Weibchen

Placidochromis sp. „electra blackfin", Lupingu, Männchen

Placidochromis sp. „electra blackfin", Lupingu, Weibchen

Gesamtlänge von etwa 15cm erreichen. Die Weibchen bleiben etwa um ein Drittel kleiner.
BIOTOP: *P.* sp. "electra blackfin" bevorzugt die Sandregionen in etwa 10 bis 35m Tiefe und wird manchmal auf größeren Sandflecken der Übergangszone gefunden.
ERNÄHRUNG: Wie *P. electra* wird er von aufgewühltem Sediment angelockt und wurde ab und zu dabei beobachtet, wie er großen, im Sand grabenden *Lethrinops* folgte. *P.* sp. "electra blackfin" sucht sein Futter im frisch freigelegten Sand, während diese großen Fische nach Futter graben.
ABLAICHVERHALTEN: Territoriale Männchen wurden keine gefunden, aber Männchen in Brutfärbung sieht man bei der Nahrungssuche Seite an Seite mit nichtbrütenden Tieren in kleinen Gruppen. Es konnte noch keine Ablaichaktivität unter Wasser beobachtet werden.
ÄHNLICHE ARTEN: *P.* sp. "electra blackfin" gleicht *P.* sp. "electra blue" in seiner Form und seinem Verhalten und könnte in der Tat eine geographische Variante dieser Form sein. Die Weibchen sind jedoch durch schwarze Bauchflossen charakterisiert, die bei den "Electra Blue" Weibchen farblos sind.

Placidochromis sp. "electra blue"

HANDELSNAMEN: Placidochromis New Electra, Placidochromis Electra Blue Hongi.
VERBREITUNG: *P.* sp. "electra blue" kommt entlang der Ostufer zwischen Liuli und Mbamba Bay vor.
VARIANTEN UND MORPHEN: Keine bekannt.
MAXIMALE LÄNGE: Männchen können maximal eine Gesamtlänge von etwa 17cm erreichen. Die Weibchen bleiben etwa ein Drittel kleiner.
BIOTOP: *P.* sp. "electra blue" lebt auf dem Sand in 5 bis 15m Tiefe und kann manchmal in der Übergangszone angetroffen werden.
ERNÄHRUNG: Wie *P. electra* wird er von aufgewirbeltem Material angelockt. *P.* sp. "electra blue" sucht sein Futter, bestehend aus Wirbellosen und pflanzlichem Material, im Sand, vor allem, wenn dieser gerade von sandsiebenden Arten umgegraben wurde.
ABLAICHVERHALTEN: Territoriale Männchen wurden noch nicht gefunden, aber in kleinen Gruppen auf Nahrungssuche kann man Männchen in Brutfärbung Seite an Seite

Placidochromis sp. „electra blue", Aquarium

mit nichtbrütenden Tieren sehen. Ein Ablaichvorgang konnte unter Wasser noch nicht beobachtet werden.
ÄHNLICHE ARTEN: *P.* sp. "electra blue" gleicht *P.* sp. "electra blackfin" in Form und Verhalten und könnte in der Tat eine geographische Variante dieser Form sein. Die Weibchen sind durch farblose Bauchflossen gekennzeichnet, die bei *P.* sp. "electra blackfin" schwarz sind. Sie könnten mit einigen *Nyassachromis* Arten verwechselt werden, vor allem mit denen, die keine horizontalen Linien auf den Flanken aufweisen. "Electra Blue" Weibchen unterscheiden sich von solchen Arten durch ihr undeutliches Muster aus senkrechten Bändern.

Placidochromis hennydaviesae

(BURGESS & AXELROD, 1973)
HANDELSNAMEN: Diese Art wurde niemals exportiert.
VERBREITUNG: Die Typuslokalität liegt zwischen Cape Maclear und Chipoka im Südwestarm des Sees.
VARIANTEN UND MORPHEN: Keine bekannt.
MAXIMALE LÄNGE: Die maximale Länge liegt bei etwa 7cm für sowohl die Männchen als auch die Weibchen.
BIOTOP: *P. hennydaviesae* wurde zwischen 80 und 100m Tiefe gefangen. Ihr Lebensraum enthält Schlammboden mit einer dicken Schicht abgelagerter Kieselalgen.
ERNÄHRUNG: *P. hennydaviesae* frißt planktonische Wirbellose sowie Insektenlarven, die im Substrat leben.
ABLAICHVERHALTEN: Diese Art ist größtenteils unbekannt.
ÄHNLICHE ARTEN: *P. hennydaviesae* gleicht *P. stonemani* in der Färbung und der Größe der adulten Tiere. *P. stonemani* ist jedoch ein viel schlankerer Fisch als *P. hennydaviesae.*

Placidochromis johnstoni

(GÜNTHER, 1893)
SYNONYME: Haplochromis sexfasciatus.
HANDELSNAMEN: Haplochromis Johnstoni, Johnstoni Gold.
VERBREITUNG: Diese Art wird überall im See sowie im Malombesee gefunden.
VARIANTEN UND MORPHEN: Die Brutfärbung der Männchen ist in allen bekannten Populationen ähnlich. Im Malombesee weisen die Männchen mehr rotes Pigment auf.
MAXIMALE LÄNGE: Die Endgröße der Männchen ist etwa 17cm, die der Weibchen etwa 13cm.
BIOTOP: *P. johnstoni* ist in seichten, bewachsenen Regionen sehr häufig zu finden. Selten sieht man ihn über Felsen.
ERNÄHRUNG: *P. johnstoni* frißt Wirbellose und gesellt sich oft zu jagenden *Nimbochromis polystigma* Rudeln, da er sich von kleinen Fischen und Wirbellosen ernährt. Vorwiegend sucht er sein Futter zwischen Pflanzen.

Placidochromis johnstoni, Likoma

Placidochromis johnstoni, Chizumulu

Placidochromis johnstoni, Masinje

Dabei schwimmt diese Art in kleinen Gruppen durch den Biotop. Ihr Freßverhalten ist sehr speziell. *P. johnstoni* ist ein Räuber, der ins Sediment auf Felsen und Sand bläst und vor allem auch an die Basis von Vallisneria Pflanzen, um so eine kleine Wolke aus aufgewirbeltem Material zu produzieren. Die plötzlich freigelegten Wirbellosen werden gefressen, bevor sie neuen Schutz finden

Placidochromis johnstoni, Weibchen, Aquarium

Placidochromis sp. „johnstoni solo", Chia Lagoon

Placidochromis johnstoni, Männchen, Aquarium

Placidochromis sp. „johnstoni solo", Makanjila Pt.

können. In einem sedimentreichen Felsenbiotop lockt derart aufgewirbeltes Sediment winzige Mbuna an, die dann ebenfalls verschlungen werden.
ABLAICHVERHALTEN: Männchen in Brutfärbung sind während der Regenzeit recht selten, aber den Rest des Jahres über häufig zu sehen. Revierverteidigung wurde nicht beobachtet. Brütende Männchen sieht man zusammen mit Weibchen auf Nahrungssuche. Wahrscheinlich wird an jeder beliebig ausgewählten Stelle im Biotop abgelaicht. Die maulbrütenden Weibchen bleiben zusammen und setzen ihre Jungen wahrscheinlich gleichzeitig frei.
ÄHNLICHE ARTEN: Die senkrechte Bänderung ist für *P. johnstoni* und für *P.* sp. "johnstoni solo" sehr charakteristisch. Letztgenannter hat sich darauf spezialisiert, Insekten zwischen Kies und kleinen Steinen, die auf dem Sandboden weit verstreut liegen, zu fressen. Maul und Kopf sind bei ihm viel kleiner als bei *P. johnstoni*.

Placidochromis sp. "johnstoni solo"

HANDELSNAMEN: Placidochromis Solo, Protomelas Thick Bars.
VERBREITUNG: Er kommt überall im See vor.
VARIANTEN UND MORPHEN: Keine bekannt.
MAXIMALE LÄNGE: Die durchschnittliche Gesamtlänge dieser Art ist etwa 9cm, Männchen können jedoch bis zu 14cm erreichen. Die Weibchen bleiben um etwa ein Viertel kleiner.
BIOTOP: *P.* sp. "johnstoni solo" bevorzugt einen sehr typischen Biotop, der aus kleinen Kieselsteinen und Schneckengehäusen, die auf dem Sand liegen, besteht. Diese Biotope sehen aus wie alte Flußbetten. Man findet ihn auch in einem sandigen Typ Übergangszone, wo das Substrat vorwiegend aus Sand und kleinen, herumliegenden Steinen besteht.
ERNÄHRUNG: *P.* sp. "johnstoni solo" frißt Wirbellose, die er von den wenigen Steinen und dem Kies seines Lebensraums aufpickt. Er legt bei der Nahrungssuche weite Strecken zurück.
ABLAICHVERHALTEN: Männchen in Brutfärbung sind nicht territorial und können zusammen mit Weibchen oder in ihrer Nähe nach Nahrung suchen. Auch im Aquarium zeigt er keinerlei Revieraggression. Die maulbrütenden Weibchen leben einzeln oder schwimmen in ihrem normalen Lebensraum umher.

Placidochromis sp. „johnstoni solo", Msisi

Placidochromis sp. „johnstoni solo", Nkanda

Placidochromis longimanus, Mumbo Is.

ÄHNLICHE ARTEN: *P.* sp. "johnstoni solo" gleicht *P. johnstoni* im Bänderungsmuster, das bei *P. johnstoni* ebenfalls sehr betont ist, er hat jedoch ein viel kleineres Maul und einen kürzeren Kopf.
VERWANDTE ARTEN: In der Färbung und der Körperform gleicht *P.* sp. "johnstoni solo" Protomelas Arten. Er trägt einige undeutliche, horizontale Streifen, die auch bei *P. johnstoni* zu sehen sind. Diese beiden Placidochromis Arten könnten deshalb mit Protomelas Arten nahe verwandt sein.

Placidochromis longimanus

(TREWAVAS, 1935)
HANDELSNAMEN: Diese Art wurde noch nicht exportiert.
VERBREITUNG: *P. longimanus* ist hauptsächlich aus dem Südostarm des Sees bekannt, wurde aber auch an der Insel Mumbo und im Malombesee gesehen.
VARIANTEN UND MORPHEN: Keine bekannt.
MAXIMALE LÄNGE: Die maximal gemessene Größe ist 15cm. Die Weibchen sind kleiner.
BIOTOP: Diese Art scheint auf Beete der wurzellosen Ceratophyllum und Najas in etwa 10m Tiefe beschränkt zu sein (Eccles & Trewavas, 1989). Sie wurde auch in 35m Tiefe über Sand gesehen.
ERNÄHRUNG: *P. longimanus* frißt wahrscheinlich vom Sediment, das sich zwischen den Pflanzen angesammelt hat. Sein Darm ist über viermal so lang wie seine Standardlänge, was auf eine pflanzliche Ernährung hindeutet (Eccles & Trewavas, 1989).
ABLAICHVERHALTEN: Männchen in Brutfärbung wurden über Sand gesehen, jedoch verteidigten sie kein Nest. Ihr Brutverhalten ist größtenteils unbekannt.
ÄHNLICHE ARTEN: *P. longimanus* gleicht sehr *Lethrinops micrentodon,* der in tieferen Schichten derselben Region vorkommt. Letzterer hat einen schmaleren Unterkiefer und eine silbrige, gelbliche Färbung. Die Grundfärbung von *P. longimanus* ist bei nichtbrütenden Tieren durchgehend grau oder bläulichgrau (Eccles & Trewavas, 1989).

Placidochromis sp. "longimanus mumbo"

HANDELSNAMEN: Diese Art wurde noch nicht für den Aquaristikhandel exportiert.
VERBREITUNG: Sie wurde nur bei der Insel Mumbo gefunden.
VARIANTEN UND MORPHEN: Keine bekannt.
MAXIMALE LÄNGE: *P.* sp. "longimanus mumbo" kann maximal eine Gesamtlänge von etwa 12cm erreichen.
BIOTOP: Er wurde in der Übergangszone über Sand in etwa 10 bis 15m Tiefe gefunden.
ERNÄHRUNG: Unbekannt.
ABLAICHVERHALTEN: Männchen in Brutfärbung verteidigen kleine Ablaichgruben zwischen den Felsen in der Übergangszone (Saulos Mwale, pers. Mittl.).
ÄHNLICHE ARTEN: Weibchen dieser Art wurden von mir bisher weder gefangen noch gesehen. Die Männchen sind durch einen blauen Kopf und eine orangegefärbte Afterflosse gekennzeichnet. Ein solches Farbmuster wird bei anderen bekannten *Placidochromis* Arten nicht gefunden.

Placidochromis sp. „longimanus mumbo", Mumbo

Placidochromis milomo

(OLIVER, 1989)
HANDELSNAMEN: Haplochromis Super VC 10, Haplochromis Labrosus, Brown-White Labrosus.
VERBREITUNG: *P. milomo* ist seeweit verbreitet, jedoch häufiger in der Südhälfte des Sees zu sehen.
VARIANTEN UND MORPHEN: Die Brutfärbung der Männchen ist in allen bekannten Populationen identisch. Bei der Insel Maleri und Nakantenga haben nicht brütende Tiere eine leuchtend orange Grundfarbe, die in anderen Populationen gelblich oder weiß ist.
MAXIMALE LÄNGE: Ein Männchen kann etwa 25cm groß werden, die Weibchen etwa 20cm.
BIOTOP: *P. milomo* bevorzugt den tieferen Felsenbiotop, wo die Felsen normalerweise von einer dünnen Sedimentschicht bedeckt sind. Selten sieht man ihn in Wasser von weniger als 10m Tiefe.
ERNÄHRUNG: *P. milomo* frißt vom Aufwuchs der Felsen. Seine Ernährung besteht aus Wirbellosen. Er nimmt die Nahrung auf wie *Chilotilapia euchilus,* d. h., wenn der Fisch zubeißt, werden die weichen, gummiartigen Lippen gegen das Substrat "geschleudert", wodurch die Tasche im Fels versiegelt wird und somit das Heraussaugen der Beute erleichtert.
ABLAICHVERHALTEN: Brütende Männchen kann man gewöhnlich in etwa 25m Tiefe beobachten. Sie verteidigen eine Stelle zwischen den Felsen, manchmal in kleinen Kolonien. Nähert man sich einem brütenden Männchen zu weit, verschwindet es in einer Höhle, die wahrscheinlich seinen Laichplatz enthält. Nicht brütende Tiere sieht man einzeln umherschwimmen. Sie legen bei der Nahrungssuche relativ weite Strecken zurück. Die Weibchen bewachen ihre Nachkommen auch noch nach dem erstenmaligen Freisetzen.
ÄHNLICHE ARTEN: *P. milomo* ist ein sehr charakteristisch gefärbter Cichlide, der kaum mit irgendeiner anderen Art verwechselt werden kann.

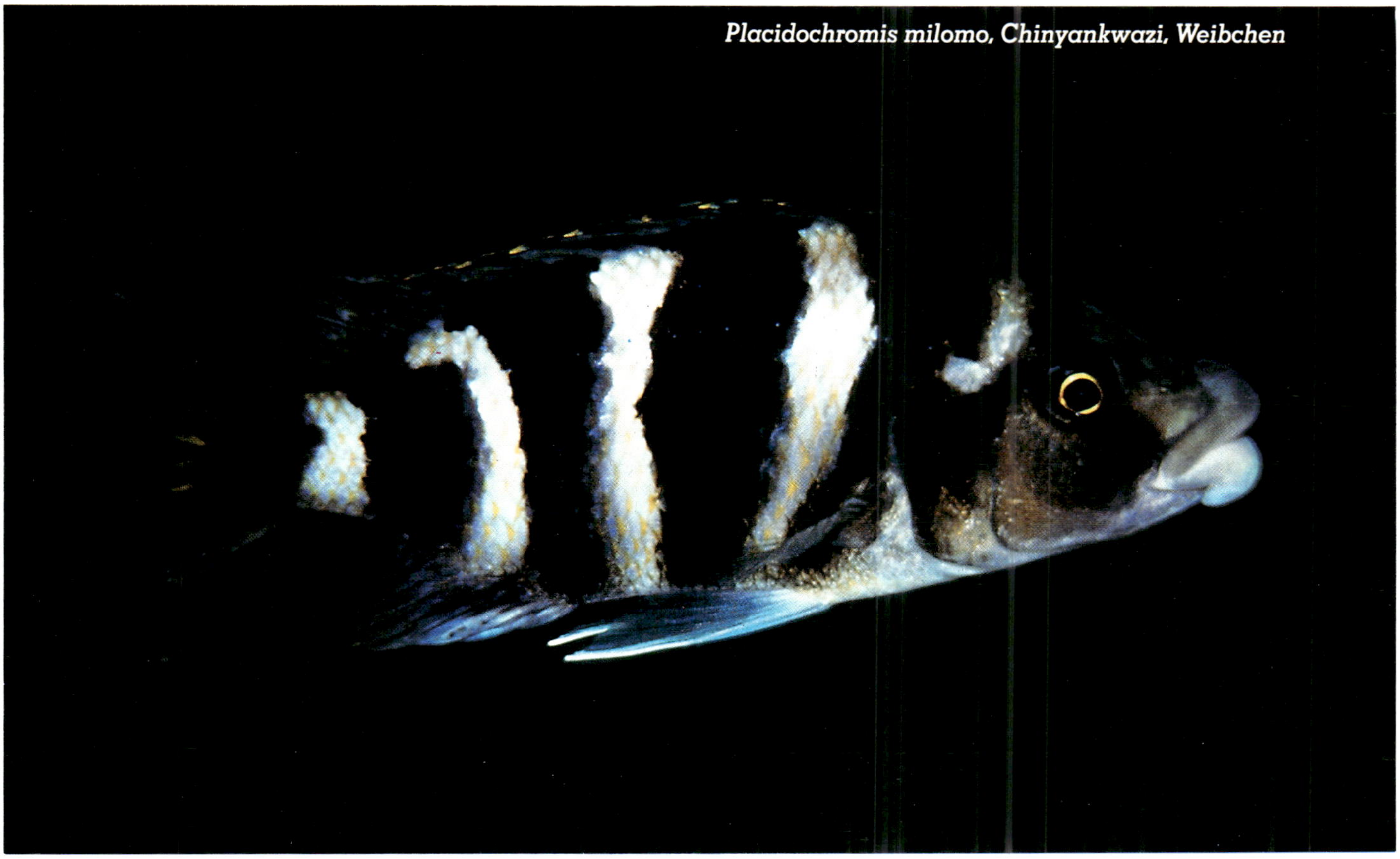

***Placidochromis milomo*, Chinyankwazi, Weibchen**

Placidochromis milomo, Likoma

Placidochromis milomo, Makokola Reef

Placidochromis milomo, Chinyankwazi, Männchen

Placidochromis milomo, Maleri

Placidochromis milomo, Boadzulu Is.

Placidochromis phenochilus

(TREWAVAS, 1935)

HANDELSNAMEN: Diese Art wurde zwar sporadisch exportiert; es ist aber kein Handelsname bekannt.

VERBREITUNG: *P. phenochilus* wurde nur nördlich des Flusses South Rukuru entlang der Nordwestküste und nördlich des Flusses Ruhuhu entlang der Nordostufer gesehen.

VARIANTEN UND MORPHEN: Die Weibchen der Population im Nordostteil des Sees zeigen breite, senkrechte Bänder auf einem silbrigen Körper. In den Nordwestpopulationen haben die Weibchen dieselbe blaue Farbe wie die Männchen.

MAXIMALE LÄNGE: Männchen können maximal eine Gesamtlänge von etwa 17cm erreichen.

BIOTOP: *P. phenochilus* wurde über Sandsubstrat gesehen, auch in der Übergangszone. Gewöhnlich kommt er unterhalb von 15m vor.

ERNÄHRUNG: *P. phenochilus* wurde beim Fressen aus Partikelwolken, die die Kiemen größerer, sandgrabender Arten, wie etwa *Taeniolethrinops praeorbitalis,* passiert hatten, beobachtet. Er wird auch von aufgewirbeltem Sediment angelockt.

ABLAICHVERHALTEN: Größtenteils unbekannt. Adulte Männchen zeigen immer eine ganz blaue Färbung, jedoch konnte kein revierverteidigendes Männchen gesehen werden.

ÄHNLICHE ARTEN: *P. phenochilus* gleicht *P. annectens* und *Otopharynx selenurus.* Die beiden letztgenannten Arten haben kleinere Augen als *P. phenochilus,* der auch noch durch weiße Lippen gekennzeichnet ist.

Placidochromis phenochilus, Mdoka

Placidochromis phenochilus, Msisi, Weibchen

Placidochromis phenochilus, Mdoka

Placidochromis phenochilus, Lupingu, Männ., Aquarium

Placidochromis stonemani

(BURGESS & AXELROD, 1973)
HANDELSNAMEN: Diese Art wurde nicht exportiert.
VERBREITUNG: *P. stonemani* wurde nur im Südost- und Südwestarm des Sees gefunden.
VARIANTEN UND MORPHEN: Keine bekannt.
MAXIMALE LÄNGE: Die Länge ist maximal etwa 7cm, was diese Art wahrscheinlich zum kleinsten Nicht-Mbuna im See macht.
BIOTOP: Sie wurde aus 55 bis 80m Tiefe im Schleppnetz gefangen (Eccles & Trewavas, 1989). Das Substrat, auf dem sie leben, besteht wahrscheinlich aus Schlamm oder Sand mit einer dicken Sedimentschicht.
ERNÄHRUNG: Der Darm, der auf diese Weise gefangenen Tiere, enthielt kleine Wirbellose, die auf dem weichem Boden des Biotops leben.
ABLAICHVERHALTEN: Diese Art ist größtenteils unbekannt, weil sie sehr tiefes Wasser bevorzugt, und wird deshalb wahrscheinlich auch niemals als Aquariumfisch exportiert werden.
ÄHNLICHE ARTEN: *P. stonemani* gleicht P. *hennydaviesae,* mit dem er sympatrisch lebt. *P. stonemani* hat ein kleineres Maul und einen flacheren Körper als *P. hennydaviesae.*

Protomelas annectens

(REGAN, 1922)
HANDELSNAMEN: Haplochromis Annectens.
VERBREITUNG: Diese Art wird überall im See gefunden.
VARIANTEN UND MORPHEN: Es gibt keinen Unterschied in der Färbung der einzelnen Populationen. Nur dominante Tiere zeigen eine ganz dunkelblaue Farbe, die anderen haben eine bräunlichschwarze Grundfarbe mit einem deutlichen, horizontalen Streifen auf der Flanke. Die Einheimischen nennen diesen Fisch "Kabibi", was "Liebling" oder "Verlobter" bedeutet. Dies leitet sich aus der arabischen Sprache her und bezieht sich auf die arabische Tradition, daß eine Frau immer einige Schritte hinter ihrem Mann hergeht (Gertrud Dudin, pers. Mittl.).
MAXIMALE LÄNGE: Die maximal gemessene Länge ist 20cm für ein Männchen. Die Weibchen sind viel kleiner und können maximal etwa 14cm groß werden.
BIOTOP: Nichtbrütende Tiere findet man immer über dem Sand. Brütende Männchen können ein Revier in der Nähe von Felsen besetzen (Ribbink et al., 1983), wurden aber auch über Sand gesehen. *P. annectens* bevorzugt seichtes Wasser und wird normalerweise zusammen mit großen, sandbewohnenden Cichliden gesehen.

Protomelas annectens, Mdoka

Protomelas annectens, Otter Pt.

Protomelas annectens, Ntekete

Protomelas annectens, Chembe Beach, maulbr. Weibchen

ERNÄHRUNG: *P. annectens* ist ein opportunistischer Fresser, der von allen möglichen, beweglichen Objekten, die Sediment aufwirbeln, angezogen wird. Selten sieht man ihn selber nach Futter graben. Er bevorzugt es, in den Abfallwolken, die die Kiemen der großen Cichliden, wie etwa *Taeniolethrinops praeorbitalis,* passieren, nach freßbaren Überresten zu suchen.

ABLAICHVERHALTEN: Selten sieht man ein territoriales Männchen über einem kleinen Sandnest in der Nähe von Felsen (Ribbink et al, 1983). Die meisten beobachteten Tiere sind nicht territorial, obwohl sie Brutfärbung zeigen können. *P. annectens* ist recht primitiv, da die Eier außerhalb des Mauls des Weibchens befruchtet werden. Die meisten Tiere leben einzeln, nur Jungfische sieht man in kleinen Gruppen. Die maulbrütenden Weibchen bleiben über dem offenen Sandboden und bewachen dort auch ihre Nachkommen.

ÄHNLICHE ARTEN: Dominante Tiere gleichen *Otopharynx selenurus, Placidochromis phenochilus* und *Cyrtocara moorii. O. selenurus* unterscheidet sich von *P. annectens* durch den sichelförmigen Schwanz mit dem rötlichen Rand. Große *P. annectens* Tiere können auf dem Kopf eine Beule tragen, die jedoch niemals so deutlich wie bei *C. moorii* wird, der auch eine hellblauere Farbe hat. *P. phenochilus* ist durch sehr weiße Lippen und ein etwas spitzeres Maul charakterisiert.

Protomelas fenestratus

(TREWAVAS, 1935)

HANDELSNAMEN: Haplochromis Steveni Thick Bars.

VERBREITUNG: *P. fenestratus* kommt entlang der ganzen Küste des Sees vor. Nirgends ist er jedoch häufig zu finden.

VARIANTEN UND MORPHEN: Die Brutfarben der Männchen zeigen keinerlei geographische Variation. Das Pigmentierungsmuster der Weibchen variiert jedoch von einer Population zur nächsten, jedoch beschränkt sich diese Variation auf die Form und Intensität der senkrechten Bänder.

MAXIMALE LÄNGE: Männchen können maximal etwa 15cm lang werden, die Weibchen etwa 12cm.

BIOTOP: *P. fenestratus* wird in der Übergangszone gefunden und kann manchmal auch in sedimentreichen Felsenbiotopen angetroffen werden.

Protomelas fenestratus, Chewere, Weibchen

Protomelas fenestratus, Likoma

Protomelas fenestratus, Kande, Weibchen

Protomelas fenestratus, Mbenji

Protomelas fenestratus, Chizumulu

Protomelas fenestratus, Fort Maguire, Männchen

Protomelas fenestratus, Chizumulu

Protomelas fenestratus, Fort Maguire, Weibchen

Protomelas fenestratus, Makanjila

Protomelas fenestratus, Metangula

ERNÄHRUNG: *P. fenestratus* kann man leicht an seinem seltsamen Freßverhalten erkennen. Er bläst ins Sediment, um Wirbellose, die sich im Aufwuchs verstecken, freizulegen. Ihr Futter besteht aus kleinen Wirbellosen, wie Insektenlarven und Krebstierchen.
ABLAICHVERHALTEN: Die Männchen bauen flache Sandburgnester in den Sand in der Nähe oder zwischen Felsen. Brütende Männchen sieht man nicht sehr häufig, und sie scheinen während der Regenzeit mit dem Brüten auszusetzen. Die maulbrütenden Weibchen verstecken sich zwischen den Felsen.
ÄHNLICHE ARTEN: *P. fenestratus* und *P. taeniolatus* sind sehr schwer auseinanderzuhalten, wenn man nicht die Herkunftsstelle des betreffenden Tieres kennt. Vor allem die Weibchen und unreifen Männchen beider Arten zeigen ähnliche Pigmentierungsmuster. Nichtbrütende *P. fenestratus* sind an einer Stelle absolut identisch mit nichtbrütenden *P. taeniolatus* an einer anderen Stelle. Das Grundfarbmuster von *P. fenestratus* an einer Stelle ist immer viel deutlicher als das von *P. taeniolatus* an derselben Stelle. Vor allem die senkrechte Bänderung ist sehr unterschiedlich; P. taeniolatus besitzt eine stärkere, engere Bänderung als *P. fenestratus*. Die Brutfärbung von *P. fenestratus* Männchen unterscheidet sich von den anderen *Protomelas* Arten und ist viel hellblauer als bei allen bekannten *P. taeniolatus* Männchen.
VERWANDTE ARTEN: *P. fenestratus* ist nahe mit *P. pleurotaenia* verwandt, von dem er sich durch die deutliche, senkrechte Bänderung unterscheidet. *P. pleurotaenia* hat einen deutlichen, horizontalen Streifen und einen dünnen, aber deutlichen, roten Rand auf der Rückenflosse. Beide Arten blasen ins Substrat und suchen sich dann ihre Nahrung heraus. *P. pleurotaenia* kommt in bewachsenen Regionen vor.

Protomelas sp. "hertae"

HANDELSNAMEN: Haplochromis Hertae, Protomelas Lobochilus.

Protomelas sp. „hertae", Ndumbi Rocks

Protomelas sp. „hertae", Maleri

VERBREITUNG: Diese Art wurde an der Insel Likoma und bei Thumbi West und den Maleri Inseln gefunden.
VARIANTEN UND MORPHEN: In der Brutfärbung der Männchen gibt es wenig geographische Variation. Die südlichen Populationen zeigen mehr gelb auf der Unterseite des Körpers.

Protomelas sp. „hertae", Nakantenga, Weibchen

Protomelas sp. „hertae", Thumib West

MAXIMALE LÄNGE: Das Männchen kann etwa 18cm lang werden; die Weibchen bleiben kleiner, mit etwa 14cm.
BIOTOP: *P.* sp. "hertae" bevorzugt den Felsenbiotop und wird auch zwischen Felsen in der Übergangszone gefunden. Er bevorzugt eine Tiefe von 5 bis 15m.
ERNÄHRUNG: *P.* sp. "hertae" frißt aus Spalten im Substrat. Seine Nahrung besteht aus Insekten und deren Larven, sowie anderen weichen Wirbellosen, die sich im Aufwuchs verstecken. Ein untersuchtes Tier hatte einen Jungfisch im Magen. Wahrscheinlich ist diese Art ein Fischfresser.
ABLAICHVERHALTEN: Brütende Männchen findet man das ganze Jahr über. Sie verteidigen eine Höhle im Felsenbiotop, hauptsächlich gegen Artgenossen. Die Weibchen bewachen ihre Jungen noch, nachdem sie sie zum erstenmal freigesetzt haben.
ÄHNLICHE ARTEN: *P.* sp. "hertae" gleicht *P. ornatus,* und diese beiden Arten wurden von mir früher verwechselt. *P. ornatus* ist seeweit verbreitet und lebt im seichten Wasser der Übergangszonen. Das Grundpigmentierungsmuster von *P.* sp. "hertae" ist normalerweise undeutlich und enthält horizontale Elemente, die deutlicher erkennbar sind als bei *P. ornatus,* der normalerweise dunkle Flecken auf der oberen Körperhälfte trägt. Die Lippen der adulten Tiere sind bei der letztgenannten Arten stärker geschwollen als bei *P.* sp. "hertae".

Protomelas insignis

(TREWAVAS, 1935)
HANDELSNAMEN: Haplochromis One-And-Half Stripe.
VERBREITUNG: *P. insignis* ist über den ganzen See verbreitet.
VARIANTEN UND MORPHEN: *P. insignis* wurde an geradezu jeder Felsküste angetroffen. Männchen in Brutfärbung kennt man von Likoma, Masinje und Nakantenga. Die blaugefärbten Männchen bei Nakantenga tragen eine weiße Blesse auf dem Nacken und der Rückenflosse; die Männchen bei Likoma und Masinje sind ganz blau gefärbt.
MAXIMALE LÄNGE: Die Männchen können 21cm groß werden, brüten aber schon bei einer Länge von 15cm. Die Weibchen bleiben mit 13cm etwas kleiner.
BIOTOP: *P. insignis* wird in erster Linie in sedimentfreien Felsgegenden gefunden. Er hält sich aber im offenen Wasser, 2 bis 3m über den Felsen in allen möglichen Biotopen auf.
ERNÄHRUNG: *P. insignis* wurde beim Stehlen von Eiern ablaichender Paare beobachtet. Er raubt die Eier von Mbuna, die in Höhlen ablaichen. Er wird auch von Tauchern angelockt und hält diese wahrscheinlich für große Welse.
ABLAICHVERHALTEN: *P. insignis* jagt allein, jedoch wurden im Süden des Sees (Inseln Maleri, Insel Mumbo, Chinyankwazi und Chinyamwezi Inseln) bis zu 20 Tiere zusammen im offenen Wasser über Felsen beobachtet. Sie hatten sich unter *Otopharynx ovatus* Tiere gemischt, einem anderen, bekannten Eiräuber (vgl. Anmerkung weiter unten). Es ist nicht ganz sicher, ob diese Formen alle *P. insignis* sind zuzuordnen sind oder bereits eine andere Art darstellen. Die brütenden Männchen bauen in der Übergangszone Höhlenkraternester und führen reife Weibchen, die an der sehr dunkelgrauen Farbe erkennbar sind, zum Laichplatz. Die maulbrütenden Weibchen verstecken sich zwischen den Felsen und bewachen ihre Nachkommen nach dem erstmaligen Freisetzen noch mehrere Wochen lang.
ÄHNLICHE ARTEN: Das relativ große Maul zusammen mit dem "anderthalben" Streifen auf dem Körper sind Merkmale, anhand derer diese Art unter den Felsbewohnern leicht zu erkennen ist (vgl. jedoch Anmerkungen). Eine noch nicht beschriebene Art, *Hemitaeniochromis* sp. "urotaenia mumbo", gleicht *P. insignis* im Farbmuster und den morphologischen Zählungen, jedoch sind die erwachsenen Tiere größer, hochrückiger und haben ein schiefes (nach unten gebogenes) Maul. Er lebt über Sand und in Übergangszonen in tiefen Regionen.

ANMERKUNGEN: In den südlichen Regionen des Sees, südlich der Insel Maleri sieht man *P. insignis* oft in Begleitung von *Otopharynx ovatus.* In nördlichen Regionen jagen diese beiden Arten eindeutig unabhängig voneinander. Jedoch an den kleinen Felsinseln im Süden leben beide Arten in kleinen Gruppen, wo sie auch interagieren. Während einer der häufigen Auseinandersetzungen zwischen Mitgliedern der Gruppe wurde ein schneller Wechsel im Farbmuster sichtbar. In solchen Augenblicken ist es schwierig, die Kontrahenten zu identifizieren. Auch sind beide Arten fast völlig identisch, wenn man einmal von ihren Grundfarbmustern absieht. Diese beiden Arten sind nicht nahe miteinander verwandt, was auch durch ihr zwischenartliches Verhalten erkennbar ist. Somit wäre dies ein bemerkenswertes Beispiel von paralleler Evolution.

Protomelas insignis, Chizumulu

Protomelas insignis, Gome, Männchen

Protomelas insignis, Fort Maguire

Protomelas insignis, Gome nest

Protomelas insignis, Mdoka

Protomelas kirkii

(GÜNTHER, 1893)
HANDELSNAMEN: Haplochromis Similis.
VERBREITUNG: *P. kirkii* kommt überall im See vor.
VARIANTEN UND MORPHEN: Männchen in Brutfärbung wurden nur im Südteil des Sees gesehen, da diese Art jedoch nicht auf Felsgegenden beschränkt ist, sind geographische Varianten unwahrscheinlich.

Protomelas kirkii, Senga Bay

Protomelas kirkii, Mbenji

Protomelas kirkii, Männchen, Aquarium

MAXIMALE LÄNGE: Die Männchen können eine Größe von etwa 16cm erreichen, die Weibchen von etwa 12cm.
BIOTOP: *P. kirkii* ist in den sehr seichten, bewachsenen Regionen zu finden. Die ausgewachsenen Tiere sieht man oft in gerade einmal 1m tiefem Wasser, und in diesen seichten Regionen wird auch gebrütet. Am häufigsten findet man diese Art in geschützten Buchten.
ERNÄHRUNG: *P. kirkii* frißt Wirbellose, die er zwischen der Vegetation dieses Biotops findet.
ABLAICHVERHALTEN: *P. kirkii* brütet nur während einer kurzen Brutperiode im Jahr, nämlich im Juli, August und September. Die territorialen Männchen bauen kleine Sandburgnester in Kolonien in etwa 2m Tiefe. Abgelaicht wird in den Morgenstunden. Die maulbrütenden Weibchen sammeln sich in Schulen.
ÄHNLICHE ARTEN: *P. kirkii* ist ein Mitglied einer kleinen Gruppe in *Protomelas,* deren Arten einander sehr ähneln. *P. kirkii* ist durch zwei unterbrochene, horizontale Linien auf dem Körper und einen länglichen Kopf geprägt. Er hat ein größeres Maul als *P. labridens,* welcher ein sehr kleines besitzt und außerdem starke Schlundknochen hat. *P. similis* hat ein etwa größeres Maul als *P. kirkii* und einen deutlichen, seitlichen Mittelstreifen, der durchgehend ist. *P. marginatus* besitzt ein viel größeres Maul und größere Augen. *P. pleurotaenia* ist durch zwei dünne, aber deutliche, horizontale Linien auf dem Körper und einen dünnen, leuchtendroten Rand auf der Rückenflosse zu erkennen. Die Färbung der brütenden *P. kirkii* Männchen besteht aus dem türkisgefärbten Maul und deutlichen Punkten auf der Afterflosse.

Protomelas labridens

(TREWAVAS, 1935)
HANDELSNAMEN: Haplochromis Similis.
VERBREITUNG: *P. labridens* ist seeweit verbreitet und kommt auch im Malombesee vor.
VARIANTEN UND MORPHEN: Keine bekannt.
MAXIMALE LÄNGE: Die Männchen können bis etwa 10cm werden, Weibchen ungefähr 13cm.
BIOTOP: *P. labridens* wird regelmäßig in seichten, bewachsenen Gegenden gefunden, normalerweise in etwa 4m Tiefe.
ERNÄHRUNG: *P. labridens* frißt kleine Schnecken und andere Wirbellose, die er auf und zwischen Pflanzen seines Lebensraums findet.
ABLAICHVERHALTEN: Männchen in Brutfarbe wurden im Mai und Juni gesehen (Likoma), sowie im November und Dezember (südlicher Teil des Sees). Territoriale Männchen säubern eine Stelle in den Pflanzenbeeten als Nest. Ein derartiger Laichplatz hat einen Durchmesser von etwa 50cm. Er wird immer zwischen Pflanzen angelegt. Das Nest ist kein Krater, sondern nur eben eine von Pflanzen gesäuberte Stelle, manchmal wird etwas Sand auf-

Protomelas labridens, Likoma

Protomelas labridens, Likoma

Protomelas labridens, Otter Pt.

geworfen, um einen kleinen Haufen zu bilden; dennoch ist es sehr auffällig zwischen den Kräutern. Die Weibchen werden zu dieser Stelle hingeführt und zum Ablaichen aufgefordert.

ÄHNLICHE ARTEN: *P. labridens* ist ein Mitglied einer kleinen Gruppe von *Protomelas,* dessen Mitglieder sich sehr ähneln. Die Gruppe besteht aus *P. kirkii, P. similis, P. pleurotaenia, P. marginatus* und *P. labridens. P. kirkii* ist durch

Protomelas labridens, Otter Pt., Nest

zwei unterbrochene, horizontale Linien auf dem Körper und einem länglichen Kopf ausgezeichnet. Er hat ein größeres Maul als *P. labridens,* der durch ein sehr kleines Maul und starke Schlundknochen charakterisiert ist. *P. similis* hat ein deutlich größeres Maul als *P. labridens* und einen deutlichen, seitlichen Mittelstreifen, der durchgehend ist. Das Farbmuster von *P. labridens* enthält neben den horizontalen Streifen auch undeutliche, senkrechte Bänderung. *P. marginatus* hat deutlich ein viel größeres Maul und größere Augen. *P. pleurotaenia* ist durch zwei dünne, aber deutliche, horizontale Linien auf dem Körper und einem dünnen, leuchtendroten Rand der Rückenflosse gekennzeichnet. Die Färbung der brütenden *P. labridens* Männchen ist durch einen blauen Schimmer und eine orange Afterflosse geprägt. Brütende *P. similis* Männchen haben einen rötlichen Fleck hinter den Kiemendeckel und sind dunkelblauer gefärbt.

Protomelas macrodon

ECCLES, 1989

HANDELSNAMEN: Diese Art wurde niemals exportiert.

VERBREITUNG: Ein Tier ist von Nkhotakota her bekannt. Der Holotypus wurde (fälschlicherweise) als im Tanganjikasee gefangen, beschriftet.

VARIANTEN UND MORPHEN: Es sind nur zwei Tiere bekannt.

MAXIMALE LÄNGE: Die maximal gemessene Gesamtlänge ist 10,5cm.

BIOTOP: Ein Einzeltier wurde in seichtem Wasser mit Vegetation gefangen.

ERNÄHRUNG: *P. macrodon* frißt wahrscheinlich nur Schnecken, die er zwischen den Blättern von Vallisneria findet.

ABLAICHVERHALTEN: Unbekannt.

ÄHNLICHE ARTEN: *P. macrodon* wurde früher zu *P. pleurotaenia* gerechnet. Er unterscheidet sich von den letztgenannten durch größere Augen und die vergrößerten, molarähnlichen Zähne auf den Schlundknochen.

Protomelas marginatus

(TREWAVAS, 1935)
HANDELSNAMEN: Diese Art wurde niemals exportiert.
VERBREITUNG: Es wurden zwei Unterarten beschrieben (Trewavas, 1935), die unterschiedliche Verbreitungsgebiete haben. *P. marginatus marginatus* ist aus dem Südostarm des Sees bekannt, während *P. marginatus vuae* von Vua und Chilumba stammt.
VARIANTEN UND MORPHEN: Die beiden Unterarten stellen wahrscheinlich die beiden Extreme einer weitverbreiteten Art dar. Bevor jedoch keine Exemplare von Stellen zwischen den beiden bekannten Populationen untersucht wurden, kann nichts genaueres über ihre Verwandtschaft ausgesagt werden.

Protomelas marginatus, Mdoka,

Protomelas cf. marginatus, Tanzania, Aquarium

MAXIMALE LÄNGE: Diese Art erreicht eine Gesamtlänge von maximal etwa 15cm.
BIOTOP: Die südliche Population wird in seichtem Wasser bewachsener Regionen gefunden.
ERNÄHRUNG: Eccles & Trewavas (1989) berichten, daß sich in den Mägen Algen und Pflanzenreste befanden. Dies könnte darauf hindeuten, daß *P. marginatus* an Pflanzenblättern grast. Ich habe ihn jedoch noch nicht in seinem natürlichen Lebensraum beobachtet.
ABLAICHVERHALTEN: Unbekannt.
ÄHNLICHE ARTEN: Er unterscheidet sich von *P. labridens, P. similis, P. kirkii* und *P. pleurotaenia* durch ein größeres Maul und größere Augen.

Protomelas sp. "mbenji thick lip"

HANDELSNAMEN: Haplochromis Labrosus Mbenji.
VERBREITUNG: Diese Art ist an der Insel Mbenji endemisch.
VARIANTEN UND MORPHEN: Es ist nur eine einzige Population bekannt.
MAXIMALE LÄNGE: Die Männchen können etwa 27cm lang werden. Die Weibchen sind kleiner und können auf eine Länge von etwa 18cm heranwachsen.
BIOTOP: Die meisten Tiere wurden im sedimentreichen Felsenbiotop und in der Übergangszone beobachtet.
ERNÄHRUNG: *P.* sp. "mbenji thick lip" frißt vom Aufwuchs, der von Sediment bedeckt ist. Seine Nahrung besteht aus Wirbellosen und wahrscheinlich kleinen Fischen. Manchmal dreht er sich auf die Seite, um in einen horizontalen Felsspalt zum Fressen einzudringen. Tiere auf Nahrungssuche können kleine Gruppen mit 3 bis 10 Tieren bilden.
ABLAICHVERHALTEN: Territoriale Männchen verteidigen eine Stelle in einer großen Höhle, die normalerweise Sandboden besitzt. Solche Reviere kann man in sehr seichtem Wasser, in weniger als 5m Tiefe finden, aber auch in 30m Tiefe. Die maulbrütenden Weibchen schwimmen in der Übergangszone umher und scheinen sich nicht zu verstecken. Die Weibchen sorgen auch noch nach dem erstmaligen Freisetzen für ihre Jungen.

Protomelas sp. „mbenji thick lip", Mbenji, Weibchen

ÄHNLICHE ARTEN: *P.* sp. "mbenji thick lip" ist durch einen dunklen Bauch und geschwollene Lippen gekennzeichnet. Er ist hochrückiger und hat dickere Lippen als *P. ornatus,* mit dem er nahe verwandt ist und der nicht bei Mbenji vorkommt. Die schwarze Zeichnung auf der oberen Körperhälfte ist sehr intensiv und sticht deutlich von

Protomelas sp. „mbenji thick lip", Mbenji, Männchen

der leuchtendgelb bis beigen Grundfarbe ab.

Protomelas ornatus

(REGAN, 1922)
SYNONYME: Haplochromis festivus, Haplochromis lobochilus.
HANDELSNAMEN: Haplochromis Flavimanus, Haplochromis Maleri Thick Lip, Protomelas Lobochilus.
VERBREITUNG: *P. ornatus* kommt überall im See vor.
VARIANTEN UND MORPHEN: Die Brutfarbe der Männchen unterscheidet sich etwas bei den verschiedenen Populationen, jedoch sind diese Unterschiede größtenteils auf den Anteil Gelb auf der Bauchseite des Körpers beschränkt.
MAXIMALE LÄNGE: Die Männchen können etwa 25cm groß werden; 17cm ist etwa die maximale Länge der Weibchen.
BIOTOP: *P. ornatus* kommt in seichtem bis sehr seichtem (1 bis 10m tief) Wasser der Übergangszone vor. Er wird regelmäßig in Gegenden mit kleinem Kies und einigen Felsen auf hauptsächlich Sandboden gefunden.
ERNÄHRUNG: *P. ornatus* ist ein Räuber, der Wirbellose, aber auch Jungfische frißt. Er wird oft dabei beobachtet, wie er sich auf die Seite rollt, um seine Beute aus einem horizontalen Felsspalt herauszuholen. Selten sieht man ihn an Felsflächen fressen, wie es *Placidochromis milomo* und *Chilotilapia euchilus* tun.
ABLAICHVERHALTEN: Männchen in Brutfärbung werden das ganze Jahr über beobachtet. Die territorialen Männchen leben normalerweise in kleinen Gruppen und verteidigen eine Höhle zwischen den Felsen. Diese Höhlen müssen Sandboden haben, da die Männchen kleine Sandburgnester darin bauen. Weibchen werden zum Laichplatz geführt. Sie leben, zusammen mit unreifen Tieren, in kleinen Schulen mit bis zu 20 Tieren.
ÄHNLICHE ARTEN: *P. ornatus* gleicht *P.* sp. "hertae" in seiner Form und den dicken Lippen. Das Farbmuster der nicht brütenden *P. ornatus* Tiere ist stärker betont als bei *P.* sp. "hertae". Normalerweise zeigt er dunkle Flecken auf der oberen Körperhälfte, die sich mit der senkrechten Bänderung decken. Das Farbmuster von *P.* sp. "hertae" ist normalerweise viel schwächer ausgeprägt und zeigt eher horizontale als senkrechte Elemente. *P.* sp. "hertae" ist völlig auf den reinen Felsenbiotop beschränkt.

Protomelas ornatus, Chitande

Protomelas ornatus, Maleri

Protomelas ornatus, Chewere, Männchen

Protomelas ornatus, Nakantenga

Protomelas ornatus, Chilumba

Protomelas ornatus, Gome

Protomelas ornatus, Aquarium, Männchen

Protomelas ornatus, Lumessi

Protomelas pleurotaenia

(BOULENGER, 1901)
SYNONYME: Haplochromis microstoma.
HANDELSNAMEN: Diese Art wurde nur sporadisch exportiert, wahrscheinlich unter dem Namen Haplochromis Similis.
VERBREITUNG: *P. pleurotaenia* kommt im ganzen See vor.
VARIANTEN UND MORPHEN: Es gibt kaum Unterschiede in der Brutfärbung der Männchen in den bekannten Populationen; diese beschränken sich auf eine Intensivierung der insgesamt blauen Grundfarbe. Brütende Männchen im Süden des Sees haben eine sehr hellblaue Farbe.
MAXIMALE LÄNGE: Die Männchen können etwa 14cm lang werden, während die Weibchen nur etwa 10cm erreichen.
BIOTOP: *P. pleurotaenia* begegnet man regelmäßig in bewachsenen Regionen und der Übergangszone. Die durchschnittliche Tiefe ihres Verbreitungsgebiets reicht vom Wasserspiegel bis in etwa 10m Tiefe.
ERNÄHRUNG: *P. pleurotaenia* frißt Wirbellose, die er im Sand lokalisiert, indem er sie in der oberen Sedimentschicht freilegt. Oft sieht man ihn um die Wurzeln der Kräuter blasen. Ein solcher Platz ist besonders reich an Sediment und hält wahrscheinlich viele Wirbellose versteckt.
ABLAICHVERHALTEN: Territoriale Männchen wurden dabei beobachtet, wie sie flache, schüsselförmige Nester in seichtem Wasser bauten. Diese Nester werden immer gegen einen Fels gebaut. Eccles & Trewavas (1989) berichten, daß diese Art Nester auf vorstehende Felsen baut, was von mir noch nicht beobachtet wurde. Der Grund, ein Nest über dem Boden zu bauen, während die nichtbrütenden Tiere auf dem Boden nach Nahrung suchen, ist nicht bekannt. Ich habe nur bei den südlichen Populationen Nester beobachtet. Das Männchen wendet all seine Kräfte auf, um größere Sandkörner aus der Laichgrube zu entfernen, vielleicht weil diese vom ablaichenden Weibchen für Eier gehalten werden könnten. Die revierverteidigenden Männchen legen ihre Laichplätze in kleinen Kolonien an. Die Weibchen schwimmen zwischen diesen Revieren umher und werden angebalzt, sobald sie sich in der Nähe eines Männchens befinden. Brutaktivität wurde im November und Dezember festgestellt, aber die Saison kann sich auch über einen längeren Zeitraum erstrecken.

Protomelas pleurotaenia, Selewa

Protomelas pleurotaenia, Otter Pt.

Protomelas pleurotaenia, Senga Bay

Protomelas pleurotaenia, Chembe Beach

ÄHNLICHE ARTEN: *P. pleurotaenia* gleicht *P. similis, P. labridens* und *P. triaenodon. P. pleurotaenia* unterscheidet sich von diesen Arten durch den dünnen, aber deutlichen, roten Rand der Rückenflosse. *P. triaenodon,* der hochrückiger als *P. pleurotaenia* ist, ist durch dreispitzige Zähne in der äußeren Kieferreihe charakterisiert. *P. pleurotaenia* trägt zweispitzige Zähne in der äußeren Kieferreihe.

Protomelas similis

(REGAN, 1922)

HANDELSNAMEN: Haplochromis Similis, Haplochromis Sunset.

VERBREITUNG: *P. similis* kommt im ganzen See vor und wird auch im Malombesee gefunden.

VARIANTEN UND MORPHEN: Geographische Varianten sind nicht bekannt.

MAXIMALE LÄNGE: Die Größe von *P. similis* ist maximal etwa 18cm.

BIOTOP: *P. similis* wird in seichten, bewachsenen Gegenden gefunden. An einigen Stellen kommt er häufig vor, und in anderen, ähnlichen Biotopen fehlt er völlig.

ERNÄHRUNG: *P. similis* ist für seine pflanzliche Nahrung bekannt. Dazu gehören auch die Blätter höherer Pflanzen, wie etwa *Vallisneria aethiopica*. Er hat scharfe Zähne im Maul, die Stücke aus der Pflanze herausbeißen können.

ABLAICHVERHALTEN: Territoriale Männchen säubern eine kleine, runde Stelle in einem Pflanzenbeet. Diese Laichplätze haben einen Durchmesser von etwa 30cm und sind zwischen den generell dunkelgrünen Pflanzen sehr auffällig. Die maulbrütenden Weibchen verstecken sich zwischen den Pflanzen. Die Jungen werden bewacht und vom Weibchen bei Gefahr wieder ins Maul aufgenommen.

ÄHNLICHE ARTEN: *P. similis* gehört zu einer Gruppe ähnlich aussehender Arten. Die anderen Arten sind *P. labridens, P. pleurotaenia, P. marginatus, P. triaenodon* und *P. kirkii. P. labridens* ist durch das sehr kleine Maul und das "schnauzenhafte" Aussehen gekennzeichnet. Er zeigt sowohl die horizontalen als auch die vertikalen Elemente des Grundfarbmusters. *P. similis* hat normalerweise einen sehr deutlichen, seitlichen Mittelstreifen und es kann ihm bisweilen der zweite Streifen zwischen

Protomelas similis, Likoma, Weibchen

Protomelas similis, Likoma, Nest

Protomelas similis, Likoma, Männchen

Protomelas similis, Männchen, Aquarium

diesem und der Rückenflosse fehlen. *P. pleurotaenia* hat einen dünnen, roten, randständigen Streifen auf der Rückenflosse. *P. triaenodon* hat dreispitzige Zähne auf den äußeren Kiefern. *P. kirkii* ist durch die beiden horizontalen Streifen, die in kleine Punkte aufgebrochen sind, charakterisiert. Er hat ebenfalls ein spitzes Maul. *P. marginatus* besitzt das größte Maul in der Gruppe, wurde aber von mir noch nicht lebend beobachtet.

Protomelas spilonotus

(TREWAVAS, 1935)
HANDELSNAMEN: Haplochromis Ovatus.
VERBREITUNG: *P. spilonotus* wurde an der Nordwestküste bei Chilumba, Ruarwe und Mara Rocks gefunden, an der Nordostküste bei Magunga Reef, im Südteil des Sees bei Monkey Bay, Mbenji und der Insel Nakantenga, sowie am Eccles Reef.
VARIANTEN UND MORPHEN: Es gibt geringfügige geographische Variation in der Brutfärbung der Männchen. Am Eccles Reef haben die brütenden Männchen einen intensiver orange gefärbten Fleck auf dem Nacken und eine weiße Rückenflosse, während bei Nakantenga den brütenden Männchen die gelbe Farbe auf dem Nacken fehlt und die weiße Blesse in die Rückenflosse einfließt.

Protomelas spilonotus, Mara Rocks, Männchen

MAXIMALE LÄNGE: *P. spilonotus* kann maximal auf eine Länge von etwa 20cm heranwachsen. Die Weibchen sind normalerweise viel kleiner und können maximal etwa 16cm lang werden.
BIOTOP: *P. spilonotus* bevorzugt den sedimentfreien Felsenbiotop, wo er sich im freien Wasser etwa 1m vom Substrat entfernt aufhält. Normalerweise findet man ihn gerade unterhalb der Wasseroberfläche, selten unter 5m

Protomelas spilonotus, Mbenji, Aquarium

Protomelas spilonotus, Nakantenga

Protomelas spilonotus, Eccles Reef

Tiefe. Die meisten Tiere sieht man an Stellen, wo die Felsküste in einem steilen Winkel abfällt.
ERNÄHRUNG: *P. spilonotus* frißt Wirbellose, die er dem Wasser entnimmt. Insekten, die ins Wasser fallen, werden von diesem Räuber wahrscheinlich bevorzugt.
ABLAICHVERHALTEN: Brütende Männchen kann man das ganze Jahr über sehen. Sie verteidigen einen Laichplatz, der in einer Höhle oder unter einem überhängenden Felsen angelegt wird, bleiben dabei aber die meiste Zeit im offenen Wasser, etwa 1m vom Felsen entfernt. Territoriale Männchen sieht man gewöhnlich in Gruppen und etwa alle 5m sieht man ein Männchen in Brutfärbung. Abgelaicht wird in der Höhle oder manchmal sogar gegen einen Fels. Die Weibchen bewachen ihre Nachkommen auch noch nach dem erstmaligen Freisetzen.
ÄHNLICHE ARTEN: *P. spilonotus* besitzt sowohl ein Farbmuster aus horizontalen als auch vertikalen Elementen. Er gleicht *P. taeniolatus* und *P. fenestratus*, und unterscheidet sich von diesen durch das größere Maul und die normalerweise deutlich sichtbare, seitliche Mittellinie. *P. spilonotus* ist mit *P.* sp. "spilonotus likoma" nahe verwandt, der wahrscheinlich an anderen Stellen seinen Platz einnimmt. Das Farbmuster der letztgenannten Art ist durch den sehr deutlichen seitlichen Mittelstreifen und eine schwach vorhandene, senkrechte Bänderung gekennzeichnet. Die senkrechten Bänder sind bei *P. spilonotus* immer deutlich erkennbar.

Protomelas sp. "spilonotus likoma"

HANDELSNAMEN: Diese Art ist noch nicht exportiert worden.
VERBREITUNG: *P.* sp. "spilonotus likoma" wurde um Likoma, Chizumulu und die Insel Kande gefunden, sowie entlang der Küste bei Bandawe Point. Außerdem wurde sie am Chilucha Reef in Mosambik beobachtet.
VARIANTEN UND MORPHEN: Am Chilucha Reef haben die Männchen eine weiße Blesse auf dem Kopf. Es ist nicht sicher, ob die Form beim Chilucha Reef wirklich *P.* sp. "spilonotus likoma" entspricht, oder eine weitere Art der *P. spilonotus* Gruppe darstellt.
MAXIMALE LÄNGE: *P.* sp. "spilonotus likoma" kann maximal etwa 18cm groß werden. Die Weibchen sind kleiner und können maximal etwa 15cm groß werden.

Protomelas sp. „spilonotus likoma", Likoma, Männchen

Protomelas sp. „spilonotus likoma", Likoma, Weibchen

Protomelas sp. „spilonotus likoma", Mpandikucha Is., Weib.

Protomelas sp. „spilonotus likoma", Chilucha Reef

BIOTOP: *P.* sp. "spilonotus likoma" bevorzugt den sedimentfreien Felsenbiotop, wo er sich im freien Wasser, etwa 1m vom Substrat entfernt, aufhält. Oft findet man ihn im wellenumspülten Teil des Felsenbiotops, unmittelbar unterhalb der Wasseroberfläche.
ERNÄHRUNG: *P.* sp. "spilonotus likoma" frißt Wirbellose, die aus dem Wasser aufgenommen werden. Er wurde dabei beobachtet, wie er Partikel (Insekten), die ins Wasser gefallen waren, fraß.
ABLAICHVERHALTEN: Brütende Männchen werden das ganze Jahr über gesehen. Sie bilden normalerweise kleine Brutgruppen, in der jedes Männchen eine Höhle oder irgendeine andere geschützte Stelle im Felsenbiotop als Laichplatz verteidigt. Männchen und Weibchen bleiben im offenen Wasser, und nur wenn sie gestört werden, verstecken sie sich zwischen den Felsen. Abgelaicht wird in der Höhle oder gegen den Felsen. Die Weibchen bewachen ihre Nachkommen noch einige Wochen nachdem sie zum erstenmal freigesetzt wurden.
ÄHNLICHE ARTEN: *P.* sp. "spilonotus likoma" ist durch ein Farbmuster, das hauptsächlich aus einem breiten, seitlichen Mittelband besteht, erkennbar. Er gleicht *P. taeniolatus* und *P. fenestratus* und unterscheidet sich von diesen durch das größere Maul und die deutliche, seitliche Mittellinie. *P.* sp. "spilonotus likoma" ist mit *P. spilonotus* nahe verwandt und könnte sogar eine geographische Variante dieser Art sein. *P.* sp. "spilonotus likoma" ist jedoch ein kleinerer Fisch mit einem flachen Körper und einem anderen Farbmuster. Ferner unterscheidet er sich von *P.* sp. "spilonotus mozambique" und *P.* sp. "spilonotus tanzania" durch eine durchgehende, seitliche Mittellinie. Bei den beiden letztgenannten Arten besteht die seitliche Mittellinie aus einer Punktreihe.

Protomelas sp. "spilonotus mozambique"

HANDELSNAMEN: Protomelas Chimata.

Protomelas sp. „spilonotus mozambique", Wikihi

Protomelas sp. „spilonotus mozambique", Hai Reef, Aquarium

VERBREITUNG: *P.* sp. "spilonotus mozambique" kommt an der Ostküste zwischen dem Hai Reef und Wikihi vor.
VARIANTEN UND MORPHEN: Keine bekannt.
MAXIMALE LÄNGE: Die Männchen erreichen eine Länge von ungefähr 18cm, die Weibchen bleiben rund ein Viertel kleiner.
BIOTOP: *P.* sp. "spilonotus mozambique" wurde in den

oberen Bereichen des Felsenbiotops gefunden, aber im Gegensatz zu den drei anderen Arten der *P. spilonotus* Gruppe, kam er nicht an steil abfallenden Felsküsten vor. Am Hai Reef und bei Wikihi begegnet man ihm in seichtem Wasser, manchmal über einer Übergangszone.
ERNÄHRUNG: Wie die anderen Arten der *P. spilonotus* Gruppe bleibt auch *P.* sp. "spilonotus mozambique" im freien Wasser, einige Meter über dem Substrat und scheint Partikel zu fressen, die ins Wasser fallen, aber auch Plankton. Seine Nahrung besteht wahrscheinlich aus Insekten und kleinen, planktonischen Krebstieren.
ABLAICHVERHALTEN: Unbekannt.
ÄHNLICHE ARTEN: *P.* sp. "spilonotus mozambique" hat einen seitlichen Mittelstreifen, der aus kleinen, regelmäßigen Flecken besteht. Die seitliche Mittellinie ist bei *P.* sp. "spilonotus likoma" durchgehend und sehr auffällig und bei *P.* sp. "spilonotus tanzania" besteht sie aus drei unregelmäßigen Flecken: der erste und der dritte sind sehr länglich, während der zweite sehr klein und kaum sichtbar ist. Das Pigmentierungsmuster von *P. spilonotus* besteht aus einer fast ununterbrochenen aber dünnen, seitliche Mittellinie und deutlichen, senkrechten Bändern. *P.* sp. "spilonotus mozambique" gleicht ebenfalls *P. taeniolatus* und *P. fenestratus* und unterscheidet sich von diesen durch sein größeres Maul.

Protomelas sp. "spilonotus tanzania"

HANDELSNAMEN: Protomelas Insignis, Protomelas Spilonotus Tanzania, Protomelas Spilonotus Blue Orange.
VERBREITUNG: *P.* sp. "spilonotus tanzania" wurde an der Ostküste zwischen Njambe und Mbamba Bay gefunden.
VARIANTEN UND MORPHEN: Keine bekannt.
MAXIMALE LÄNGE: Die Männchen können maximal auf eine Größe von etwa 17cm heranwachsen.
BIOTOP: *P.* sp. "spilonotus tanzania" bevorzugt die oberen Meter des Felsenbiotops, vor allem wenn sich dort große Felsblöcke befinden und damit auch viele große Höhlen. Diese Art bildet bei der Nahrungssuche große Gruppen im offenen Wasser, wo sie etwa einen Meter vom Substrat entfernt verweilen.
ERNÄHRUNG: Wie auch andere Mitglieder der *P. spilonotus* Gruppe, frißt diese Art Partikel, die in der Wassersäule schwimmen. Diese Partikel können Insekten sein, die ins Wasser gefallen sind, aber auch Stücke vom Aufwuchs, die durch turbulentes Wasser von den Felsen gespült wurden.
ABLAICHVERHALTEN: Männchen in Brutfärbung werden bei der Nahrungssuche zusammen mit nichtbrütenden Tieren in Schulen gesehen. Territoriale Männchen verteidigen eine Stelle auf oder entlang eines großen Felsblockes, aber ein Ablaichvorgang wurde noch nicht beobachtet. Wie bei anderen Mitgliedern dieser Gruppe findet das Ablaichen wahrscheinlich in einer Höhle statt.
ÄHNLICHE ARTEN: *P.* sp. "spilonotus tanzania" ist durch ein seitliches Mittelband aus zwei langgezogenen Flecken charakterisiert. Dieses Band ist bei den anderen Mitgliedern der *P. spilonotus* Gruppe entweder durchgehend, wie bei *P.* sp. "spilonotus likoma" und bei *P. spilonotus,* oder besteht aus einer Reihe regelmäßiger

Protomelas sp. „spilonotus tanzania", Mbamba Bay Is.

Protomelas sp. „spilonotus tanzania", Männchen, Aquarium

Protomelas sp. „spilonotus tanzania", Weibchen, Aquarium

Flecke, wie bei *P.* sp. "spilonotus mozambique". *P.* sp. "spilonotus tanzania" gleicht auch *P. taeniolatus* und *P. fenestratus,* und unterscheidet sich von diesen Arten durch sein größeres Maul.

Protomelas sp. "steveni black belly"

HANDELSNAMEN: Diese Art wurde noch nicht exportiert.
VERBREITUNG: *P.* sp. "steveni black belly" wurde entlang der Nordwestküste zwischen Mdoka und Charo, und an den Inseln Kande und Mphandikucha gefunden.
VARIANTEN UND MORPHEN: Keine bekannt.
MAXIMALE LÄNGE: Die Gesamtlänge ist maximal etwa 15cm.
BIOTOP: *P.* sp. "steveni black belly" lebt im Felsenbiotop, wo er normalerweise in den sedimentfreien, oberen Regionen gefunden wird.

Protomelas sp. „steveni black belly", Katale

Protomelas sp. „steveni black belly", Charo

Protomelas sp. „steveni black belly", Mpandikucha, Männ.

Protomelas sp. „steveni black belly", Kande, Weibchen

Protomelas sp. „steveni black belly", Mpandikucha, Weib.

Protomelas sp. „steveni black belly", Kande, Männchen

ERNÄHRUNG: Er weidet vom Aufwuchs und wird oft beim Zupfen an Algenmatten, die Felsen bedecken, beobachtet. Er könnte sich aber auch von Wirbellosen ernähren, die im Aufwuchs leben.
ABLAICHVERHALTEN: Territoriale Männchen wurden nur bei Kande und der Insel Mphandikucha gesehen. Sie verteidigen eine Stelle zwischen Felsen oder auf dem Sand unter einem überhängenden Fels. Die Weibchen und unreifen Männchen leben normalerweise einzeln. Im Nordteil ihres Verbreitungsgebietes ist *P.* sp. "steveni black belly" ein seltenes Mitglied der Felsenbiotopgemeinschaft und wird nie in Gruppen gesehen. Ablaichende oder maulbrütende Weibchen wurden keine gesehen.
ÄHNLICHE ARTEN: *P.* sp. "steveni black belly" gleicht *P. taeniolatus* in Form und Verhalten, kann aber leicht anhand seiner schwarzen Bauchregion erkannt werden.

Protomelas sp. "steveni blue black"

HANDELSNAMEN: Diese Art wurde noch nicht für den Zierfischhandel exportiert.
VERBREITUNG: Sie wurde nur bei Masinje an der malawischen Ostküste gesehen.
VARIANTEN UND MORPHEN: Keine bekannt.
MAXIMALE LÄNGE: Das fotografierte Tier (das einzige bisher beobachtete) hat eine Gesamtlänge von schätzungsweise 10cm.
BIOTOP: *P.* sp. "steveni blue black" kommt im sedimentfreien Felsenbiotop vor.
ERNÄHRUNG: Unbekannt.
ABLAICHVERHALTEN: Das einzige gefundene Exemplar war ein territoriales Männchen. Ein Ablaichvorgang wurde nicht beobachtet.
ÄHNLICHE ARTEN: *P.* sp. "steveni blue black" lebt sympatrisch mit dem sog. "Steveni Eastern", der für eine Form von *P. taeniolatus* gehalten wird. Da nur ein einzelnes Männchen gesehen wurde, dem die gelbe Farbe des "Steveni Eastern" fehlt, kann nur wenig über seine Verwandtschaft zu den anderen Mitgliedern der "Steveni" Gruppe ausgesagt werden.

Protomelas sp. „steveni blue black", Masinje

Protomelas sp. "steveni imperial"

HANDELSNAMEN: Protomelas Fenestratus, Steveni Imperial Tigress.
VERBREITUNG: *P.* sp. "steveni imperial" kommt in der Nordhälfte an beiden Seiten des Sees vor.
VARIANTEN UND MORPHEN: Obwohl diese Art weit verbreitet ist, sind keine geographischen Varianten bekannt.
MAXIMALE LÄNGE: *P.* sp. "steveni imperial" Männchen können höchstens eine Gesamtlänge von etwa 16cm erreichen. Die Weibchen bleiben normalerweise um etwa ein Drittel kleiner.
BIOTOP: *P.* sp. "steveni imperial" kommt in verschiedenen Biotopen vor. An einigen Stellen lebt er in sehr seichten Übergangszonen und an wieder anderen findet man ihn in Tiefen unterhalb 15m im sedimentreichen Felsenbiotop. Er scheint am häufigsten in sedimentreichen Gegenden gesehen zu werden.
ERNÄHRUNG: *P.* sp. "steveni imperial" pickt Partikel aus dem Aufwuchs der Felsen. Mägen wurden noch nicht untersucht, so daß die genaue Zusammensetzung seiner

Protomelas sp. „steveni imerial", Hora Mhango

Protomelas sp. „steveni imerial", Hora Mhango, Männchen

Protomelas sp. „steveni imerial", Lion's Cove, Weibchen

Protomelas sp. „steveni imerial", Nkhata Bay, Männchen

Protomelas sp. „steveni imerial", Nkhata Bay, Juvenil

Protomelas sp. „steveni imerial", Nkhata Bay, Weibchen

Nahrung nicht angegeben werden kann. Im Gegensatz zu *P. fenestratus* bläst *P.* sp. "steveni imperial" nicht ins Sediment, um seine Beute freizulegen, obwohl er gewöhnlich auf Sand in der Übergangszone gefunden wird.
ABLAICHVERHALTEN: In Gegenden mit großen Felsblöcken verteidigen Männchen einen kleinen Laichplatz auf Felsen. Manchmal ist der eigentliche Laichplatz mit einer dünnen Lage sehr feinem Sand markiert. Die Weibchen und unreifen Männchen suchen in kleinen Gruppen oder allein nach Nahrung. Maulbrütende Weibchen verstecken sich zwischen Felsen und bewachen ihre Brut noch einige Wochen nach dem erstmaligen Freischwimmen.
ÄHNLICHE ARTEN: Balzende Männchen sind durch gelbe Schultern und Bauchregionen gekennzeichnet und sind damit leicht von brütenden *P. taeniolatus* Männchen zu unterscheiden, die oft in derselben Region vorkommen. Wenn diese beiden Arten sympatrisch leben, ist die Brutfarbe der *P. taeniolatus* Männchen fast ganz blau. Das Grundfarbmuster des *P.* sp. "steveni imperial" ist durch senkrechte und horizontale Elemente geprägt. Die vertikalen Elemente sind nicht so deutlich wie bei *P. fenestratus*. Das charakteristischste Merkmal des Musters ist der seitliche Mittelstreifen, der nicht durchgehend ist, sondern aus mehreren unregelmäßigen Flecken besteht, die eine Art Strichlinie bilden. Ein solches Muster kommt auch bei *P.* sp. "steveni taiwan" vor, aber diese letztgenannte Art hat sehr deutliche, vertikale Bänder. Die Weibchen der "Steveni" Form bei Pombo Rocks haben auch ein solches Muster und könnten deshalb zum *P.* sp. "steveni imperial" gehören. Diese Gruppe muß noch besser studiert werden, bevor wir eine akzeptable Klassifikation erreichen können.

Protomelas sp. "steveni taiwan"

HANDELSNAMEN: Fenestratus Taiwan, Fenestratus Nkguyo, Steveni Taiwan, Chimoto Red, Chimoto Yellow.
VERBREITUNG: *P.* sp. "steveni taiwan" ist auf das Taiwan Reef, das Higga Reef und die Insel Mbamba Bay beschränkt.
VARIANTEN UND MORPHEN: Am Taiwan Reef haben die Männchen gelbe Flanken, während Männchen beiden Populationen blau sind. An der Insel Mbamba Bay haben die Männchen eine gelbe Afterflosse, bei den

anderen Formen sind diese rot.
MAXIMALE LÄNGE: Die Gesamtlänge des *P.* sp. "steveni taiwan" liegt bei etwa 16cm. Die Weibchen bleiben etwa um ein Viertel kleiner als die Männchen.
BIOTOP: *P.* sp. "steveni taiwan" bevorzugt den Felsenbiotop, der frei von Sediment ist. An den meisten Stellen kommt er unterhalb von 10m vor, am Taiwan Reef ist er unter 20m Tiefe recht häufig zu finden.

ERNÄHRUNG: *P.* sp. "steveni taiwan" bildet bei der Nahrungssuche Schulen und frißt vom Aufwuchs. Er bläst nicht ins Sediment wie *P. fenestratus.*
ABLAICHVERHALTEN: Territoriale Männchen verteidigen eine Stelle auf einem Felsen. Die verschiedenen Reviere liegen etwa 2m auseinander. Die maulbrütenden Weibchen verstecken sich gewöhnlich zwischen den Felsen, können aber manchmal auch in kleinen Grup-

Protomelas sp. „steveni taiwan", Taiwan Reef, Männchen

Protomelas sp. „steveni taiwan", Higga, Männchen

Protomelas sp. „steveni taiwan", Taiwan Reef, Männchen

Protomelas sp. „steveni taiwan", Higga, Weibchen

Protomelas sp. „steveni taiwan", Taiwan Reef, Weibchen

Protomelas sp. „steveni taiwan", Mbamba Bay Is., Weib.

pen gesehen werden. Das Weibchen bewacht seine Nachkommen noch einige Wochen nachdem es sie zum erstenmal freigesetzt hat.
ÄHNLICHE ARTEN: *P.* sp. "steveni taiwan" ist durch eine Zeichnung aus deutlichen, senkrechten Bändern gekennzeichnet. Ein solches Muster findet man nur bei einigen *P. fenestratus* Formen. Diese beiden Arten kann man dadurch unterscheiden, daß die seitliche Mittellinie bei *P.* sp. "steveni taiwan" deutlich erkennbar ist, wenn auch in Form eines Strichmusters, jedoch nicht in der Form des stark gebänderten *P. fenestratus.*

Protomelas taeniolatus

(TREWAVAS, 1935)
SYNONYME: Haplochromis cancellus, Protomelas dejunctus.
HANDELSNAMEN: Haplochromis Steveni, Haplochromis Fenestratus, Haplochromis Hinderi, Haplochromis Boadzulu, Haplochromis Red Empress, Haplochromis Fire Blue, Haplochromis Similis.
VERBREITUNG: *P. taeniolatus* kommt im ganzen See häufig vor.
VARIANTEN UND MORPHEN: Weil *P. taeniolatus* auf den Felsenbiotop beschränkt ist, gibt es wahrscheinlich viele geographische Varianten. Einige davon werden regelmäßig exportiert: von Likoma und Chizumulu als der sog. "Steveni Tiger", von der Insel Mbenji als "Steveni Mbenji", von der Insel Namalenje als "Red Empress", "Haplochromis Boadzulu", "Haplochromis Similis" oder als "Haplochromis Hinderi", und von Chinyankwazi (bevor diese Teil des Nationalparks wurde) und West Reef als "Haplochromis Fire Blue".
MAXIMALE LÄNGE: An den meisten Stellen ist die durchschnittliche Größe der Männchen etwa 13cm, jedoch maß ein Tier, das am Zimbawe Rock gefangen wurde, 19cm. Die Weibchen sind normalerweise einige Zentimeter kleiner.
BIOTOP: *P. taeniolatus* ist auf den sedimentfreien Felsenbiotop beschränkt und kommt sehr häufig vor. Normalerweise wird er in seichtem Wasser gefunden, kaum jemals unterhalb von 10m Tiefe.
ERNÄHRUNG: *P. taeniolatus* frißt vom Aufwuchs der Felsen und scheint lockeres Material durch Ansaugen vom Substrat zu ernten. Obwohl der Darm nur Algen enthält, ist er nur zweimal so lang wie die Standardlänge des Fischs, was ein Hinweis darauf sein könnte, daß die meisten Algen unverdaut den Darm passieren und die Hauptnahrung aus Kieselalgen besteht, die leicht verdaulich sind.
ABLAICHVERHALTEN: Territorialen Männchen begegnet man das ganze Jahr über. Sie besetzen einen Laichplatz auf Felsen, zu dem sie die Weibchen hinlocken. Viele revierverteidigende Männchen können auf relativ kleinem Raum zusammen gesehen werden. Die maulbrütenden Weibchen verstecken sich zwischen den Felsen. Sie bewachen ihre Brut noch etwa drei Wochen lang nach dem erstmaligen Freisetzen.
ÄHNLICHE ARTEN: *P. taeniolatus* gleicht sehr *P. fenestratus,* von dem er sich hauptsächlich durch seine Biotoppräferenz und das Freßverhalten unterscheidet. *P. fenestratus* hat normalerweise eine stärkere Pigmentierung als *P. taeniolatus.* Vor allem sind die vertikalen Elemente des Musters stärker betont als bei *P. fenestratus.* Der beste Weg, die Arten zu unterscheiden, ist es, sie beim Fressen zu beobachten. *P. fenestratus* bläst ins Sediment auf dem Substrat, um Wirbellose freizulegen, während *P. taeniolatus* in den Aufwuchs "beißt" und lockeres Material wegsaugt. Die Brutfärbung der Männchen kann ebenfalls sehr ähnlich sein, nicht jedoch bei Populationen an derselben Stelle. *P. taeniolatus* gleicht auch *P. virgatus*, der über Sand in der Übergangszone vorkommt. *P. virgatus* ist durch recht regelmäßige, aber schwach erkennbare, senkrechte Bänder auf dem Körper charakterisiert. Dieses Muster ist jedoch nur von einer einzigen Population bekannt, und spiegelt vielleicht nicht das generelle Farbmuster der Art wieder.

Protomelas taeniolatus, Chewere

Protomelas taeniolatus, Mpanga Rocks, Männchen

Protomelas taeniolatus, Mpanga Rocks, Weibchen

Protomelas taeniolatus, Mbenji, Männchen

Protomelas taeniolatus, Likoma Ndumbi, Männchen

Protomelas taeniolatus, Mbenji, Weibchen

Protomelas taeniolatus, Likoma Ndumbi, Weibchen

Protomelas taeniolatus, Senga Point

Protomelas taeniolatus, Likoma West, Männchen

Protomelas taeniolatus, Mamalenje, Weibchen, Aquarium

Protomelas taeniolatus, Maleri

Protomelas taeniolatus, Domwe

Protomelas taeniolatus, Nkantenga

Protomelas taeniolatus, Chinyamwezi, Männ., Aquarium

Protomelas taeniolatus, Mumbo

Protomelas taeniolatus, Chinyamwezi, Weib., Aquarium

Protomelas taeniolatus, Zimbawe Rock

Protomelas taeniolatus, Chinyankwazi

Protomelas taeniolatus, Ntekete

Protomelas taeniolatus, Kirondo

Protomelas taeniolatus, Masinje

Protomelas taeniolatus, Makonde

Protomelas taeniolatus, Nkanda, Männchen

Protomelas taeniolatus, Lupingu, Männchen

Protomelas taeniolatus, Nkanda, Weibchen

Protomelas taeniolatus, Lupingu, Weibchen

Protomelas taeniolatus, Ngwazi

Protomelas taeniolatus, Lumbaulo

Protomelas taeniolatus, Cape Kaiser

Protomelas taeniolatus, Cóbué, Männchen

Protomelas taeniolatus, Pombo Rocks, Männchen

Protomelas taeniolatus, Cóbué, Weibchen

Protomelas taeniolatus, Pombo, Weibchen

Protomelas taeniolatus, Chuanga

Protomelas taeniolatus, Mamalenje, Männchen, Aquarium

Protomelas taeniolatus, Tumbi Pt., Männchen

Protomelas taeniolatus, Tumbi Pt., Weibchen

Protomelas taeniolatus, Thundu

Protomelas taeniolatus, Chileolo

Protomelas triaenodon

(TREWAVAS, 1935)
HANDELSNAMEN: Diese Art wurde nur sporadisch exportiert; es ist aber kein Handelsname bekannt.
VERBREITUNG: Sie wird nur im Südteil des Sees gefunden.

Protomelas triaenodon, Senga Bay

VARIANTEN UND MORPHEN: Keine bekannt.
MAXIMALE LÄNGE: Die maximal gemessene Gesamtlänge lag bei etwa 15,5cm.
BIOTOP: Diese Art wurde über Sandboden in etwa 10 bis 18m Tiefe gefangen.
ERNÄHRUNG: Ihre Nahrung ist unbekannt. Sie besitzt dreispitzige Zähne auf den Unterkiefer und feine Zähne auf den Schlundknochen.
ABLAICHVERHALTEN: Unbekannt.
ÄHNLICHE ARTEN: Das Farbmuster von *P. triaenodon* gleicht dem mehrerer anderer *Protomelas* Arten. Er unterscheidet sich jedoch von diesen durch die dreispitzigen Zähne, d. h. Zähnen mit einer dreispitzigen Krone.

Protomelas virgatus

(TREWAVAS, 1935)
HANDELSNAMEN: Diese Art wurde niemals exportiert.
VERBREITUNG: Die Beschreibung dieser Art basiert auf einem einzigen Tier von Monkey Bay. Ein weiteres Tier wurde später an derselben Stelle gefangen (Jackson, 1961). Am Nkhomo Reef wurde im September 1988 eine kleine Population gefunden, von der ein untersuchtes Tier mit der Beschreibung übereinstimmte. Im Dezember 1989 wurden einige Tiere am Makanjila Point gesehen, von denen jedoch keines für die genaue Identifizierung gefangen wurde.
VARIANTEN UND MORPHEN: Keine bekannt.
MAXIMALE LÄNGE: Die Männchen können eine Größe von etwa 15cm erreichen.
BIOTOP: Die Tiere, die beim Nkhomo Reef gesehen wurden, lebten über Sand in etwa 17m Tiefe. Auf dem Riff befinden sich einzelne Felsen. Am Makanjila Point, wo der Biotop ähnlich ist, denn auch hier prägen einzelne Felsen auf Sandboden den Biotop, ist das Wasser nur etwa 3m tief.
ERNÄHRUNG: *P. virgatus* weidet an Felsen und kleinen Kieselsteinen der Umgebung, aber auch Zooplankton, sofern vorhanden. Die Schlundknochen sind etwas vergrößert, was auf eine Wirbellosennahrung hindeutet. Unterwasserbeobachtungen am Nkhomo Reef ergaben, daß *P. virgatus* manchmal wie *P. fenestratus* ins Sediment bläst, um Beute freizulegen. Aber dasselbe Tier kann auch am Aufwuchs picken, wie *P. taeniolatus*.
ABLAICHVERHALTEN: Das Brutverhalten ist unbekannt. Die Männchen in Brutfärbung findet man das ganze Jahr über bei Nkhomo (Saulos Mwale, pers. Mittl.).
ÄHNLICHE ARTEN: *P. virgatus* gleicht sehr *P. taeniolatus* und *P. fenestratus*. Diese beiden letztgenannten Arten haben feine Zähne auf den Schlundknochen, während diese bei *P. virgatus* vergrößert sind. Das Farbmuster der nichtbrütenden *P. virgatus* enthält zwei horizontale Streifen und es ist nicht sicher, ob die Form am Nkhomo Reef wirklich *P. virgatus* ist oder eine geographische

Protomelas virgatus, Nkhomo Reef, Männchen

Protomelas virgatus, Nkhomo Reef, Weibchen

Variante von *P. taeniolatus* oder vielleicht noch eine andere, unbeschriebene Art. Die Gattung *Protomelas* ist viel komplexer als erwartet, und es bedarf noch vieler Stunden der Beobachtung, Sammlung und Untersuchung, bevor die Klassifikation dieser Arten abgeschlossen werden kann.

Pseudotropheus sp. "acei"

HANDELSNAMEN: Pseudotropheus Acei, Yellow Fin Acei, White Tail Acei, Gephyrochromis Moori.
VERBREITUNG: Dieser Mbuna kommt entlang der Westküste zwischen Ngara und Senga Bay vor.
VARIANTEN UND MORPHEN: Es sind vier verschiedene Varianten bekannt. Der sog. "White Tail Acei" wird bei Ngara und weiter nördlich gefunden; der "Yellow Fin Acei" kommt an der Küste zwischen Chintheche and der Insel Mphandikucha vor; eine beige gefärbte Variante wurde bei Kasinda gesehen, eine vierte Form, die der von Kasinda sehr ähnelt, kommt in der Senga Bay vor.
MAXIMALE LÄNGE: Die im See erreichte Gesamtlänge ist maximal 10cm. Unter Aquariumbedingungen wird er jedoch viel größer und kann etwa 18cm Länge erreichen.

Pseudotropheus sp. „acei", Ngara, Männchen

Pseudotropheus sp. „acei", Ngara, Weibchen

Pseudotropheus sp. „acei", Selewa

BIOTOP: *Ps.* sp. "acei" kommt über offenem Sandboden vor und wird häufig in der Nähe von Baumstämmen oder Ästen, die in den See gespült wurden, gefunden. Er kommt im Durchschnitt in etwa 12m Tiefe vor, jedoch werden ausgewachsene Tiere noch tiefer gefunden.
ERNÄHRUNG: *Ps.* sp. "acei" frißt vom sedimentbedeckten Aufwuchs der auf dem Sand liegenden Holzstücken.
ABLAICHVERHALTEN: Unter Aquariumbedingungen

Pseudotropheus sp. „acei", Msuli, Männchen

Pseudotropheus sp. „acei", Msuli, Weibchen

Pseudotropheus sp. „acei", Senga Bay

haben die Männchen und die Weibchen fast identische Färbung. Diese Färbung zeigen sie das ganze Jahr über. Im See findet das Ablaichen wahrscheinlich auf dem Sand unter Ästen oder neben vereinzelten Felsen statt. Die maulbrütenden Weibchen sammeln sich in Schulen und bleiben in der Nähe des Substrats. Die Jungen werden zwischen den Ästen von Bäumen, die in den See gespült wurden, ausgesetzt.

ÄHNLICHE ARTEN: *Ps.* sp. "acei" ist ein sehr charakteristischer Mbuna, der keiner anderen Art besonders gleicht. Die beige-violett gefärbten Formen von Kasinda und Senga Bay sind mit *Gephyrochromis moorii* verwechselt worden, können aber anhand der Form der Zähne unterschieden werden. Diese sind bei *Gephyrochromis* kegelförmig und zahlreich, beim "Acei" dagegen zweispitzig in engen Reihen.

Pseudotropheus sp. "aggressive bars"

HANDELSNAMEN: Diese Art wurde noch nicht exportiert. Sie ist mit *Ps.* sp. "aggressive zebra" (Konings, 1990: 367) verwechselt worden.

VERBREITUNG: *Ps.* sp. "aggressive bars" kommt bei Likoma, Taiwan Reef und entlang der zentralen Ostküste des Sees vor.

VARIANTEN UND MORPHEN: Keine bekannt.

MAXIMALE LÄNGE: Die Gesamtlänge wird maximal auf etwa 12cm geschätzt.

BIOTOP: *Ps.* sp. "aggressive bars" kommt im etwas tieferen Felsenbiotop vor, das frei von Sediment sein sollte. Es ist eine seltene Art, die große Höhlen in rein felsiger Umgebung bevorzugt.

ERNÄHRUNG: Unbekannt. Seine Freßtechnik deutet auf eine planktonische Nahrung, aber einige Tiere wurden auch beim Picken im Aufwuchs beobachtet.

ABLAICHVERHALTEN: Die Männchen sind territorial und verteidigen eine Stelle in einer großen Höhle als Laichplatz. Auch maulbrütende Weibchen verteidigen ein

Pseudotropheus sp. „aggressive bars", Nkhungu Reef

Revier; es ist jedoch nicht bekannt, ob sie auch außerhalb der Brutzeit territorial sind.

ÄHNLICHE ARTEN: *Ps.* sp. "aggressive bars" gleicht *Ps.* sp. "zebra charo" und *Ps.* sp. "chinyankwazi". Diese drei Formen könnten geographische Varianten einer einzigen, weitverbreiteten Art sein. *Ps.* sp. "aggressive bars" unterscheidet sich von *Ps.* sp. "zebra charo" dadurch, daß ihm die gelbe Farbe im weichstrahligen

Pseudotropheus sp. „aggressive bars", Likoma, Männchen

Pseudotropheus sp. „aggressive bars", Tumbi Pt., Mosambik

Pseudotropheus sp. „aggressive bars", Likoma, Weibchen

Pseudotropheus sp. „aggressive bars", Taiwan Reef

Pseudotropheus sp. „aggressive bars", Thumbi Pt., Tansania

Pseudotropheus sp. „aggressive bars", Minos Reef

Teil der Rückenflosse fehlt. Er unterscheidet sich von *Ps.* sp. "chinyankwazi" durch seine Hochrückigkeit und die größere Körpergröße der adulten Tiere. *Ps.* sp. "aggressive bars" Weibchen sind braun und zeigen senkrechte Bänder und ein dunkles, submarginales Band auf der Rückenflosse; *Ps.* sp. "aggressive zebra" Weibchen, die bei Likoma sympatrisch vorkommen, sind ebenfalls braun, es fehlt ihnen aber ein solches submarginales Band sowie Bänderung. *Ps.* sp. "aggressive bars" Männchen unterscheiden sich von *Ps. zebra* Männchen durch das schwarze Band in der Rückenflosse.

Pseudotropheus sp. "aggressive brown"

HANDELSNAMEN: Diese Art wurde noch nicht exportiert.
VERBREITUNG: *Ps.* sp. "aggressive brown" wurde um Thumbi West und die Insel Mumbo gefunden.
VARIANTEN UND MORPHEN: Keine bekannt.
MAXIMALE LÄNGE: Männchen können eine Gesamtlänge von etwa 11cm erreichen.
BIOTOP: *Ps.* sp. "aggressive brown" kommt in den oberen Bereichen des Felsenbiotops vor und wird oft in Regionen gesehen, die den Wellen ausgesetzt sind.
ERNÄHRUNG: Er zupft am Aufwuchs. Seine Nahrung besteht wahrscheinlich aus Kieselalgen und lockeren Algen. Die meisten Tiere verteidigen ein Nahrungsrevier, gegenüber allen anderen.
ABLAICHVERHALTEN: Die Männchen verteidigen ihre Reviere sehr aggressiv und nur reife Weibchen werden toleriert. Die maulbrütenden Weibchen ziehen sich in ihre eigenen Reviere zurück, wo sie auch ihre Jungen freisetzen.
ÄHNLICHE ARTEN: *Ps.* sp. "aggressive brown" gleicht einigen Arten im *Ps. elongatus* Komplex, kann aber von diesen anhand des schwarzen, submarginalen Bandes in der Rückenflosse unterschieden werden. Ein solche Band ist auch bei anderen, länglichen Arten sichtbar, jedoch haben diese ein blaugebändertes Farbmuster, während *Ps.* sp. "aggressive brown" einförmig braun gefärbt ist.

Pseudotropheus sp. "aggressive gray"

HANDELSNAMEN: Diese Art wurde noch nicht exportiert.
VERBREITUNG: *Ps.* sp. "aggressive grey" ist an der Insel Likoma endemisch.
VARIANTEN UND MORPHEN: Keine bekannt.
MAXIMALE LÄNGE: Er erreicht eine Gesamtlänge von etwa 11cm.
BIOTOP: *Ps.* sp. "aggressive grey" bevorzugt den seichten Felsenbiotop und wird in Tiefen bis 10m gefunden. In etwa 6m Tiefe ist er an vielen Stellen sehr häufig zu sehen.
ERNÄHRUNG: Beide Geschlechter verteidigen Nahrungsreviere. Diese Art kämmt lockeres Material vom Aufwuchs der Felsen ihres Reviers. Ihre Nahrung besteht vor allem aus Algen und Kieselalgen, aber auch Wirbellose gehören zu seiner Nahrung.

Pseudotropheus sp. „aggressive brown", Mumbo

Pseudotropheus sp. „aggressive grey", Likoma, Männchen

Pseudotropheus sp. „aggressive brown", Tumbi West

Pseudotropheus sp. „aggressive grey", Likoma, Männchen

Pseudotropheus sp. „aggressive grey", Likoma, Weibchen

Pseudotropheus sp. „aggressive grey head", Maleri, Männ.

Pseudotropheus sp. „aggressive grey head", Maleri, Weibchen, Aquarium

Pseudotropheus sp. „aggressive grey head", Nakantenga

ABLAICHVERHALTEN: Männchen und Weibchen bleiben dicht beim Substrat und in Reichweite ihrer Reviere. Diese sind recht klein, etwa 75cm im Durchmesser, und es können sich viele Reviere auf engem Raum befinden. Männchen in Brutfärbung kann man das ganze Jahr über sehen. Abgelaicht wird in der Höhle des Männchens.
ÄHNLICHE ARTEN: *Ps.* sp. "aggressive grey" gehört zu einer künstlichen Ansammlung aggressiver Mbuna, die von Ribbink et al. (1983) aufgestellt wurde. Er könnte mit *Ps. fuscus* verwandt sein, der entlang der Nordwestküste gefunden wird. Diese letztgenannte Art hat eine ähnliche Form und ähnliches Verhalten. Die hellblaue bis silbriggraue Farbe des *Ps.* sp. "aggressive grey" unterscheidet ihn von den anderen Arten. Die Weibchen sind braun, mit ähnlichen Markierungen wie die Männchen.

Pseudotropheus sp. "aggressive gray head"

HANDELSNAMEN: Diese Art wurde noch nicht exportiert. *Ps.* sp. aggressive yellow head (Ribbink et al., 1983) wird als artgleich angesehen.
VERBREITUNG: Diese Art ist an den drei Maleri Inseln endemisch.
VARIANTEN UND MORPHEN: Bei der Insel Nankoma besitzen Männchen ein intensiv leuchtendes gelb auf der unteren Kopfhälfte, an den anderen beiden Inseln ist die Farbe nicht so ausgeprägt. Die gelbe Farbe auf dem Kopf variiert innerhalb der Population und scheint bei Tieren in sedimentreichen Regionen deutlicher zu sein.
MAXIMALE LÄNGE: *Ps.* sp. "aggressive grey head" erreicht eine Gesamtlänge von etwa 10cm.
BIOTOP: Er bevorzugt den seichten Felsenbiotop in geschützten Buchten und wird oft in der Übergangszone beobachtet. Man findet ihn in einer durchschnittlichen Tiefe von etwa 4m.
ERNÄHRUNG: *Ps.* sp. "aggressive grey head" kämmt lockere Algen aus dem Aufwuchs der Felsen. Ribbink et al. (1983) berichten, daß er auch Plankton frißt, sofern es vorhanden ist.
ABLAICHVERHALTEN: Männchen und Weibchen verteidigen ein Nahrungsrevier und halten sich dicht beim Substrat auf. Hat ein Männchen einen Eindringling vertrieben (alle Arten werden aus dem Revier verjagt) schwimmt es normalerweise bei seiner Rückkehr in die Höhle. Die

Reviere sind um eine Höhle zwischen den Felsen zentriert. Abgelaicht wird in der Höhle der Männchen.
ÄHNLICHE ARTEN: *Ps.* sp. "aggressive grey head" gehört zu einer künstlichen Ansammlung aggressiver Arten, die von Ribbink et al. (1983) eingeführt wurde. Er zeigt ähnliche Biotoppräferenz und Form wie *Ps.* sp. "aggressive yellow fin". Die Weibchen der letztgenannten Art sind braun, während die Weibchen von *Ps.* sp. "aggressive grey head" mehr oder weniger dieselbe Farbe wie die Männchen haben.

Pseudotropheus sp. "aggressive yellow fin"

HANDELSNAMEN: Diese Art wurde noch nicht exportiert.
VERBREITUNG: Sie ist an der Insel Chizumulu endemisch.
VARIANTEN UND MORPHEN: Keine bekannt.
MAXIMALE LÄNGE: *Ps.* sp. "aggressive yellow fin" erreicht eine Gesamtlänge von etwa 11cm.
BIOTOP: Er bevorzugt den seichten Felsenbiotop in geschützten Buchten und wird häufig in der Übergangszone gesehen. Man findet ihn durchschnittlich in etwa 4m Tiefe.

Pseudotropheus sp. „aggressive yellow fin", Chizumulu, Männchen

Pseudotropheus sp. „aggressive yellow fin", Chizumulu, Weibchen

ERNÄHRUNG: *Ps.* sp. "aggressive yellow fin" kämmt lockere Algen vom Aufwuchs der Felsen. Ribbink et al. (1983) berichten, daß er auch Plankton frißt, sofern welches vorhanden ist.
ABLAICHVERHALTEN: Die Weibchen, die anders als die Männchen gefärbt sind, verteidigen kein Nahrungsrevier. Territoriale Männchen kann man das ganze Jahr über finden. Sie verjagen alle Eindringlinge aus ihrem Revier, und oft sieht man Algengärten. Die Reviere sind um eine Höhle zwischen den Felsen zentriert. Abgelaicht wird in der Höhle des Männchens.
ÄHNLICHE ARTEN: *Ps.* sp. "aggressive yellow fin" gehört zur sog. "Aggressive Mbuna" Gruppe, einer künstlichen Ansammlung aggressiver Arten (Ribbink et al., 1983). Er zeigt eine ähnliche Biotoppräferenz und Aussehen wie *Ps.* sp. "aggressive grey head". Die Weibchen der letztgenannten Art haben mehr oder weniger dieselbe Färbung, die Männchen und Weibchen von Ps. sp. "aggressive yellow fin" haben eine braune Grundfarbe.

Pseudotropheus sp. "aggressive zebra"

HANDELSNAMEN: Diese Art wurde noch nicht exportiert.
VERBREITUNG: *Ps.* sp. "aggressive zebra" kommt um die Maleri Inseln und um Mbenji und die Insel Likoma vor.
VARIANTEN UND MORPHEN: Den Männchen bei Likoma fehlt die rostbraune Farbe auf dem Kopf der südlichen Populationen.
MAXIMALE LÄNGE: *Ps.* sp. "aggressive zebra" erreicht eine Gesamtlänge von etwa 11cm.
BIOTOP: Er wird im sedimentfreien Felsenbiotop in 3 bis 10m Tiefe angetroffen. Bei Ndumbi Rocks (Likoma) kommt diese Art in großer Zahl vor.
ERNÄHRUNG: *Ps.* sp. "aggressive zebra" kämmt lockere Algen aus dem Aufwuchs der Felsen heraus. Er frißt auch Plankton, vor allem die Population bei Ndumbi Rocks kann bei der Nahrungssuche große Schwärme im offenen Wasser bilden, jedoch immer in der Nähe des Substrats. Die Mitglieder solcher Gruppen verteidigen also keine Nahrungsreviere.
ABLAICHVERHALTEN: Die Männchen und die Weibchen des *Ps.* sp. "aggressive zebra" sind territorial. Sie bleiben sehr dicht beim Substrat, und die Männchen wagen sich kaum weiter als etwa 1m von ihrem Revier weg (außer den Tieren in der Schule auf Nahrungssuche bei Ndumbi Rocks). Abgelaicht wird in der Höhle des Männchens. Die maulbrütenden Weibchen ziehen sich in ihre eigenen Reviere zurück, aus denen sie jeden Eindringling, einschließlich der Männchen, vertreiben.
ÄHNLICHE ARTEN: *Ps.* sp. "aggressive zebra" ist durch eine sehr dunkle Grundfarbe und schwarze Bänder charakterisiert. Die Weibchen sind fast gänzlich schwarz und können dadurch von den *Ps. zebra* Weibchen unterschieden werden, die braun sind.

Pseudotropheus sp. „aggressive zebra", Likoma, Männ.

Pseudotropheus sp. „aggressive zebra", Mbenji, Männchen

Pseudotropheus sp. „aggressive zebra", Likoma, Weib.

Pseudotropheus sp. „aggressive zebra", Mbenji, Weibchen

Pseudotropheus sp. „aggressive zebra", Maleri

Pseudotropheus ater

STAUFFER, 1988

HANDELSNAMEN: Diese Art wurde nie exportiert. Sie ist als *Pseudotropheus elongatus* "black" bekannt (Ribbink et al., 1983).

VERBREITUNG: *Ps. ater* ist auf die Inseln Chinyankwazi und Chinyamwezi beschränkt.

VARIANTEN UND MORPHEN: Keine bekannt.

MAXIMALE LÄNGE: Diese Art erreicht eine Gesamtlänge von etwa 11cm.

BIOTOP: *Ps. ater* bevorzugt den sedimentfreien Felsenbiotop und wird meist über großen, horizontalen Felsflächen beobachtet. Er kommt in 3 bis 15m Tiefe vor.

ERNÄHRUNG: *Ps. ater* kämmt lockeren Aufwuchs von den Felsen ab. Seine Nahrung besteht vor allem aus Algen und Kieselalgen. Er frißt aber auch Plankton.

ABLAICHVERHALTEN: Territoriale Männchen sieht man das ganze Jahr über. Ribbink et al. (1983) fand auch Weibchen, die Reviere verteidigen. Abgelaicht wird in der Höhle des Männchens.

Pseudotropheus ater, Chinyamwezi, Männchen

Pseudotropheus ater, Chinyamwezi, Weibchen

Pseudotropheus aurora, Likoma, Männchen

Pseudotropheus aurora, Likoma, Weibchen, Aquarium

Pseudotropheus aurora, Mara Point

ÄHNLICHE ARTEN: *Ps. ater* ist durch seinen ganz schwarzen Körper gekennzeichnet. Nur ein blaues Band oder ein Flecken ist zwischen den Augen sichtbar, aber manchmal fehlt auch dies. Er gleicht *Ps.* sp. "elongatus slab", vor allem der Form bei der Insel Maleri. Dieser hat eine schwachblaue Farbe auf dem Schwanzstiel und es fehlt ihm ein blaues Band zwischen den Augen.

Pseudotropheus aurora

BURGESS, 1976

HANDELSNAMEN: Pseudotropheus Penfoldi, Ps. Lucerna, Ps. Aurora.

VERBREITUNG: *Pseudotropheus aurora* kommt um die Insel Likoma sowie an der Ostküste des Sees zwischen Mara Point und Tumbi Point vor. Er wurde bei der Insel Thumbi West und bei Otter Point eingeschleppt. Außerdem wurde er bei der Insel Domwe (im Dezember, 1989) und zu beiden Seiten des Ilala Gap gefunden.

VARIANTEN UND MORPHEN: Bei Mbweca und Tumbi Point sind die Männchen durch ein Muster aus breiten, senkrechten Bändern, die dem gelbblauen Grundfarbmuster der anderen Populationen übergelagert sind, gekennzeichnet.

MAXIMALE LÄNGE: *Ps. aurora* erreicht eine Gesamtlänge von annährend 11cm.

BIOTOP: *Ps. aurora* bevorzugt die Übergangszone in seichten Regionen. Normalerweise kommt er in etwa 4m Tiefe vor, aber bei Mbweca kann er auch in etwa 12m Tiefe gesehen werden.

Pseudotropheus aurora, Mbweca

Pseudotropheus aurora, Tumbi Pt., Männchen

Pseudotropheus aurora, Tumbi Pt., Weibchen

ERNÄHRUNG: *Ps. aurora* kämmt die lockeren Algen vom Aufwuchs ab. Man sieht ihn auch häufig im offenen Wasser Plankton fressen.
ABLAICHVERHALTEN: Territoriale Männchen kommen das ganze Jahr über vor. Normalerweise verteidigen sie eine Stelle auf dem Sand neben einem Fels. Die Männchen graben Tunnelnester unter Felsen, in denen abgelaicht wird. Die Weibchen und unreifen Männchen suchen alleine oder in kleinen Gruppen nach Nahrung.
ÄHNLICHE ARTEN: *Ps. aurora* gleicht *Ps.* sp. "aurora lumbaulo", *Ps.* sp. "aurora yellow", *Ps.* sp. "aurora blue", *Ps. hajomaylandi, Ps.* sp. "hajomaylandi pombo" und *Ps.* sp. "zebra masinje". Die Männchen unterscheiden sich von *Ps. hajomaylandi* und *Ps.* sp. "hajomaylandi pombo" Männchen durch die relativ größeren Augen und eine schärfere Abgrenzung der blauen und gelben Färbung auf dem Körper. *Ps. hajomaylandi* ist zwischen den Augen gelb gefärbt, was bei *Ps. aurora* nie vorkommt. *Ps. hajomaylandi* Weibchen sind gelblich braun, während die *Ps. aurora* Weibchen braunbeige gefärbt sind. *Ps.* sp. "aurora lumbaulo" ist hochrückiger und hat kleinere Augen als *Ps. aurora.* Der Unterschied zwischen *Ps. aurora* und *Ps.* sp. "zebra masinje" und *Ps.* sp. "aurora blue" ist kleiner und besteht vor allem in den (relativ gesehen) größeren Augen des *Ps. aurora.* Auch hat er eine etwas andere blaue Farbe als diese beiden Arten. Die Weibchen kann man nur anhand der relativen Größe der Augen auseinanderhalten.

Pseudotropheus sp. "aurora blacktail"

HANDELSNAMEN: Diese Art wurde noch nicht exportiert.
VERBREITUNG: *Ps.* sp. "aurora blacktail" wurde nur bei Lumessi, südlich des Flusses, gefunden.
VARIANTEN UND MORPHEN: Keine bekannt.
MAXIMALE LÄNGE: Die maximale Länge wird auf etwa 10cm geschätzt.
BIOTOP: *Ps.* sp. "aurora blacktail" kommt in der Übergangszone zwischen 3 und 15m Tiefe vor.
ERNÄHRUNG: Seine Nahrung besteht aus Algen und Kieselalgen, die er aus dem Aufwuchs der Felsen sammelt.
ABLAICHVERHALTEN: Brütende Männchen sind territorial und verteidigen ein unter einem Fels ausgegrabenes Nest als Laichplatz. Die Weibchen und unreifen Männchen können bei der Nahrungssuche kleine Gruppen formen, aber meistens bleiben sie einzeln.
ÄHNLICHE ARTEN: *Ps.* sp. "aurora blacktail" ist leicht von anderen Mitgliedern der "Aurora" Gruppe anhand des schwarzen Streifens auf dem Schwanz zu unterscheiden. Auch die Weibchen haben einen dunkleren Schwanz als die anderer Arten.

Pseudotropheus sp. "aurora blue"

HANDELSNAMEN: Diese Art wurde noch nicht als Aquariumfisch exportiert.
VERBREITUNG: *Ps.* sp. "aurora blue" kommt bei Cóbuè vor.
VARIANTEN UND MORPHEN: Keine bekannt.
MAXIMALE LÄNGE: Die Gesamtlänge wird maximal auf 10cm geschätzt.
BIOTOP: *Ps.* sp. "aurora blue" bewohnt die Übergangszone in etwa 10m Tiefe. Man findet ihn häufig

Pseudotropheus sp. „aurora black-tail", Lumessi, Männ.

Pseudotropheus sp. „aurora blue", Cóbué, Männchen

Pseudotropheus sp. „aurora black-tail", Lumessi, Weib.

Pseudotropheus sp. „aurora blue", Cóbué, Weibchen

auf den Sandflecken zwischen umherliegenden Felsen.
ERNÄHRUNG: Er weidet vom Aufwuchs der Felsen und wurde beim Fressen von Sandsubstrat beobachtet. Seine Nahrung besteht wahrscheinlich aus Algen und Kieselalgen.
ABLAICHVERHALTEN: Territoriale Männchen findet man am Riff in der Nähe von Cóbuè in großer Zahl, und sie verteidigen kleine Höhlen, die sie unter Felsen gegraben haben. Die maulbrütenden Weibchen schwimmen im Biotop umher.
ÄHNLICHE ARTEN: *Ps.* sp. "aurora blue" gleicht der lokalen Form von *Ps. zebra*, von dem er sich durch die gelbe Farbe auf der Kehle unterscheidet. Es ist schwer, *Ps.* sp. "aurora blue" und *Ps.* sp. "zebra masinje" voneinander zu unterscheiden. Die letztgenannte Art zeigt nur selten senkrechte Bänderung auf dem Körper, während diese bei *Ps.* sp. "aurora blue" immer sichtbar ist. *Ps.* sp. "aurora blue" hat keine schwarzen Streifen auf dem Schwanz wie *Ps.* sp. "aurora blacktail".

Pseudotropheus sp. "aurora lumbaulo"

HANDELSNAMEN: Diese Art wurde noch nicht exportiert.
VERBREITUNG: Sie wurde nur bei Lumbaulo in Mosambik gesehen.
VARIANTEN UND MORPHEN: Keine bekannt.
MAXIMALE LÄNGE: Die Gesamtlänge bei Männchen wird maximal auf 12cm geschätzt; die Weibchen bleiben etwa ein Viertel kleiner.
BIOTOP: *Ps.* sp. "aurora lumbaulo" kommt im sedimentreichen Felsenbiotop vor und wurde auch in tiefer gelegenen Übergangszonen gesehen. Die meisten Tiere befanden sich in 15 bis 25m Tiefe, was beträchtlich tiefer ist als andere Mitglieder der "Aurora" Gruppe leben.
ERNÄHRUNG: *Ps.* sp. "aurora lumbaulo" wurde beim Fressen vom Aufwuchs der Felsen beobachtet.
ABLAICHVERHALTEN: Brütende Männchen verteidigen eine kleine Höhle im Felsenbiotop als Laichplatz, jedoch war ihre Aggression nicht sehr ausgeprägt und glich eher einem Wegjagen von Artgenossen aus der unmittelba-

Pseudotropheus sp. „aurora lumbaulo", Lumbaulo, Männ.

Pseudotropheus sp. „aurora lumbaulo", Lumbaulo, Weib.

ren Nachbarschaft des Nests. Revierverteidigende Männchen befanden sich mindestens 3m voneinander entfernt. Auch die Weibchen leben einzeln.
ÄHNLICHE ARTEN: *Ps.* sp. "aurora lumbaulo" gleicht *Ps. hajomaylandi* und *Ps.* sp. "hajomaylandi pombo", kann aber anhand der gelben Farbe auf dem Schwanzstiel, die bei den anderen beiden Arten blau ist, erkannt werden. Ps. sp. "aurora lumbaulo" Weibchen sind völlig gelb gefärbt und unterscheiden sich dadurch von den beige und gelbbraun gefärbten Weibchen des *Ps. hajomaylandi* und des *Ps.* sp. "hajomaylandi pombo". *Ps.* sp. "aurora lumbaulo" unterscheidet sich von *Ps.* sp. "aurora yellow" durch seine senkrechten Bänder, die bei der letztgenannten Art fehlen.

Pseudotropheus sp. "aurora yellow"

HANDELSNAMEN: Diese Art wurde noch nicht exportiert.
VERBREITUNG: *Ps.* sp. "aurora yellow" wurde nur bei Lumessi, nördlich des Flusses, gefunden.
VARIANTEN UND MORPHEN: Keine bekannt.
MAXIMALE LÄNGE: *Ps.* sp. "aurora yellow" kann auf eine Länge von schätzungsweise 11cm heranwachsen.
BIOTOP: Er lebt in der Übergangszone in 3 bis 10m Tiefe. Es ist eine sehr häufige Art.
ERNÄHRUNG: *Ps.* sp. "aurora yellow" grast vom Aufwuchs und sammelt wahrscheinlich Kieselalgen und lockere Algen auf.
ABLAICHVERHALTEN: Männchen in Brutfärbung sind territorial. Sie verteidigen manchmal eine Höhle im Felsteil des Biotops, doch oft graben sie auch ein Nest unter einen Fels. Die Weibchen sammeln sich in kleinen Schulen.
ÄHNLICHE ARTEN: *Ps.* sp. "aurora yellow" gleicht *Ps. aurora,* hat aber kleinere Augen, und die Männchen tragen normalerweise mehr als drei Eiflecken auf der After-

Pseudotropheus sp. „aurora yellow", Lumessi north, Männ.

Pseudotropheus sp. „aurora yellow", Lumessi north, Weib.

flosse, während *Ps. aurora* Männchen normalerweise einen oder zwei zeigen. *Ps.* sp. "aurora yellow" fehlen die senkrechten Bänder, die man bei *Ps.* sp. "aurora lumbaulo" sieht, und er hat auch einen schlankeren Körper.

Pseudotropheus barlowi

McKAYE & STAUFFER, 1986
HANDELSNAMEN: Pseudotropheus Fusco.
VERBREITUNG: *Ps. barlowi* ist im Süden des Sees recht weit verbreitet. Er kommt an der Insel Mbenji, den drei Maleri Inseln, bei Chidunga Rocks, Thumbi West, Mazinzi Reef, an der Küste bei Nkhudzi und am Eccles Reef vor.
VARIANTEN UND MORPHEN: Die Männchen und Weibchen sind in allen Populationen identisch.
MAXIMALE LÄNGE: *Ps. barlowi* erreicht eine Gesamtlänge von etwa 12cm.
BIOTOP: Er kommt im sedimentreichen Teil der Übergangszone vor. Normalerweise wird er in etwas tieferen Schichten, bei etwa 10m Tiefe, gefunden, kommt aber auch in 2m Tiefe (Insel Maleri) und 25m Tiefe (Eccles Reef) vor.
ERNÄHRUNG: *Ps. barlowi* frißt vom sedimentreichen Aufwuchs auf Felsen aber auch Plankton im offenen Wasser. Ribbink et al. (1983) fanden in untersuchten Mägen viele Wirbellose.
ABLAICHVERHALTEN: Territoriale Männchen findet man das ganze Jahr über. Sie verteidigen ein Revier, das um ein Tunnelnest, das in den Sand unter einen Fels gegraben wurde, zentriert ist. Die Weibchen leben einzeln und haben kein Nahrungsrevier. Abgelaicht wird im Nest des Männchens.
ÄHNLICHE ARTEN: *Ps. barlowi* scheint eine ältere Art zu sein, die wahrscheinlich weiter verbreitet war, aber an mehreren Stellen verdrängt wurde. Es ist ein sehr charakteristisch gefärbter Mbuna. Der etwas hochrückige Körper mit der leuchtend gelben Farbe und den bläulichen Flossen unterscheiden ihn von *Ps.* sp. "zebra gold". Die ausgewachsenen Tiere sind beträchtlich größer als bei *Ps.* sp. "dwarf gold", dem auch der bläuliche Anstrich der Rücken- und Afterflossen fehlt. Die Kopfoberseite von *Ps. barlowi* hat eine deutliche Einbuchtung. Bei den beiden anderen Arten ist sie mehr oder weniger gerade. Die Weibchen haben eine hellbraune Grundfarbe und lassen sich kaum von mehreren anderen Arten unterscheiden. Die Körper- und Kopfform können bei der Identifizierung der Art hilfreich sein.

Pseudotropheus barlowi, Maleri

Pseudotropheus barlowi, Chidunga

Pseudotropheus barlowi, Nkhudzi

Pseudotropheus barlowi, Mbenji

Pseudotropheus barlowi, Eccles Reef

Pseudotropheus sp. "black dorsal chiloelo"

HANDELSNAMEN: Dieser Mbuna wurde noch nicht exportiert.
VERBREITUNG: *Ps.* sp. "black dorsal chiloelo" kommt an der Ostküste zwischen Meponda und Chiloelo vor.
VARIANTEN UND MORPHEN: Keine bekannt.
MAXIMALE LÄNGE: Er erreicht maximal eine Gesamtlänge von etwa 10cm.
BIOTOP: *Ps.* sp. "black dorsal chiloelo" wurde im sedimentreichen Felsenbiotop und in der Übergangszone gefunden. Die Felsen in seinem Biotop sind manchmal mit einer sehr dicken Sedimentschicht bedeckt. Die meisten Tiere wurden in etwa 8m Tiefe gesehen.
ERNÄHRUNG: Unbekannt. Einige Tiere wurden beim Fressen vom Sand beobachtet, während andere am Aufwuchs der Felsen pickten.
ABLAICHVERHALTEN: Brütende Männchen sind territorial und verteidigen ein Tunnelnest, das unter einen Fels gegraben wurde. Einige Männchen bauen ein niedriges, schüsselförmiges Nest gegen einen Felsen. Die Weibchen wurden meistens einzeln angetroffen.
ÄHNLICHE ARTEN: *Ps.* sp. "black dorsal chiloelo" hat eine recht einzigartige Färbung und könnte vielleicht mit *Ps.* sp. "black dorsal thundu" verwechselt werden. Die Männchen der letztgenannten Art haben eine viel hellblauere Farbe als Ps. sp. "black dorsal chiloelo" Männchen. *Ps.* sp. "black dorsal chiloelo" Weibchen sind dunkelbraun und besitzen ein Muster aus Bändern, während *Ps.* sp. "black dorsal thundu" Weibchen gelblichweiß sind, mit gelben Flossen und ohne solche Bänder.

Pseudotropheus sp. "black dorsal cobalt"

HANDELSNAMEN: Pseudotropheus Cobalt, Ps. Variable Black Dorsal, Black Dorsal Tanzania.
VERBREITUNG: *Ps.* sp. "black dorsal cobalt" kommt bei Chizumulu (Ribbink et al., 1983), Likoma und bei der Insel Lundo vor.
VARIANTEN UND MORPHEN: Bei Chizumulu sind die Männchen hellblauer gefärbt (Ribbink et al., 1983) als bei Likoma und Lundo. Die Weibchen sind bei Lundo beigegelb, während sie bei Likoma und Chizumulu hellbraun sind.

Pseudotropheus sp. „black dorsal chiloelo", Chiloelo, Männ.

Pseudotropheus sp. „black dorsal cobalt", Likoma, Männ.

Pseudotropheus sp. „black dorsal chiloelo", Chiloelo, Weib.

Pseudotropheus sp. „black dorsal cobalt", Likoma, Weib.

MAXIMALE LÄNGE: *Ps.* sp. "black dorsal cobalt" erreicht eine Gesamtlänge von etwa 12cm.
BIOTOP: Er bevorzugt sedimentreiche Regionen in der Übergangszone in geschützten Buchten. Normalerweise findet man ihn in weniger als 10m Tiefe.
ERNÄHRUNG: *Ps.* sp. "black dorsal cobalt" frißt vom sedimentbedeckten Aufwuchs, aber auch vom Sand und im offenen Wasser. Die Mägen einiger Tiere, die in der Ndomo Bay, Likoma, gefangen wurden, waren zum Bersten voll mit Phytoplankton. Ribbink et al. (1983) fanden vorwiegend lockeren Aufwuchs in den Mägen.
ABLAICHVERHALTEN: Territoriale Männchen graben Tunnelnester unter Felsen und vertreiben nur artgleiche Männchen. Die Weibchen und nichtbrütenden Männchen kommen einzeln oder in sehr kleinen Gruppen vor. Sie halten sich in der Nähe der Felsen auf, aber wenn ausreichend Plankton vorhanden ist, kann man sie auch etwa 2m von den Felsen entfernt über Sand sehen.
ÄHNLICHE ARTEN: *Ps.* sp. "black dorsal cobalt" ist durch eine relativ große Körpergröße, einen etwas länglichen Körper, eine kobaltblaue Farbe und ein spitzes Maul gekennzeichnet. Er gleicht keinem anderen bekannten Mbuna.

Pseudotropheus sp. "black dorsal heteropictus"

HANDELSNAMEN: Pseudotropheus Heteropictus.
VERBREITUNG: Diese Art ist an der Insel Thumbi West endemisch.
VARIANTEN UND MORPHEN: Die Männchen sind polymorph, da einige von ihnen eine schwarze Rückenflosse haben, während andere hellblaue bis weiße Rückenflossen tragen. Im Verhalten und ihrer Form gleicht diese Art *Ps.* sp. "zebra black dorsal" von den Maleri Inseln.
MAXIMALE LÄNGE: Er wird rund 10cm groß.
BIOTOP: *Ps.* sp. "black dorsal heteropictus" sieht man am häufigsten in der Übergangszone unterhalb von 15m Tiefe. Die brütenden Männchen halten sich dicht bei den Felsen auf dem Sand auf, werden aber bisweilen auch über Sandflecken zwischen den Felsen gesehen. Die Weibchen sieht man regelmäßig über Sand.
ERNÄHRUNG: Wenn Plankton vorhanden ist, frißt *Ps.* sp. "black dorsal heteropictus" im offenen Wasser, etwa 1m über dem Substrat. Territoriale Männchen weiden normalerweise am Felsenaufwuchs.
ABLAICHVERHALTEN: Brütende Männchen sind territo-

Pseudotropheus sp. „black dorsal cobalt", Lundo Is., Männchen

Pseudotropheus sp. „black dorsal heteropictus", Thumbi West, Männchen

Pseudotropheus sp. „black dorsal cobalt", Lundo Is., Weibchen

Pseudotropheus sp. „black dorsal heteropictus", Thumbi West, Weibchen

rial. Oft graben sie ein Tunnelnest zwischen Felsen in den Sand, aber sie werden auch im reinen Felsenbiotop angetroffen. Ihre Reviere befinden sich etwa 2m auseinander. Die Weibchen leben einzeln oder in kleinen Gruppen.
ÄHNLICHE ARTEN: *Ps.* sp. "black dorsal heteropictus" gleicht *Ps.* sp. "zebra black dorsal". Die Weibchen der letztgenannten Art haben eine leuchtendgelbe Grundfarbe. *Ps.* sp. "black dorsal heteropictus" Männchen fehlt die rostbraune Färbung der Wangen, die beim "Zebra Black Dorsal" von den Maleri Inseln zu sehen ist.

Pseudotropheus sp. "black dorsal nkhungu"

HANDELSNAMEN: Dieser Mbuna wurde nicht exportiert.
VERBREITUNG: *Ps.* sp. "black dorsal nkhungu" wurde nur bei Nkhungu Point in Mosambik gefunden.
VARIANTEN UND MORPHEN: Keine bekannt.
MAXIMALE LÄNGE: Die Gesamtlänge der Männchen wird auf etwa 10cm geschätzt; die Weibchen bleiben etwa um ein Viertel kleiner.

Pseudotropheus sp. „black dorsal nkhungu", Nkhungu Point, Männchen

Pseudotropheus sp. „black dorsal nkhungu", Nkhungu Point, Weibchen

BIOTOP: *Ps.* sp. "black dorsal nkhungu" kommt im sedimentreichen Felsenbiotop vor und die meisten Tiere leben unterhalb von 10m Tiefe.
ERNÄHRUNG: Er grast im Aufwuchs der Felsen, wobei er die lockeren Algen und Kieselalgen aufsammelt. Wie alle Arten im *Ps. zebra* Komplex, grast er im rechten Winkel zum Substrat.
ABLAICHVERHALTEN: Die brütenden Männchen sind territorial und verteidigen eine Höhle im Felsenbiotop. Die Felsen bei Nkhungu Point sind sehr groß, wie auch die Höhlen. Die territorialen Männchen leben jedoch verstreut und halten mindestens 3m Abstand zueinander. Die Weibchen und unreifen Männchen sind Einzelgänger.
ÄHNLICHE ARTEN: *Ps.* sp. "black dorsal nkhungu" Männchen haben eine einzigartige Färbung unter den Mbuna und sind durch das schwarze Band in der Rückenflosse gekennzeichnet. Die Weibchen gleichen jedoch denen anderer Arten, z. B. *Ps. hajomaylandi,* lassen sich aber in den meisten Fällen anhand der hellgelben Afterflosse und der nur auf der unteren Hälfte gelbgefärbten Schwanzflosse erkennen. Bei *Ps. hajomaylandi* ist der ganze Schwanz gelb.

Pseudotropheus sp. "black dorsal nkolongwe"

HANDELSNAMEN: Zebra Nkolongwe.
VERBREITUNG: *Ps.* sp. "black dorsal nkolongwe" ist auf einen Felsvorsprung bei dem Dorf N'kolongwe an der Ostküste des Sees beschränkt.
VARIANTEN UND MORPHEN: Die Färbung der Männchen variiert innerhalb der Population zwischen völlig gelb mit dunklen Bändern bis völlig hellkobaltblau mit dunklen Bändern. In Kombination mit diesen Farben variiert auch das Bänderungsmuster zwischen einigen dünnen Bändern und einem Muster, das so kräftig ist, daß der Fisch fast schwarz aussieht.
MAXIMALE LÄNGE: Die Gesamtlänge liegt bei etwa 11cm bei den Männchen, Weibchen rund 10cm.
BIOTOP: *Ps.* sp. "black dorsal nkolongwe" bewohnt die Übergangszone in 4 bis 20m Tiefe. In Schichten unterhalb von 10m sind die Felsen von einer dicken Sedimentschicht bedeckt.
ERNÄHRUNG: *Ps.* sp. "black dorsal nkolongwe" grast vom Aufwuchs der Felsen. Er sammelt das lockere Material auf, das Algenstränge und Kieselalgen enthält.
ABLAICHVERHALTEN: Die brütenden Männchen sind territorial und verteidigen unter und zwischen kleine Steine gegrabene Nester. *Ps.* sp. "black dorsal nkolongwe" ist eine sehr häufig vorkommende Art, deren Männchen sich nur 1m auseinander befinden. Die Weibchen und nichtbrütenden Männchen leben einzeln oder in kleinen Gruppen.
ÄHNLICHE ARTEN: *Ps.* sp. "black dorsal nkolongwe"

Männchen gleichen den *Ps.* sp. "black dorsal chiloelo" und den *Ps.* sp. "black dorsal thundu" Männchen, sind aber an ihrer Hochrückigkeit und ihren schwarzen Bauchflossen erkennbar, die bei den *Ps.* sp. "black dorsal chiloelo" Männchen gelb ist. *Ps.* sp. "black dorsal nkolongwe" Weibchen ähneln den *Ps.* sp. "black dorsal chiloelo" Weibchen, es fehlt ihnen aber die deutliche, senkrechte Bänderung.

Pseudotropheus sp. „black dorsal nkolongwe", N'kolongwe, Männchen

Pseudotropheus sp. „black dorsal nkolongwe", N'kolongwe, Männchen

Pseudotropheus sp. „black dorsal nkolongwe", N'kolongwe, Weibchen

Pseudotropheus sp. „black dorsal shauri", Undu, Männ.

Pseudotropheus sp. "black dorsal shauri"

HANDELSNAMEN: Pseudotropheus Shauri, Ps. Black Dorsal Tanzania.

VERBREITUNG: *Ps.* sp. "black dorsal shauri" kommt entlang der Ostküste zwischen Cóbué und dem Undu Reef vor.

VARIANTEN UND MORPHEN: Bei Londo sind die Männchen anders als in den anderen bekannten Populationen: die Bänder auf den Flanken sind nicht gleichmäßig breit, sondern laufen im oberen Teil spitz zu und fehlen manchmal im Nacken. Auch die Weibchen sind bei Londo anders. Sie sind nicht völlig gelb wie die anderer Populationen, sondern haben einen beigen Körper und gelbe Flossen.

MAXIMALE LÄNGE: Die Männchen können eine Gesamtlänge von etwa 13cm erreichen; die Weibchen bleiben um etwa ein Fünftel kleiner.

BIOTOP: *Ps.* sp. "black dorsal shauri" lebt in der Übergangszone in 5 bis 12m Tiefe. Sowohl die Männchen als auch die Weibchen werden oft über Sand beobachtet.

ERNÄHRUNG: Er sammelt sein Futter von den Felsen, aber auch vom Sandsubstrat. Es besteht aus Sediment, Algen und Kieselalgen. *Ps.* sp. "black dorsal shauri" frißt ebenfalls Plankton, sofern welches vorhanden ist.

ABLAICHVERHALTEN: Männchen in Brutfärbung sind nicht territorial, aber ihre Aggression bei der Verteidigung des Laichplatzes nimmt an Stellen zu, an denen mehrere brütende Männchen zugegen sind. Am Undu Reef zeigen nur einige Männchen Revieraggression, bei Londo, wo diese Art häufig vorkommt, bewachen die Männchen jedoch ihren Besitz recht aggressiv. Maulbrütende Weibchen sind nicht revierorientiert und schwimmen frei umher.

ÄHNLICHE ARTEN: *Ps.* sp. "black dorsal shauri" gleicht *Ps.* sp. "black dorsal heteropictus" und *Ps.* sp. "black dorsal cobalt". Die Männchen der letztgenannten Art zeigen nie schwarze oder deutliche, senkrechte Bänder, obwohl Bänder sichtbar sind. *Ps.* sp. "black dorsal shauri" Männchen sind deutlich hochrückiger als die *Ps.* sp. "black dorsal heteropictus" Männchen. Auch die *Ps.* sp. "black dorsal shauri" Weibchen sind hochrückiger und, als adulte Tiere, viel größer als die der anderen beiden Arten.

Pseudotropheus sp. „black dorsal shauri", Undu, Weib.

Pseudotropheus sp. „black dorsal shauri", Londo, Männ.

Pseudotropheus sp. „black dorsal shauri", Hai Reef, Männ.

Pseudotropheus sp. „black dorsal shauri", Londo, Weib.

Pseudotropheus sp. „black dorsal shauri", Hai, Weibchen

Pseudotropheus sp. „black dorsal shauri", Cóbué, Männ.

Pseudotropheus sp. „black dorsal shauri", Londo, Männ.

Pseudotropheus sp. „black dorsal shauri", Cóbué, Weib.

Pseudotropheus sp. "black dorsal thundu"

HANDELSNAMEN: Diese Art wurde nicht exportiert.
VERBREITUNG: Dieser Mbuna wurde nur bei Thundu in Mosambik gefunden.
VARIANTEN UND MORPHEN: Keine bekannt.
MAXIMALE LÄNGE: Die Gesamtlänge wird auf etwa 11cm geschätzt.
BIOTOP: *Ps.* sp. "black dorsal thundu" lebt in der Übergangszone in etwa 7m Tiefe.
ERNÄHRUNG: Er frißt vom Aufwuchs der Felsen und vom Sandsubstrat und sammelt wahrscheinlich Algen und Kieselalgen.
ABLAICHVERHALTEN: Die Männchen sind territorial und verteidigen einen Laichplatz zwischen oder unter Felsen gegrabenes Tunnelnest. Die Weibchen leben allein und suchen oft auf dem Sand nach Nahrung.
ÄHNLICHE ARTEN: *Ps.* sp. "black dorsal thundu" Männchen gleichen *Ps.* sp. "tropheops membe", von dem sie sich durch die Stellung des Mauls unterscheiden; bei letztgenannter Art ist es tief am Kopf plaziert und öffnet sich nach unten. *Ps.* sp. "black dorsal thundu" ist ein Mitglied des *Ps. zebra* Komplexes und frißt im senkrechten Winkel zum Substrat. Er hat einen schlankeren Körper als *Ps.* sp. "black dorsal nkolongwe".

Pseudotropheus sp. „black dorsal thundu", Thundu, Männ.

Pseudotropheus sp. „black dorsal thundu", Thundu, Weib.

Pseudotropheus sp. "blue reef"

HANDELSNAMEN: Dieser Mbuna wurde zusammen mit Roten Zebras *(Ps. estherae)* exportiert. Er wurde Anfang der Siebziger Jahre exportiert und mit Rote Zebra Weibchen gekreuzt. Auch in Sendungen neueren Datums kann

Pseudotropheus sp. „blue reef", Minos Reef, Männchen

Pseudotropheus sp. „blue reef", Minos Reef, Weibchen

Pseudotropheus sp. „blue reef", Nkhungu Reef, Männchen

er noch zusammen mit Rote Zebra Männchen vorkommen.
VERBREITUNG: *Ps.* sp. "blue reef" ist in seiner Verbreitung auf zwei Riffe an den östlichen Ufern des Sees begrenzt: das Minos Reef und das Nkhungu Reef.
VARIANTEN UND MORPHEN: Keine bekannt.
MAXIMALE LÄNGE: Die Gesamtlänge ist maximal etwa 10cm.
BIOTOP: Der Biotop an beiden Riffen ist teils felsig und teils Übergangszone. *Ps.* sp. "blue reef" wird in allen Teilen des Riffs angetroffen und kommt manchmal in großen Schulen beim Planktonfressen im offenen Wasser vor. Beide Riffe liegen in einer Tiefe von etwa 7 bis 10m.
ERNÄHRUNG: Seine Nahrung besteht aus Algen und Plankton.
ABLAICHVERHALTEN: Die Männchen sind territorial und verteidigen oft ein unter Felsen gegrabenes Nest, werden aber auch in reinen Felsgegenden gefunden, wo sie eine Höhle zwischen den Felsen verteidigen. Die Weibchen leben in großen Gruppen und fressen Plankton oder vom Aufwuchs der Felsen. Die maulbrütenden Weibchen leben allein, verstecken sich aber nicht zwischen den Felsen. Die Jungtiere, die wie ausgewachsene Weibchen blau gefärbt sind, leben zwischen kleinen Felsen und Kies.
ÄHNLICHE ARTEN: *Ps.* sp. "blue reef" gehört wahrscheinlich zur "Aurora" Gruppe im *Ps. zebra* Komplex, unterscheidet sich aber von diesen dadurch, daß die Weibchen ganz blau gefärbt sind, ein seltenes Phänomen bei den Mbuna. *Ps.* sp. "blue reef" gleicht damit *Ps. callainos* (Cobalt Zebra), kann aber an seinem kleineren Maul, der gelblichen Farbe an der Basis der Brustflossen und dem breiteren Schwanzstiel erkannt werden. Auch ist die Farbe sowohl der *Ps.* sp. "blue reef" Männchen als auch der Weibchen nicht kobaltblau, sondern hellblau, und gestreßte Tiere werden eher bräunlich, was bei *Ps callainos* nicht der Fall ist.

***Pseudotropheus* sp. "burrower"**

HANDELSNAMEN: Diese Art wurde nur selten als Pseudotropheus Socolofi Maleri exportiert.
VERBREITUNG: *Ps.* sp. "burrower" kommt um die drei Maleri Inseln und auch bei Chidunga Rocks vor.
VARIANTEN UND MORPHEN: Keine bekannt.
MAXIMALE LÄNGE: *Ps.* sp. "burrower" erreicht eine Gesamtlänge von etwa 7,5cm.
BIOTOP: Er kommt nur in der Übergangszone in durchschnittlich etwa 8m Tiefe vor.
ERNÄHRUNG: *Ps.* sp. "burrower" frißt vom sedimentreichen Aufwuchs der Felsen. Er beißt nach bestimmten Partikeln und könnte sich deshalb in erster Linie von Wirbellosen ernähren, die sich in der dicken Aufwuchsschicht auf dem Substrat verstecken.

Pseudotropheus sp. „burrower", Maleri, Männchen

Pseudotropheus sp. „burrower", Maleri, Weibchen

Pseudotropheus sp. „burrower", Chidunga Rocks

ABLAICHVERHALTEN: Territoriale Männchen kommen das ganze Jahr über vor. Sie verteidigen ein Tunnelnest, das unter einen Stein gegraben wurde. Die Männchen sind bei der Verteidigung ihres Besitzes sehr aggressiv und vertreiben auch andere Arten. Die Weibchen sind nicht territorial. Sie leben einzeln. Abgelaicht wird im Nest des Männchens.

ÄHNLICHE ARTEN: *Ps.* sp. "burrower" gleicht *Ps. socolofi*. Der Unterschied zwischen den beiden Arten liegt im Kopfprofil und im Farbmuster. *Ps. socolofi* ist dunkelblauer gefärbt, aber immer noch heller als *Ps.* sp. "burrower", der eher weißblau aussieht. Die letztgenannte Art hat ein gerades oder leicht abgerundetes Kopfprofil, während *Ps. socolofi* ein leicht vorstülpbares Maul besitzt. Sein Profil ist nicht gerade, sondern zeigt eine Einbuchtung.

Pseudotropheus callainos

STAUFFER & HERT, 1992

HANDELSNAMEN: Cobalt Zebra, Pearl Zebra. Die Populationen, die Ribbink et al. (1983) als Ps. zebra "pearly" und Ps. zebra "chitande" angeben, gelten als geographische Varianten von *Ps. callainos*.

VERBREITUNG: Er wird an der Nordwestküste zwischen der Insel Kande und Ngara und an der Nordostküste zwischen Liuli und Ikombe gefunden.

VARIANTEN UND MORPHEN: Die drei verschiedenen Varianten sind auf den Abbildungen wiedergegeben. Die Männchen der Population an der Insel Chitande sind blau wie die der Nkhata Bay Population. Die Weibchen an der Insel Chitande sind alle OB Morphe. Die OB Morphe wird auch in der hellblauen (pearly) Variante nördlich von Usisya sowie in der kolbaltblauen Rasse südlich von Cape Manulo gefunden. Entlang der Nordostküste kommt nur die sog. "Pearl" Variante vor.

MAXIMALE LÄNGE: Er wird maximal etwa 11cm groß.

BIOTOP: Diese Art bevorzugt ein Biotop, das mit dem des *Ps. zebra* identisch ist. Er lebt im Felsenbiotop von der Wasseroberfläche bis in etwa 25m Tiefe. Er kommt auch in sedimentreichen Gegenden und in der Übergangszone (z. B. bei der Insel Kande und bei Ngara) vor.

ERNÄHRUNG: Wie alle Mitglieder des *Ps. zebra*-Komplexes kämmt er Algenstränge und Kieselalgen aus dem Aufwuchs der Felsen. Er frißt ebenfalls im rechten Winkel zum Substrat. Man sieht ihn häufig Plankton fressen, jedoch bleibt er dabei immer in der Nähe des Substrats.

ABLAICHVERHALTEN: Die Männchen zeigen ihr aggressives Verhalten vor allem gegenüber Artgenossen. Ihre Reviere liegen in den dichtesten Populationen etwa 1,5m auseinander. Die Weibchen sammeln sich normalerweise in Gruppen. Abgelaicht wird in der Höhle des Männchens.

ÄHNLICHE ARTEN: *Ps. callainos* fehlen die senkrechten Bänder auf dem Körper, sowohl bei den Männchen als auch bei den Weibchen. Die Weibchen sind weißblau bis cremeweiß gefärbt oder haben ein fleckiges Muster. Ihre Grundfarben sind selten im Zebra-Komplex zu finden, nur noch bei den *Ps.* sp. "blue reef" Weibchen. Die Männchen können jedoch mit *Ps.* sp. "zebra blue" von der Insel Maleri, *Ps.* sp. "blue reef" und mit *Ps. estherae* verwechselt werden. Die Farbe des *Ps.* sp. "zebra blue", *Ps.* sp. "blue reef" und von einigen nichtgebänderten Varianten des *Ps. zebra* (z. B. bei Cóbuè) ist hellpuderblau oder hellblau und zeigt weder die Intensität des Kobaltblau der Männchen bei Nkhata Bay und Chitande, noch das Perlweiß der nördlichen Rasse. *Ps. estherae* Männchen lassen sich von *Ps. callainos* Männchen durch das große Maul unterscheiden.

Pseudotropheus callainos, Chewere, Männchen

Pseudotropheus callainos, Chewere, Weibchen

Pseudotropheus callainos, Chitande, Männchen

Pseudotropheus callainos, Kakusa

Pseudotropheus callainos, Chitande, Weibchen

Pseudotropheus callainos, Mara Rocks

Pseudotropheus callainos, Katale

Pseudotropheus callainos, Kawanga

Pseudotropheus callainos, Hora, Mhango

Pseudotropheus callainos, Ikombe

Pseudotropheus callainos, Nkhata Bay, Männchen

Pseudotropheus callainos, Makonde

Pseudotropheus callainos, Nkhata Bay, OB-Weibchen

Pseudotropheus callainos, Lupingu, Männchen

Pseudotropheus callainos, Nkanda

Pseudotropheus callainos, Lupingu, Weibchen

Pseudotropheus callainos, Kirondo

Pseudotropheus callainos, Magungua, Weibchen

Pseudotropheus sp. "chinyankwazi"

HANDELSNAMEN: Diese Art wurde niemals als Aquariumfisch exportiert.
VERBREITUNG: Sie ist bei den Inseln Chinyankwazi und Chinyamwezi endemisch.
VARIANTEN UND MORPHEN: Keine bekannt.
MAXIMALE LÄNGE: *Ps.* sp. "chinyankwazi" erreicht eine Gesamtlänge von etwa 8,5cm; bei Chinyamwezi scheint er etwas größer zu werden.
BIOTOP: Er bevorzugt die ruhigeren Regionen des Felsenbiotops und wird allgemein unterhalb von 10m Tiefe gefunden. *Ps.* sp. "chinyankwazi" kommt um kleine Felsen und im offenen Wasser vor, wenn er Plankton frißt.
ERNÄHRUNG: Er kämmt lockere Algen aus dem Aufwuchs, frißt aber auch Plankton. *Ps.* sp. "chinyankwazi" gruppiert sich beim Fressen in der Wassersäule in großen Schulen.
ABLAICHVERHALTEN: Territoriale Männchen findet man das ganze Jahr über. Sie verteidigen eine kleine Höhle zwischen den Felsen und vertreiben sowohl Artgenossen als auch andere Arten von ihrem Besitz. Die Weibchen und unreifen Männchen sammeln sich im offenen Wasser in großen Schulen. Abgelaicht wird innerhalb der Höhle des Männchens. Die Art kommt bei Chinyamwezi selten vor, jedoch verteidigen hier die Männchen ihre Reviere ausgesprochen aggressiv.
ÄHNLICHE ARTEN: *Ps.* sp. "chinyankwazi" gleicht mehreren Arten im *Ps. zebra* Komplex, aber auch einigen *Cynotilapia* Arten. Er hat zweispitzige Zähne, gleicht aber im Verhalten eher *Cynotilapia,* der einspitzige Zähne hat, als *Ps. zebra.* Er ist durch seine generell dunkle Färbung und das schwarze, submarginale Band auf der Rückenflosse gekennzeichnet. Dieses Band besteht aus Streifen und Linien auf der Membran zwischen den Stacheln. Er trägt recht breite, schwarze Bänder auf dem Rücken und hat einen etwas länglicheren Körper als *Ps. zebra* oder *C. afra.* Die Weibchen haben ein identisches Farbmuster, sind aber auf dem Körper weniger blau. *Ps.* sp. "chinyankwazi" hat einen flacheren Körper und ist im adulten Stadium größer als *Ps.* sp. "aggressive bars".

Pseudotropheus sp. „chinyankwazi", Chinyankwazi

Pseudotropheus sp. „chinyankwazi", Chinyamwezi

Pseudotropheus crabro

(RIBBINK & LEWIS, 1982)
HANDELSNAMEN: Pseudotropheus Chameleo, Melanochromis Crabro.
VERBREITUNG: Diese Mbuna ist seeweit verbreitet, wird aber nördlich des Flusses Ruhuhu entlang der Nordostküste nicht gefunden und ist an den meisten Stellen nur selten zu sehen.
VARIANTEN UND MORPHEN: Die Populationen an der Nordwestküste haben keine gelbe Farbe auf der unteren Körperhälfte. Alle anderen Populationen besitzen eine gelbe Grundfarbe mit breiten, braunen Bändern.
MAXIMALE LÄNGE: *Ps. crabro* erreicht in freier Natur eine Gesamtlänge von etwa 12cm, kann aber im Aquarium beträchtlich größer werden.
BIOTOP: *Ps. crabro* lebt in allen möglichen Biotopen. Am häufigsten findet man ihn in großen Höhlen oder in der Nähe großer Felsblöcke. Seine Gegenwart scheint an vie-

Pseudotropheus crabro, Likoma

len Stellen mit der des Welses *Bagrus meridionalis* gekoppelt zu sein. In den Höhlen, in denen sich diese Welse verstecken, findet man normalerweise auch *Ps. crabro*. ERNÄHRUNG: *Ps. crabro* frißt alles, was vorhanden ist, hat sich aber darauf spezialisiert, den Wels *B. meridionalis* von Parasiten zu reinigen. Argulus africanus ist ein sehr häufiger Parasit an Welsen und Cichliden, wird aber von *Ps. crabro* nur von der Haut des Welses aufgenommen. Während der Brutsaison von *B. meridionalis* findet man mehrere *Ps. crabro* um das Nest des Welses. Sobald die Aufmerksamkeit des Welsmännchens beim Bewachen der Brut etwas nachläßt, schießt *Ps. crabro* in die Brut und frißt Eier oder Larven. Wird ein Welspaar zufällig vom Nest vertrieben, kommen viele andere Mbuna, um von den vielen Eiern oder den sehr winzigen Larven zu fressen. *Ps. crabro* und *Melanochromis*

Pseudotropheus crabro, Nkhata Bay

Pseudotropheus crabro, Mbenji

Pseudotropheus crabro, Cóbué

Pseudotropheus crabro, Hongi

Pseudotropheus crabro, Chilucha

Pseudotropheus crabro, Nakantenga

Pseudotropheus crabro, Gome

sp. "blotch" scheinen sich jedoch eher auf das Eierstehlen als auf das Rauben von Welslarven spezialisiert zu haben. Die Welseier sind sehr klein und kaum sichtbar, wenn sie am Substrat befestigt sind.

ABLAICHVERHALTEN: Territoriale Männchen, die schwarz gefärbt sind und einige blaue Punkte tragen, vertreiben Artgenossen aus ihrem Revier, aber sie sind nicht sehr aggressiv. Manchmal versucht ein balzendes Männchen die Aufmerksamkeit eines Weibchens auf sich zu lenken, aber ein Ablaichvorgang wurde noch nicht beobachtet. Da *Ps. crabro* sich die meiste Zeit in dunklen Höhlen aufhält, findet das Ablaichen vermutliche auch dort statt.

ÄHNLICHE ARTEN: *Ps. crabro* hat ein sehr charakteristisches Farbmuster und kann nicht leicht mit anderen Arten verwechselt werden. Die nördliche Population zeigt jedoch etwas Ähnlichkeit mit *M.* sp. "blotch" von der Ostküste. Letztgenannte Art hat einen länglicheren Körper und längeres Maul.

Pseudotropheus sp. "crabro blue"

HANDELSNAMEN: Pseudotropheus Broad Bar. Dieser Mbuna wurde noch nicht exportiert.
VERBREITUNG: *Ps.* sp. "crabro blue" kommt an den nordöstlichen Ufern, nördlich des Flusses Ruhuhu und entlang der Nordwestküste zwischen der Insel Chitande und Mdoka vor.

Pseudotropheus sp. „crabro blue", Chewere, Männchen

Pseudotropheus sp. „crabro blue", Chewere, Weibchen

VARIANTEN UND MORPHEN: Keine bekannt.
MAXIMALE LÄNGE: Die Endgröße dürfte bei rund 13cm liegen.
BIOTOP: *Ps.* sp. "crabro blue" lebt im Felsenbiotop und der Übergangszone in 10 bis 35m Tiefe. Meistens findet man ihn in großen Höhlen, auch in solchen mit Sandboden.
ERNÄHRUNG: Unbekannt. Er wurde beim Fressen von den Eiern des Welses *Bagrus meridionalis* beobachtet. Wahrscheinlich hat er ein ähnliches Putzerverhalten wie *Ps. crabro,* was jedoch noch nicht durch Beobachtungen bestätigt wurde.
ABLAICHVERHALTEN: Die Männchen vertreiben artgleiche Männchen aus ihrer unmittelbaren Umgebung, jedoch verhalten sie sich nicht aggressiv. Es ist deshalb nicht sicher, ob sie einen Laichplatz verteidigen oder nicht.
ÄHNLICHE ARTEN: *Ps.* sp. "crabro blue" ist durch breite, dunkelblaue, senkrechte Bänder auf einem blauen Körper gekennzeichnet und kann von allen Mitgliedern im *Ps. zebra* Komplex anhand des schwarzen, submarginalen Bandes auf der Rückenflosse unterschieden werden. Er gleicht auch *Ps.* sp. "aggressive bars", jedoch

Pseudotropheus sp. „crabro blue", Nkanda

Pseudotropheus sp. „crabro blue", Magunga

hat die letztgenannte Art schmalere Bänder, die in starkem Kontrast zum Hintergrund stehen.

Pseudotropheus cyaneus

STAUFFER, 1988
HANDELSNAMEN: Diese Art wurde niemals exportiert, wurde aber von Ribbink et al. (1983) als Pseudotropheus 'chinyamwezi' aufgeführt.
VERBREITUNG: *Ps. cyaneus* ist an der Insel Chinyamwezi endemisch.
VARIANTEN UND MORPHEN: Nur eine einzige Population ist bekannt.
MAXIMALE LÄNGE: *Ps. cyaneus* erreicht circa eine Länge von 9cm.
BIOTOP: Er kommt um die Insel Chinyamwezi in etwa

Pseudotropheus cyaneus, Chinyamwezi, Männchen

Pseudotropheus cyaneus, Chinyamwezi, Weibchen

40m Tiefe vor. Am häufigsten findet man ihn in der Nähe kleiner Felsen.
ERNÄHRUNG: *Ps. cyaneus* frißt Algen vom Aufwuchs der Felsen und wird auch oft im offenen Wasser beim Planktonfressen gesehen.
ABLAICHVERHALTEN: Territoriale Männchen findet man das ganze Jahr über. Sie verteidigen eine Höhle zwischen den Felsen und versuchen Weibchen in ihr Nest zu führen. Die Weibchen und unreifen Männchen bilden bei der Nahrungssuche Gruppen.
ÄHNLICHE ARTEN: *Ps. cyaneus* erkennt man an seinem länglichen Körper und der hellblauen Färbung. Er hat etwas Ähnlichkeit mit einigen *Ps.* sp. "elongatus greenback" Varianten, ist aber länglicher, und die brütenden Männchen zeigen schwache, senkrechte Bänder, während *Ps.* sp. "elongatus greenback" deutliche Bänderung aufweist.

Pseudotropheus sp. "daktari"

HANDELSNAMEN: Pseudotropheus Daktari, Ps. Daktari Blue.
VERBREITUNG: Dieser kleine Mbuna kommt an der Ostküste zwischen dem Undu Reef und Liutche vor.

Pseudotropheus sp. „daktari", Undu

Pseudotropheus sp. „daktari", Hai Reef

Pseudotropheus sp. „daktari", Chiwindi

VARIANTEN UND MORPHEN: In der Population bei Chiwindi und Liutche sind die Männchen blaugelb gefärbt, während die Männchen am Undu Reef und Hai Reef leuchtendgelb gefärbt sind.
MAXIMALE LÄNGE: Die Gesamtlänge beträgt etwa 9cm.
BIOTOP: *Ps.* sp. "daktari" lebt in der Übergangszone in etwa 5 bis 10m Tiefe. Die Felsen sind mit einer dicken Sedimentschicht bedeckt.

ERNÄHRUNG: Er frißt oft im offenen Wasser Plankton, wurde aber auch beim Fressen vom Sand oder dem Aufwuchs der Felsen beobachtet.
ABLAICHVERHALTEN: Brütende Männchen sind territorial. Sie graben unter den kleinen Felsen, die auf dem Schlamm- und Sandboden verstreut liegen, Tunnelnester. Die Männchen vertreiben vor allem artgleiche Männchen aus ihrem Besitz. Die Weibchen sammeln sich zur Nahrungssuche in Gruppen.
ÄHNLICHE ARTEN: *Ps.* sp. "daktari" gleicht *Ps.* sp. "lime" und *Ps.* sp. "lime nkhomo". Diese drei Formen könnten in der Tat artgleich sein. Diese Arten unterscheiden sich kaum voneinander. *Ps.* sp. "daktari" ist durch eine gelbe Afterflosse und zwei schwarze Streifen auf dem Schwanz gekennzeichnet. Die Afterflosse von *Ps.* sp. "lime" und von der *Ps.* sp. "lime nkhomo" Variante bei Nkhomo ist schwarz, und *Ps.* sp. "lime nkhomo" bei Mbenji fehlt der schwarze Streifen auf dem Schwanz.

Pseudotropheus demasoni, Pombo

Pseudotropheus demasoni, Pombo, Aquarium

Pseudotropheus demasoni

KONINGS, 1994
HANDELSNAMEN: Pseudotropheus Dwarf Pombo, Ps. Demasoni.
VERBREITUNG: *Ps. demasoni* ist auf die Felsriffe bei Ndumbi Point und Pombo Rocks, unmittelbar südlich des Flusses Ruhuhu, beschränkt.
VARIANTEN UND MORPHEN: Keine bekannt.
MAXIMALE LÄNGE: Die Gesamtlänge dieses kleinen Mbuna beträgt ungefähr 7cm.
BIOTOP: *Ps. demasoni* bevorzugt die oberen 4m des Felsenbiotops und wird normalerweise in der wellenumspülten Region, in der Nähe großer Felsblöcke gefunden.
ERNÄHRUNG: *Ps. demasoni* pickt am Aufwuchs der Felsen und scheint Algenstränge und Kieselalgen zu fressen.
ABLAICHVERHALTEN: Territoriale Männchen wurden keine gefunden und es scheint, daß jedes Tier seinen eigenen Felsblock, an dem es frißt, besitzt. Aggressives Verhalten oder Androhen wurde nicht beobachtet, wenn sich zwei Artgenossen begegneten. Die Weibchen, die wie die Männchen gefärbt sind, verstecken sich eher zwischen den Felsen als die Männchen, die sich oft direkt auf einem großen Fels aufhalten.
ÄHNLICHE ARTEN: *Ps. demasoni* gleicht den *Ps. saulosi* Männchen, kann aber an den nur vier senkrechten Bändern unterhalb der Rückenflosse erkannt werden. *Ps. saulosi* hat fünf oder mehr Bänder unterhalb der Rückenflosse.

Pseudotropheus sp. "dumpy"

HANDELSNAMEN: Diese Art wurde nur selten exportiert. Es ist kein Handelsname bekannt.
VERBREITUNG: *Ps.* sp. "dumpy" wird bei den Inseln Maleri und Nakantenga gefunden, sowie entlang der malawischen Ostküste, in der Nähe von Makanjila Point.
VARIANTEN UND MORPHEN: Innerhalb einer einzigen Population zeigt *Ps.* sp. "dumpy" Variation bezüglich des Ausmaßes an gelbem Pigment auf dem Körper. Die Population in der Nähe von Makanjila Point hat jedoch im allgemeinen mehr gelbes Pigment als die Populatio-

Pseudotropheus sp. „dumpy", Chewere

Pseudotropheus sp. „dumpy", Maleri, Männchen

Pseudotropheus sp. „dumpy", Ntekete, Weibchen

Pseudotropheus sp. „dumpy", Maleri, Weibchen

Pseudotropheus sp. „dumpy tanzania", Manda, Männ.

Pseudotropheus sp. „dumpy", Ntekete, Männchen

Pseudotropheus sp. „dumpy tanzania", Manda, Weib.

nen an den Maleri Inseln. Die senkrechten Bänder im Muster einiger Männchen bei Makanjila reichen bis in die Rückenflosse.

MAXIMALE LÄNGE: Er wird maximal etwa 7,5cm groß.

BIOTOP: *Ps.* sp. "dumpy" findet man häufig unterhalb von 15m Tiefe, normalerweise in der sedimentreichen Übergangszone. Er kommt hauptsächlich in der Nähe kleiner Felsen, die auf dem Schlammboden liegen, vor.

ERNÄHRUNG: Er frißt vom Aufwuchs. Beim Durchkämmen des Aufwuchses sammelt er lockere Algen und Wirbellose auf. Er wurde auch beim Planktonfressen beobachtet (Ribbink et al., 1983).

ABLAICHVERHALTEN: Territoriale Männchen kommen das ganze Jahr über vor. Sie graben unter Felsen Tunnelnester

und führen die Weibchen zu ihrem Nest. Das Ablaichen findet in der Höhle des Männchens statt. Die Weibchen und nichtbrütenden Männchen leben einzelgängerisch.
ÄHNLICHE ARTEN: *Ps.* sp. "dumpy" ist durch die kleine Körpergröße der adulten Tiere und sein Farbmuster gekennzeichnet. Er ist weniger länglich als die Arten im *Ps. elongatus* Komplex, mit denen er verwechselt werden könnte. Er unterscheidet sich von *Ps.* sp. "dumpy tanzania" durch seine gelbe Bauchseite an den Flanken. Die *Ps.* sp. "dumpy" und *Ps.* sp. "dumpy tanzania" Weibchen sind nicht auseinanderzuhalten. *Ps.* sp. "dumpy" hat zweispitzige Zähne, während *Cynotilapia* sp. "lion", mit dem er verwechselt werden könnte, kegelförmige Zähne hat.

Pseudotropheus sp. "dumpy tanzania"

HANDELSNAMEN: Diese Art wurde noch nicht exportiert.
VERBREITUNG: *Ps.* sp. "dumpy tanzania" wurde bei Manda und Lundu an der Nordostküste gefunden.
VARIANTEN UND MORPHEN: Keine bekannt.
MAXIMALE LÄNGE: Er kann maximal eine Gesamtlänge von etwa 7cm erreichen.
BIOTOP: *Ps.* sp. "dumpy tanzania" wird in Tiefen unterhalb 25m gefunden und lebt in der sedimentreichen Übergangszone.
ERNÄHRUNG: Er frißt vom Aufwuchs der Felsen, aber auch vom Sandsubstrat. Beim Durchkämmen des Aufwuchses sammelt er lockere Algen und Wirbellose auf.
ABLAICHVERHALTEN: Territoriale Männchen kommen das ganze Jahr über vor. Sie graben Tunnelnester unter Felsen und führen die Weibchen zum Laichplatz hin. Abgelaicht wird im Nest des Männchens. Die Weibchen und unreifen Männchen leben allein und halten sich dicht beim Substrat auf.
ÄHNLICHE ARTEN: *Ps.* sp. "dumpy tanzania" ist weniger länglich als die Arten im *Ps. elongatus* Komplex, mit denen er verwechselt werden könnte. Er unterscheidet sich von *Ps.* sp. "dumpy" durch eine blaugefärbte Bauchseite an den Flanken, die bei der letztgenannten Art gelb ist. Die *Ps.* sp. "dumpy" und *Ps.* sp. "dumpy tanzania" sehen gleich aus.

Pseudotropheus sp. "dwarf gold"

HANDELSNAMEN: Dieser Mbuna wurde noch nicht exportiert.
VERBREITUNG: Er ist nur von einer sehr kleinen Stelle, südlich des Flusses Nsinje bekannt.
VARIANTEN UND MORPHEN: Nur eine einzige Population ist bekannt. Diese zeigt keinen Polymorphismus.
MAXIMALE LÄNGE: *Ps.* sp. "dwarf gold" erreicht eine Gesamtlänge von etwa 7,5cm.
BIOTOP: Er kommt in der Übergangszone in 10 bis 25m Tiefe vor. Die territorialen Männchen halten sich in der Nähe der Felsen auf, die Weibchen sieht man jedoch

Pseudotropheus sp. „dwarf gold", Ntekete, Männchen

Pseudotropheus sp. „dwarf gold", Ntekete, Weibchen

auch über Sand.
ERNÄHRUNG: *Ps.* sp. "dwarf gold" frißt vom Aufwuchs der Felsen und vom Sand. Auch wurde er beim Planktonfressen im offenen Wasser beobachtet. Er wagt sich jedoch beim Fressen niemals weit vom Substrat weg.
ABLAICHVERHALTEN: Territoriale Männchen verteidigen ein Tunnelnest, das sie unter einen kleinen Fels gegraben haben. Diese Felsen liegen auf dem Sandboden verstreut. Die Weibchen leben einzeln und suchen im Substrat zwischen den Revieren der Männchen nach Nahrung. Sie werden zum Ablaichen in die Höhle des Männchens gelockt.
ÄHNLICHE ARTEN: *Ps.* sp. "dwarf gold" gleicht in gewisser Hinsicht *Ps.* sp. "zebra gold" von der Nordwestküste. Jedoch ist seine Körperform anders und ähnelt eher der von *Ps.* sp. "kingsizei lupingu". Die kleine Körpergröße der adulten Tiere und das Kopfprofil sind deutlich anders als bei *Ps.* sp. "zebra gold". *Ps.* sp. "dwarf gold" Weibchen haben eine braune Grundfarbe. Den *Ps.* sp. "dwarf gold" Männchen fehlt ein dünner, blauer Rand auf der Rückenflosse, der bei *Ps.* sp. "kingsizei lupingu" vorkommt.

Pseudotropheus elegans

TREWAVAS, 1935
HANDELSNAMEN: Pseudotropheus Elegans.
VERBREITUNG: Dieser Mbuna kommt im Südteil des Sees vor.

Pseudotropheus elegans, Msuli

Pseudotropheus elegans, Senga Bay

Pseudotropheus elegans, Nkande

Pseudotropheus elegans, Luweya

VARIANTEN UND MORPHEN: Keine bekannt.
MAXIMALE LÄNGE: Die Männchen werden rund 16cm.
BIOTOP: An einigen Stellen ist *Ps. elegans* ein häufiger Bewohner offener Sandregionen. Normalerweise kommt er in Tiefen unterhalb von 10m vor. Jungtiere wurden dabei beobachtet, wie sie sich in leeren Lanistes nyassanus Gehäusen versteckten. Ribbink et al. (1983) berichten, daß viele adulte Tiere bei Chemwezi Rocks gesehen wurden. Als ich diese Stelle jedoch im Dezember 1989 besuchte, konnte kein einziges Tier gefunden werden (vgl. Ablaichverhalten).
ERNÄHRUNG: *Ps. elegans* frißt von der Schlickschicht, die den Sand an vielen Stellen bedeckt. Er pickt bestimmte Partikel vom Substrat auf, darunter auch Wirbellose.
ABLAICHVERHALTEN: Brütende *Ps. elegans* habe ich noch nicht beobachtet. Wie *Ps. livingstonii* brütet er vielleicht eher im Felsenbiotop als auf dem Sand. Die vielen Tiere, die von Ribbink et al. (1983) bei den Chemwezi Rocks gefunden wurden, waren vielleicht brütende Tiere. Vielleicht haben sie eine spezielle Brutsaison, während der die adulten Tiere zu Felsküsten wandern. Die ausgewachsenen Tiere auf Nahrungssuche leben normalerweise in kleinen Gruppen.
ÄHNLICHE ARTEN: *Ps. elegans* gleicht *Ps. livingstonii* in der Färbung, aber nicht in der Form. Er ist länglicher als *Ps. livingstonii* und besitzt fadenartig verlängerte Flossen. Der Schwanz von *Ps. elegans* hat oben und unten einen dünnen, weißen Rand, ein Merkmal, das *Ps. livingstonii* fehlt.

Pseudotropheus elongatus

FRYER, 1956

HANDELSNAMEN: Diese Art ist wahrscheinlich niemals exportiert worden.

VERBREITUNG: Dieser Mbuna kommt an der Ostküste zwischen Thumbi Point (Tansania) und Mbamba Bay vor.

VARIANTEN UND MORPHEN: Keine bekannt.

MAXIMALE LÄNGE: *Ps. elongatus* erreicht eine Gesamtlänge von etwa 10cm.

BIOTOP: Er bevorzugt den seichten Felsenbiotop in sedimentfreien Gegenden. Man findet ihn häufig um kleine Felsen.

ERNÄHRUNG: *Ps. elongatus* kämmt lockere Algen aus dem Aufwuchs.

ABLAICHVERHALTEN: Territoriale Männchen kommen das ganze Jahr über vor. Sie verteidigen eine kleine Höhle zwischen den Felsen und führen die Weibchen zu ihren Nestern. Die Weibchen leben allein und halten sich in der Nähe des Substrats auf.

ÄHNLICHE ARTEN: *Ps. elongatus* ist durch seine Zeichnung aus breiten, schwarzen Bändern auf Rücken-, After- und Schwanzflossen gekennzeichnet, sowie durch ein endständiges Maul. *Ps. elongatus* gleicht *Ps.* sp. "elongatus slab" und *Ps.* sp. "elongatus aggressive". Die letztgenannte Art ist im Erwachsenenalter viel größer als *Ps. elongatus,* aber ferner von diesen beiden Arten nicht zu unterscheiden.

Pseudotropheus elongatus, Tumbi Point, Tansania, Männ.

Pseudotropheus elongatus, Tumbi Point, Tansania, Weib.

Pseudotropheus elongatus, Mbamba Bay Is.

Pseudotropheus sp. "elongatus aggressive"

HANDELSNAMEN: Pseudotropheus Elongatus.

VERBREITUNG: *Ps.* sp. "elongatus aggressive" kommt an den Inseln um Cape Maclear und an der Küste der Halbinsel Nankhumba bis hinunter nach Nkudzi vor.

VARIANTEN UND MORPHEN: Es wurden nur geringfügige Variationen im Farbmuster festgestellt. Die Hochrückigkeit scheint sich von einer Stelle zur anderen zu verändern (Ribbink et al., 1983), jedoch wurde dies nicht weiter untersucht.

Pseudotropheus sp. „elongatus aggressive", Zimbawe Rock

MAXIMALE LÄNGE: *Ps.* sp. "elongatus aggressive" erreicht eine Gesamtlänge von etwa 13cm.
BIOTOP: Er wird häufig im sedimentfreien Felsenbiotop, in der Nähe kleiner Felsen gefunden. Die meisten Tiere halten sich in seichtem Wasser auf.
ERNÄHRUNG: *Ps.* sp. "elongatus aggressive" kämmt lockere Algen aus dem Aufwuchs der Felsen. Die meisten Tiere verteidigen ein Nahrungsrevier, in dem oft ein Algengarten sichtbar ist. Der Gartenbesitzer kämmt die Kieselalgen und anderes Material, das auf festgewachsenen Algensträngen wächst, heraus.
ABLAICHVERHALTEN: Territoriale Männchen sind das ganze Jahr über häufig zu sehen, und manchmal besitzen sogar die Weibchen ein Revier. Alle Eindringlinge werden aus dem Revier vertrieben. Reife Weibchen verlassen ihre Reviere und laichen in der Höhle des Männchens ab.
ÄHNLICHE ARTEN: *Ps.* sp. "elongatus aggressive" gleicht sehr *Ps.* sp. "elongatus slab" und *Ps. elongatus.* Diese beiden Arten erreichen als ausgewachsene Tiere niemals die Größe des *Ps.* sp. "elongatus aggressive", der durch einen ganz schwarzen Kopf ohne blaue Bänder zwischen den Augen gekennzeichnet ist. Nur der Maleri Population von *Ps.* sp. "elongatus slab" fehlen diese blauen Interorbitalbänder. Man kann diese Variante an ihrer kleinen Größe und der gänzlich schwarzen Färbung erkennen.

Pseudotropheus sp. "elongatus bee"

HANDELSNAMEN: Diese Art wurde noch nicht exportiert.
VERBREITUNG: Sie ist auf die Küste südlich von Chilumba und um die Insel Chirwa beschränkt.
VARIANTEN UND MORPHEN: Ribbink et al. (1983) erwähnten zwei andere Arten unter diesem Namen, nämlich *Ps.* sp. "elongatus chailosi" und *Ps.* sp. "elongatus usisya". Die letztgenannte Art hat eine andere Form und Färbung und ist eindeutig eine andere Art. *Ps.* sp. "elongatus chailosi" könnte eine Variante von *Ps.* sp. "elongatus bee" sein, hat aber einen schmaleren Körper und ein regelmäßiges Muster aus senkrechten Bändern. Ihre Biotoppräferenz unterscheidet sich ebenfalls geringfügig.
MAXIMALE LÄNGE: *Ps.* sp. "elongatus bee" erreicht eine Gesamtlänge von etwa 8cm.
BIOTOP: Am häufigsten findet man ihn in der Übergangszone, vor allem in sedimentreichen Regionen. Dort kommt er in 8 bis 15m Tiefe vor.
ERNÄHRUNG: *Ps.* sp. "elongatus bee" frißt Partikel aus dem offenen Wasser und vom Aufwuchs der Felsen, die auf dem Seeboden verstreut liegen.
ABLAICHVERHALTEN: Territoriale Männchen graben Tunnelnester unter Felsen. Normalerweise schweben sie über ihrem Laichplatz und fressen vorbeidriftendes Material. Die Weibchen und nichtbrütenden Männchen leben

Pseudotropheus sp. „elongatus bee", Chirwa Is.

allein oder sammeln sich beim Fressen aus dem offenen Wasser in kleinen Gruppen. Abgelaicht wird in der Höhle des Männchens.
ÄHNLICHE ARTEN: *Ps.* sp. "elongatus bee" ist leicht an den breiten, unregelmäßigen Bändern auf dem Körper zu erkennen. Er gleicht *Ps.* sp. "elongatus chailosi" und *Ps.* sp. "dumpy", jedoch haben diese Arten ein Muster aus regelmäßigen, relativ dünnen, senkrechten Bändern.

Pseudotropheus sp. "elongatus brown"

HANDELSNAMEN: Diese Art wurde noch nicht exportiert.
VERBREITUNG: Dieser längliche Mbuna ist auf die Riffe Eccles und West, sowie einige andere Felsriffe zwischen der Insel Chinyankwazi und dem Fluß Nsinje beschränkt.
VARIANTEN UND MORPHEN: Keine bekannt.
MAXIMALE LÄNGE: Die Männchen erreichen maximal eine Gesamtlänge von etwa 11cm. Die Weibchen sind etwa um ein Fünftel kleiner.
BIOTOP: *Ps.* sp. "elongatus brown" kommt im Felsenbiotop vor, auch in sedimentreichen Regionen.
ERNÄHRUNG: Er frißt vom Aufwuchs der Felsen und Plankton. Jedoch hält er sich in der Nähe des Substrats auf.
ABLAICHVERHALTEN: Territoriale Männchen sind das ganze Jahr über häufig zu sehen. Sie verteidigen eine Höhle zwischen den Felsen gegenüber jedem Eindringling, sind jedoch besonders aggressiv gegen artgleiche Männchen. Die Weibchen bleiben allein und halten sich bei der Nahrungssuche dicht bei den Felsen auf. Es wird in der Höhle des Männchens abgelaicht.
ÄHNLICHE ARTEN: *Ps.* sp. "elongatus brown" ist durch eine rostbraune Farbe gekennzeichnet, die bei brütenden Männchen einen blauen Schimmer erhält. Dieser blaue Schimmer kommt bei *Ps.* sp. "elongatus mbenji brown" oder *Ps.* sp. "elongatus mozambique brown" nicht vor. Die beiden letztgenannten Arten haben auch ein viel breiteres Band auf der Rückenflosse. *Ps.* sp. "elongatus brown" gleicht *Ps.* sp. "elongatus nkhata

Pseudotropheus sp. „elongatus brown", Eccles Reef

Pseudotropheus sp. „elongatus chailosi", Chitande, Männ.

Pseudotropheus sp. „elongatus brown", Ntekete

Pseudotropheus sp. „elongatus chailosi", Chitande, Weib.

brown" in der Färbung, hat jedoch keinen orange gefärbten Rand auf Schwanz- und Rückenflossen. Das Grundpigmentierungsmuster und die Form des Mbuna gleichen denen von *Ps.* sp. "elongatus namalenje" und der Chemwezi Variante von *Ps.* sp. "elongatus greenback". Diese beiden letztgenannten Arten haben jedoch keine rostbraune Färbung wie *Ps.* sp. "elongatus brown".

Pseudotropheus sp. "elongatus chailosi"

HANDELSNAMEN: Pseudotropheus Chailosi, Ps. Bee. Diese Art wurde als Pseudotropheus elongatus 'bee' von Ribbink et al. (1983) vorgestellt.
VERBREITUNG: Er ist auf die Insel Chitande beschränkt.
VARIANTEN UND MORPHEN: Diese Art gleicht in gewisser Hinsicht *Ps.* sp. "elongatus bee", von Chilumba, unterscheidet sich von diesem jedoch im Pigmentierungsmuster.
MAXIMALE LÄNGE: *Ps.* sp. "elongatus chailosi" erreicht eine Gesamtlänge von etwa 10cm.
BIOTOP: Er bewohnt die Übergangszone in durchschnittlich etwa 10m Tiefe.
ERNÄHRUNG: *Ps.* sp. "elongatus chailosi" frißt vom Aufwuchs der Felsen und vom Sand. Er kämmt lockere Algen aus dem Aufwuchs, frißt aber auch Plankton.
ABLAICHVERHALTEN: Territoriale Männchen kommen das ganze Jahr über vor. Sie verteidigen ein Tunnelnest, das unter einen Fels gegraben wurde. Die Weibchen und unreifen Männchen suchen allein nach Nahrung oder sammeln sich zum Planktonfressen in kleinen Gruppen.
ÄHNLICHE ARTEN: *Ps.* sp. "elongatus chailosi" ist an der leuchtendgelben Grundfarbe und den regelmäßigen, senkrechten Bändern zu erkennen. Die Bänder sind schmaler als bei *Ps.* sp. "elongatus gold bar" und das Gelb leuchtender. Die senkrechten Bänder bei *Ps.* sp. "elongatus bee" waren bei allen beobachteten Tieren unregelmäßig und breit.

Pseudotropheus sp. "elongatus chewere"

HANDELSNAMEN: Elongatus Chewere.
VERBREITUNG: Er ist nur von einem kleinen Riff in der Nähe von Chewere bekannt.
VARIANTEN UND MORPHEN: Keine bekannt.

Pseudotropheus sp. „elongatus chewere", Männchen

Pseudotropheus sp. „elongatus chewere", Weibchen

MAXIMALE LÄNGE: Er erreicht maximal eine Gesamtlänge von etwa 9cm.
BIOTOP: *Ps.* sp. "elongatus chewere" lebt in der Übergangszone. Die Weibchen und unreifen Männchen sammeln sich in großen Schulen im offenen Wasser. Diese Schulen befinden sich bei der Nahrungssuche etwa 3m über dem Substrat. Normalerweise kommen sie in durchschnittlich etwa 10m Tiefe vor.
ERNÄHRUNG: Territoriale Männchen fressen vom Aufwuchs der Felsen, die meisten Tiere werden jedoch im offenen Wasser beim Planktonfressen beobachtet.
ABLAICHVERHALTEN: Die brütenden Männchen verteidigen ein Revier vor allem gegenüber artgleichen Männchen. Die Nester sind unter Felsen gegraben, die vereinzelt auf dem Seeboden herumliegen. Innerartliche Auseinandersetzungen sieht man regelmäßig, da es sich in dieser Schicht um den am häufigsten vorkommenden Mbuna des Riffs handelt.
ÄHNLICHE ARTEN: *Ps.* sp. "elongatus chewere" ist ein sehr charakteristisch gefärbter, länglicher Mbuna, der keiner anderen bekannten Art im *Ps. elongatus*-Komplex ähnelt.

Pseudotropheus sp. "elongatus chitimba"

HANDELSNAMEN: Diese Art wurde noch nicht exportiert.
VERBREITUNG: Dieser längliche Mbuna ist auf ein kleines Riff in der Chitimba Bay beschränkt.
VARIANTEN UND MORPHEN: Es ist nur eine einzige Population bekannt.
MAXIMALE LÄNGE: Er erreicht eine Gesamtlänge von maximal etwa 10cm.
BIOTOP: *Ps.* sp. "elongatus chitimba" kommt in der Übergangszone vor, die hier aus großen Platten aus Sandstein besteht, die teilweise von Sand und Sediment bedeckt sind. Kleine Felsen sind in dieser Gegend selten.
ERNÄHRUNG: Er knabbert am Aufwuchs der Felsen oder

Pseudotropheus sp. „elongatus chipoka", Chidunga

Pseudotropheus sp. „elongatus chitimba", Chitimba Bay

kämmt lockere Algenstränge ab und wird auch oft beim Planktonfressen beobachtet.
ABLAICHVERHALTEN: Männchen in Brutfärbung verteidigen ein Revier zwischen den Platten gegenüber artgleichen Männchen. Die Weibchen und nichtbrütenden Männchen suchen alleine nach Nahrung.
ÄHNLICHE ARTEN: *Ps.* sp. "elongatus chitimba" unterscheidet sich von *Ps.* sp. "zebra mbowe" durch die

schwarze Rückenflosse, die bei der letztgenannten Art weißblau ist. Er gleicht keiner anderen, länglichen Art.

Pseudotropheus sp. "elongatus chizumulu"

HANDELSNAMEN: Diese Art wurde niemals exportiert.
VERBREITUNG: Sie ist an der Insel Chizumulu endemisch.
VARIANTEN UND MORPHEN: Keine bekannt.
MAXIMALE LÄNGE: *Ps.* sp. "elongatus chizumulu" erreicht eine Gesamtlänge von etwa 10cm.
BIOTOP: Er lebt im Felsenbiotop in etwa 40m Tiefe. Auch in der Übergangszone wurde er gesehen. An der Insel ist es ein häufig vorkommender Mbuna, und nur eine einzige andere Art des *Ps. elongatus*-Komplexes kommt

Pseudotropheus sp. „elongatus chizumulu", Chizumulu

dort vor, nämlich *Ps.* sp. "elongatus gold bar".
ERNÄHRUNG: *Ps.* sp. "elongatus chizumulu" frißt die Algen vom Aufwuchs. Sein Maul ist tief plaziert, und er frißt in einer zum Substrat fast parallelen Stellung. Normalerweise knabbert er am Aufwuchs, ähnlich wie *Ps. tropheops*. Arten im *Ps. elongatus*-Komplex mit einem endständigen Maul knabbern normalerweise kaum am Aufwuchs, sondern beißen eher hinein.
ABLAICHVERHALTEN: Territoriale Männchen sieht man selten. Aggression gegenüber Artgenossen beobachtet man nur, wenn sich zwei Männchen begegnen. Nimmt die Dichte der brütenden Männchen zu, steigert sich auch die Aggression. Die Weibchen, die eine bräunliche Farbe und eine ähnliche Zeichnung wie die Männchen haben, leben allein. Sie werden angebalzt, sobald sie sich einem brütenden Männchen nähern.
ÄHNLICHE ARTEN: *Ps.* sp. "elongatus chizumulu" gleicht sehr *Ps.* sp. "elongatus mbako" und *Ps.* sp. "elongatus hai" und könnte mit diesen sogar artgleich sein . Alle drei Arten sind durch ein tief plaziertes Maul gekennzeichnet und haben ein fast identisches Farbmuster. Bis zu einer Revision der Arten im *Ps. elongatus*-Komplex, sollen diese drei Formen als unterschiedlich angesehen werden.

Pseudotropheus sp. "elongatus gold bar"

HANDELSNAMEN: Elongatus Gold Bar.
VERBREITUNG: Diese Art ist an den Inseln Likoma und Chizumulu endemisch.
VARIANTEN UND MORPHEN: Die Form an der Insel Chizumulu enthält mehr schwarzes Pigment auf den Flossen und hat breitere, senkrechte Bänder als die an der Insel Likoma.
MAXIMALE LÄNGE: Diese Art erreicht eine Gesamtlänge von etwa 10cm. Die meisten Tiere sind im Durchschnitt jedoch etwa 7cm groß.
BIOTOP: *Ps.* sp. "elongatus gold bar" bevorzugt die sedimentreichen Regionen der Übergangszone. Er kommt in 3 bis 20m Tiefe vor. Obwohl er auf Felsen angewie-

Pseudotropheus sp. „elongatus gold bar", Likoma

Pseudotropheus sp. „elongatus gold bar", Chizumulu

sen ist, sieht man ihn manchmal über Sandflecken zwischen den Felsen.
ERNÄHRUNG: Er frißt vom Aufwuchs der Felsen, aus dem er Algen und Wirbellose herausnippt. Ribbink et al. (1983) berichten, daß er auch vom Sand Nahrung aufnimmt.
ABLAICHVERHALTEN: Die meisten Tiere werden einzeln angetroffen. Brütende Männchen verteidigen eine klei-

ne Höhle oder ein Tunnelnest unter einem Felsen als ihr Revier. Nicht nur Artgenossen, sondern auch die meisten anderen Arten werden aus diesem Besitz vertrieben. Die Weibchen, die nicht territorial sind, werden angebalzt, wenn sie sich in der Nähe eines revierverteidigenden Männchens befinden.

ÄHNLICHE ARTEN: Es gibt eine Anzahl Arten unter den länglichen Mbuna, die durch eine gelbe Grundfärbung gekennzeichnet sind, und die sedimentreiche Regionen bevorzugen. Zu dieser Gruppe gehören *Ps.* sp. "elongatus bee", *Ps.* sp. "elongatus chailosi" und *Ps.* sp. "elongatus gold bar". Bei der letztgenannten Art sind die senkrechten Bänder breiter und verdecken mehr von der gelben Grundfarbe als bei den anderen Arten. *Ps.* sp. "elongatus usisya" fehlt der größte Teil der senkrechten Bänderung, während bei *Ps.* sp. "elongatus bee" die Bänder unregelmäßig sind.

Pseudotropheus sp. "elongatus greenback"

HANDELSNAMEN: Obwohl diese Art früher exportiert wurde, ist mir kein Handelsname bekannt. Eine der geographischen Varianten wurden früher Ps. elongatus 'boadzulu' genannt (Ribbink et al., 1983).

VERBREITUNG: Diese Art kommt bei den Inseln Mumbo, Thumbi West und Domwe vor, sowie weiter entlang der gesamten Westküste des Südostarms, einschließlich der Inseln Mpandi, Boadzulu, dem Makakola Reef und Chemwezi Rocks.

VARIANTEN UND MORPHEN: Die Abbildungen geben die verschiedenen geographischen Varianten wieder. Die Variante an der Insel Mphandi unterscheidet sich ziemlich stark von den übrigen. Sie trägt nur ein undeutliches, submarginales Band auf der gelben Rückenflosse.

MAXIMALE LÄNGE: Seine Gesamtlänge liegt maximal bei etwa 9cm.

BIOTOP: An den verschiedenen Stellen wird er in unterschiedlichen Biotopen angetroffen. Die nördlichen Populationen leben in sedimentreichen Regionen des Felsenbiotops. Er kommt vorwiegend in Höhlen oder kopfüber unter überhängenden Felsen vor. Normalerweise findet man ihn unterhalb 10m Tiefe. An der Insel Mpandi hält er sich etwa 3m tief in der Übergangszone auf. Auch bei Chemwezi Rocks, der Insel Boadzulu und dem Makakola Reef bewohnt er die Übergangszone. An allen Stellen ist er jedoch sehr auf Felsen angewiesen und wagt sich niemals weit vom Substrat weg.

ERNÄHRUNG: Im Nordteil seines Verbreitungsgebiets, wo große Felsen und Höhlen die Unterwasserszene der Felsküste beherrschen, sieht man *Ps.* sp. "elongatus greenback" sehr häufig kopfüber an der Unterseite großer Felsblöcke fressen. In den südlichen Populationen, an Stellen, wo es der einzige längliche Mbuna ist, frißt er in "normaler" Stellung vom Aufwuchs der Felsen. Sein Maul ist unterständig und hat einen kurzen Unterkiefer.

ABLAICHVERHALTEN: Brütende Männchen verteidigen ihr Revier vor allem gegen artgleiche Männchen. Sie fressen innerhalb ihrer Reviere, erlauben aber anderen Arten den Zutritt. Die Weibchen und unreifen Tiere leben einzelgängerisch. Jungtiere sieht man häufig in Gruppen kopfüber an der Decke überhängender Felsen.

Pseudotropheus sp. „elongatus greenback", Domwe

Pseudotropheus sp. „elongatus greenback", Tsano Rock

Pseudotropheus sp. „elongatus greenback", Mumbo

Pseudotropheus sp. „elongatus greenback", Boadzulu

Pseudotropheus sp. „elongatus greenback", Makokola reef

Pseudotropheus sp. „elongatus greenback", Mphandi Is.

Pseudotropheus sp. „elongatus greenback", Chemwezi Rock

ÄHNLICHE ARTEN: *Ps.* sp. "elongatus greenback" gleicht mehreren anderen Arten im *Ps. elongatus* Komplex, man kann ihn aber daran erkennen, daß die Rückenflosse ein schwarzes, submarginales Band hat und die Basis des weichstrahligen Teils der Flosse gelb gefärbt ist.

Pseudotropheus sp. "elongatus hai"

HANDELSNAMEN: Pseudotropheus Tropheops Chimate.
VERBREITUNG: Diese Art kommt am Hai Reef und bei Liutche an der Ostküste des Sees vor.
VARIANTEN UND MORPHEN: Keine bekannt.
MAXIMALE LÄNGE: Die Gesamtlänge wird maximal auf 10cm geschätzt.
BIOTOP: *Ps.* sp. "elongatus hai" lebt in der Übergangszone in 5 bis 10m Tiefe.
ERNÄHRUNG: Er grast am Aufwuchs der Felsen.
ABLAICHVERHALTEN: Die Männchen sind territorial, lenken jedoch den größten Teil ihrer Aggression auf artgleiche Männchen. Ihre Reviere sind um eine kleine Höhle im Felsenbiotop zentriert. Die Weibchen und unreifen Männchen leben allein.
ÄHNLICHE ARTEN: *Ps.* sp. "elongatus hai" gleicht *Ps.* sp. "elongatus chizumulu" und *Ps.* sp. "elongatus mbako" und kann daran erkannt werden, daß die senkrechten Bänder auch auf dem Schwanzstiel zu sehen sind (dies ist bei *Ps.* sp. "elongatus mbako" nicht so) und daß die Grundfarbe dunkelblau ist. Die Körperfarbe von *Ps.* sp. "elongatus chizumulu" ist hellblau.

Pseudotropheus sp. „elongatus hai", Hai Reef

Pseudotropheus sp. „elongatus hai", Liutche

Pseudotropheus sp. "elongatus kirondo"

HANDELSNAMEN: Diese Art wurde noch nicht exportiert.
VERBREITUNG: Einige Tiere wurden bei Kirondo an der Nordostküste gesehen.
VARIANTEN UND MORPHEN: Keine bekannt.
MAXIMALE LÄNGE: Die Gesamtlänge von *Ps.* sp. "elongatus kirondo" wird maximal auf 10cm geschätzt.
BIOTOP: Die wenigen beobachteten Tiere wurden im reinen Felsenbiotop gefunden, wo sie die dunklen Höhlen bevorzugten. Ihre Verbreitungstiefe liegt bei etwa 15m.
ERNÄHRUNG: Unbekannt. Ihr Verhalten deutet auf Planktonfressen im offenen Wasser hin, jedoch konnten keine Tiere für eine genauere Untersuchung gefangen werden.
ABLAICHVERHALTEN: Unbekannt. Die wenigen beobachteten Tiere waren nicht territorial, zumindest vertrieben sie keine anderen Fische von ihrem Freßplatz. Es wurden jedoch zu wenige Tiere gesehen, um eine genaue Vorstellung von ihrem Freßverhalten zu bekommen.
ÄHNLICHE ARTEN: *Ps.* sp. "elongatus kirondo" ist eine sehr dunkle Art und gleicht *Ps.* sp. "elongatus ndumbi" von Likoma. Sie läßt sich anhand des kürzeren und runderen Kopfes sowie dem gelblichen Fleck auf der Brust erkennen.

Pseudotropheus sp. „elongatus kirondo", Kirondo

Pseudotropheus sp. "elongatus masimbwe"

HANDELSNAMEN: Dieser Mbuna wurde nur selten exportiert, jedoch ist kein Handelsname bekannt. Er wurde von Ribbink et al. (1983) als Pseudotropheus 'yellow tail' aufgeführt.
VERBREITUNG: Er kommt an der Insel Likoma und bei Mara Point, Mosambik, vor. Die meisten Tiere wurden an dem Inselchen Masimbwe beobachtet.
VARIANTEN UND MORPHEN: Die wenigen Tiere, die an anderen Stellen als dem Inselchen Masimbwe gesehen wurden, schienen eine weniger stark leuchtende Farbe zu haben, aber eindeutige, geographische Variation ist nicht bekannt.
MAXIMALE LÄNGE: Er erreicht maximal eine Gesamtlänge von etwa 12cm.
BIOTOP: Am Inselchen Masimbwe versammeln sich viele Tiere im offenen Wasser in Schulen und fressen Plankton, obwohl sie sich recht dicht bei den Felsen aufhalten. An anderen Stellen (z. B. Mbamba, Insel Mbuzi und Mara Point) wurde diese Art in großen Höhlen gesehen. Meistens findet man sie im sedimentfreien Felsenbiotop, aber am Inselchen Masimbwe bis in 30m Tiefe (Ribbink et al., 1983).
ERNÄHRUNG: Territoriale Männchen fressen bei Masimbwe vom Aufwuchs der Felsen, wie die meisten Tiere an den anderen Stellen. Bei Masimbwe sieht man jedoch die meisten Tiere im offenen Wasser Plankton fressen.
ABLAICHVERHALTEN: Brütende Männchen verteidigen ein Revier, das um eine Höhle zwischen den Felsen zentriert ist. Innerhalb einer Region von etwa 2m werden alle anderen Männchen vertrieben. Weibchen werden angebalzt und zur Höhle zum Ablaichen geführt. In den Schulen auf Nahrungssuche wurden keine maulbrütenden Weibchen gesehen.
ÄHNLICHE ARTEN: *Ps.* sp. "elongatus masimbwe" ist an dem leuchtendgelben Schwanz und der blauen Grundfarbe zu erkennen. Er gleicht sehr einigen anderen Arten im *Ps. elongatus*-Komplex, mit denen er die Untergruppe der gelbschwänzigen Mbuna bildet. Zu dieser Gruppe gehören *Ps.* sp. "elongatus mpanga", *Ps.* sp. "elongatus mbenji", *Ps.* sp. "elongatus mbamba" und *Ps.* sp. "elongatus yellow tail". *Ps.* sp. "elongatus masimbwe" ist der größte in dieser Gruppe, kann aber kaum von den anderen Arten unterschieden werden. Er scheint etwas hochrückiger als die anderen zu sein, was wahrscheinlich aber auf die Tiere vom Inselchen Masimbwe und von Mara Point zutrifft, da die wenigen Tiere, die an anderen Stellen um Likoma gesehen wurden, klei-

ner waren und sich im Aussehen nicht von den anderen Arten in der "Yellow Tail" Gruppe unterschieden.

Pseudotropheus sp. „elongatus masimbwe", Masimbwe Is./Likoma

Pseudotropheus sp. „elongatus masimbwe", Mbamba Is./Likoma

Pseudotropheus sp. „elongatus masimbwe", Mara Point

Pseudotropheus sp. "elongatus mbako"

HANDELSNAMEN: Diese Art wurde nie für den Zierfischhandel exportiert.

VERBREITUNG: Dieser Mbuna ist an der Insel Likoma endemisch.

VARIANTEN UND MORPHEN: Keine bekannt.

MAXIMALE LÄNGE: *Ps.* sp. "elongatus mbako" wird maximal etwa 8,5cm lang.

BIOTOP: *Ps.* sp. "elongatus mbako" wird immer in unmittelbarer Nähe von Felsen beobachtet. Diese Felsen können im sedimentfreien Felsenbiotop liegen, aber auch im sedimentreichen Teil der Übergangszone. Wie *Ps.* sp. "elongatus chizumulu" kommt er überall nur in kleiner Zahl vor.

ERNÄHRUNG: Er frißt in einer Stellung fast parallel zur Felsfläche. Deshalb kann er auch in niedrigen Höhlen fressen. Seine Nahrung besteht aus Algen, die vom Aufwuchs der Felsen gesammelt werden. Ribbink et al. (1983) berichten, daß er auch Plankton frißt.

ABLAICHVERHALTEN: Territoriale Männchen sieht man nur selten, aber Männchen in Brutfärbung verjagen Artgenossen von ihrem Futterplatz. Fast alle Tiere suchen alleine nach Nahrung. Ein Ablaichvorgang wurde nicht beobachtet, ereignet sich aber wahrscheinlich in einer Höhle.

ÄHNLICHE ARTEN: Wie bereits früher erwähnt, sind *Ps.* sp. "elongatus mbako", *Ps.* sp. "elongatus hai" und *Ps.* sp. "elongatus chizumulu" nahe verwandt. Bei *Ps.* sp. "elongatus mbako" ist der Schwanzstiel blau und trägt keine senkrechten Bänder wie den beiden anderen Arten.

Pseudotropheus sp. „elongatus mbako", Likoma

Pseudotropheus sp. "elongatus mbamba"

HANDELSNAMEN: Pseudotropheus Elongatus Nkguyo.
VERBREITUNG: Er kommt entlang der Ostufer zwischen Mbamba Bay und Thumbi Point (Tansania) vor.
VARIANTEN UND MORPHEN: An einigen Stellen ist der gelbe Schwanz der Männchen nicht deutlich zu erkennen, wie bei den Männchen an der Insel Mbamba Bay, aber auch lokal besteht Variation in der Farbe des Schwanzes.
MAXIMALE LÄNGE: Die Gesamtlänge von *Ps.* sp. "elongatus mbamba" beträgt etwa 11cm.
BIOTOP: Er kommt im Felsenbiotop in 4 bis 25m Tiefe vor. Normalerweise findet man ihn in der Nähe großer Felsen, aber er wurde auch über kleinen Streifen Sand in der Übergangszone angetroffen.
ERNÄHRUNG: *Ps.* sp. "elongatus mbamba" frißt Algen und Kieselalgen aus dem Aufwuchs, aber er wurde auch beim Fressen in der Wassersäule gesehen, wo er offensichtlich Plankton sammelt.
ABLAICHVERHALTEN: Nicht alle Männchen in Brutfärbung sind territorial, einige bilden Gruppen und mischen sich unter die nahrungssuchenden Weibchenschulen. Ihre Revieraggression richtet sich vorwiegend gegen artgleiche Männchen. Maulbrütende Weibchen oder ein Ablaichvorgang wurden nicht beobachtet.
ÄHNLICHE ARTEN: *Ps.* sp. "elongatus mbamba" ist ein Mitglied einer Untergruppe der länglichen Mbuna im See, der sog. "Yellow Tail" Gruppe. Die Mitglieder dieser Gruppe sind *Ps.* sp. "elongatus mpanga", *Ps.* sp. "elongatus mbenji", *Ps.* sp. "elongatus taiwan", *Ps.* sp. "elongatus yellow tail", *Ps.* sp. "elongatus masimbwe" und *Ps.* sp. "elongatus mbamba". Sie sind sich alle sehr ähnlich und kaum auseinanderzuhalten. Vielleicht waren sie einmal eine einzige, weitverbreitete Art, die sich aber heute in die 5 oder 6 verbliebenen Populationen aufgespalten ist.

Pseudotropheus sp. „elongatus mbamba", Njambe

Pseudotropheus sp. „elongatus mbamba", Puulu, Weib.

Pseudotropheus sp. „elongatus mbamba", Puulu, Männ.

Pseudotropheus sp. „elongatus mbamba", Hongi

Pseudotropheus sp. "elongatus mbenji blue"

HANDELSNAMEN: Mbenji Yellow Tail Elongatus
VERBREITUNG: Er ist an der Insel Mbenji endemisch.
VARIANTEN UND MORPHEN: Keine bekannt.
MAXIMALE LÄNGE: Er erreicht eine Gesamtlänge von maximal etwa 10cm.

Pseudotropheus sp. „elongatus mbenji blue", Mbenji, Männchen

Pseudotropheus sp. „elongatus mbenji blue", Mbenji, Weibchen, Aquarium

BIOTOP: *Ps.* sp. "elongatus mbenji blue" kommt im Felsenbiotop zwischen Wasserspiegel bis etwa 20m Tiefe vor. Meistens ist er auf große Felsen angewiesen, aber manchmal sieht man ihn auch im offenen Wasser zwischen einigen Felsblöcken.
ERNÄHRUNG: Er frißt vom sedimentfreien Aufwuchs der Felsen und manchmal auch vom offenen Wasser. Seine Nahrung besteht aus Algen und Phytoplankton.
ABLAICHVERHALTEN: Die meisten brütenden Männchen sind territorial. Sie verteidigen eine Höhle zwischen den Felsen. Einige Männchen in Brutfärbung wurden beim Fressen im offenen Wasser beobachtet. Die meiste Aggression des Männchens richtet sich gegen artgleiche Männchen. Die Weibchen und Jungtiere leben bei der Nahrungssuche allein oder in kleinen Gruppen. Abgelaicht wird in der Höhle des Männchens.
ÄHNLICHE ARTEN: *Ps.* sp. "elongatus mbenji blue" gehört zu einer kleinen Gruppe im *Ps. elongatus* Komplex, die aus gelbschwänzigen, länglichen Arten besteht. *Ps.* sp. "elongatus mbenji blue" ist unter den anderen Arten dieser Gruppe an den breiten, schwarzen, senkrechten Bändern, die an der Bauchseite zusammenfließen und somit einen schwarzen Bauch bilden, zu erkennen. Bei vielen Männchen zeigt der obere und untere Teil der Schwanzflosse nur einen dünnen, schwarzen Streifen, während beim "Mpanga Elongatus" und beim "Masimbwe Elongatus" breitere Streifen festgestellt werden.

Pseudotropheus sp. "elongatus mbenji brown"

HANDELSNAMEN: Dieser längliche Mbuna wurde noch nicht exportiert. Eine geographische Variante, in der Nähe von Chia Lagoon, wurde früher *Ps.* sp. "elongatus chia" genannt. Ein längliches Aquariumtier von unbekanntem Ursprung wurde früher als *Ps.* sp. "elongatus likoma" aufgelistet, wird aber jetzt für *Ps.* sp. "elongatus mbenji brown" gehalten.

Pseudotropheus sp. „elongatus mbenji brown", Mbenji, Weibchen

Pseudotropheus sp. „elongatus mbenji brown", Mbenji, Männchen

VERBREITUNG: Er kommt um die Mbenji Inseln vor, wurde aber auch an einem seichten Riff südlich von Chia Lagoon gefunden.
VARIANTEN UND MORPHEN: Die Form bei Chia Lagoon hat eine etwas dunklere Körperfarbe als die bei Mbenji.

Pseudotropheus sp. „elongatus mbenji brown", Chia Lagoon

Pseudotropheus sp. „elongatus mbenji brown", Aquarium

MAXIMALE LÄNGE: Die Länge der Population bei Mbenji wurde mit maximal etwa 10cm angegeben (Ribbink et al., 1983). Die wenigen, in der Nähe von Chia Lagoon beobachteten Tiere, wurden auf eine Gesamtlänge von etwa 8cm geschätzt.
BIOTOP: *Ps.* sp. "elongatus mbenji brown" bevorzugt die tieferen Regionen der Insel Mbenji und wird hauptsächlich im Felsenbiotop angetroffen. In der Nähe von Chia Lagoon wurde er in der seichten Übergangszone gesehen, jedoch immer in Verbindung mit Felsen. Im Durchschnitt befanden sich die Tiere am Riff in etwa 3m Tiefe.
ERNÄHRUNG: Er wurde beim Fressen am Aufwuchs der Felsen beobachtet. Einige Tiere fressen auch Plankton, aber sie halten sich dabei dicht beim Substrat auf. Ribbink et al. (1983) berichten, daß er normalerweise an den senkrechten Flächen großer Felsen nach Nahrung sucht.
ABLAICHVERHALTEN: Territoriale Männchen verteidigen eine kleine Höhle zwischen einigen Felsen oder eine kleine Nische in einem großen Fels. Die Weibchen leben allein und werden angebalzt, sobald sie in die Nähe eines revierverteidigenden Männchens kommen.
ÄHNLICHE ARTEN: *Ps.* sp. "elongatus mbenji brown" trägt ein breites, submarginales Band auf der Rückenflosse. Er hat ebenfalls eine dunkle Grundfarbe mit einigen dünnen, blauen, querlaufenden Bändern auf Kopf und Nacken. Es gibt im *Ps. elongatus*-Komplex eine große Gruppe, deren Mitglieder eine sehr dunkle Rückenflosse haben, aber die meisten von ihnen haben eine blaue Grundfarbe. *Ps.* sp. "elongatus mbenji brown" unterscheidet sich von *Ps.* sp. "elongatus namalenje" durch breitere Bänder auf dem Körper und von *Ps.* sp. "elongatus nkhata brown" durch ein breiteres, schwarzes Band auf der Rückenflosse. *Ps.* sp. "elongatus mozambique brown" hat kleinere adulte Tiere und keine dünne, blaue Linie zwischen den Augen wie *Ps.* sp. "elongatus mbenji brown".

Pseudotropheus sp. "elongatus metangula"

HANDELSNAMEN: Dieser Mbuna wurde noch nicht exportiert.
VERBREITUNG: *Ps.* sp. "elongatus metangula" kommt entlang der Ostküste zwischen Metangula und dem Minos Reef vor.
VARIANTEN UND MORPHEN: Keine bekannt.
MAXIMALE LÄNGE: Die Gesamtlänge wird maximal auf 9cm geschätzt.
BIOTOP: *Ps.* sp. "elongatus metangula" bewohnt den seichten Felsenbiotop, und obwohl er immer in der Nähe von Felsen gefunden wird, sieht man ihn auch oft in der Übergangszone.
ERNÄHRUNG: *Ps.* sp. "elongatus metangula" gehört zu einer Gruppe im *Ps. elongatus* Komplex, deren Mitglieder durch einen stark abgerundeten Kopf und ein unterständiges Maul, ähnlich dem der *Ps. tropheops*-ähnlichen Arten, gekennzeichnet sind. Er frißt vom Aufwuchs der Felsen und sammelt Algen und Kieselalgen auf. Sein "Freßwinkel" ist kleiner, so daß *Ps.* sp. "elongatus metangula" in fast paralleler Stellung zum Substrat weidet.
ABLAICHVERHALTEN: Männchen in Brutfärbung sind territorial, jedoch richtet sich ihre (schwache) Aggression hauptsächlich gegen artgleiche Männchen. Abgelaicht wird in einer kleinen Höhle.
ÄHNLICHE ARTEN: *Ps.* sp. "elongatus metangula" gehört zu einer Gruppe länglicher Arten, die nicht sehr aggressiv bei ihrer Revierverteidigung sind und die in fast paralleler Stellung zum Substrat fressen. Andere Mitglieder dieser Gruppe sind *Ps.* sp. "elongatus chizumulu", *Ps.* sp. "elongatus hai" und *Ps.* sp. "elongatus mbako". *Ps.*

Pseudotropheus sp. „elongatus metangula", Metangula nordl.

Pseudotropheus sp. „elongatus metangula", N'kolongwe

Pseudotropheus sp. „elongatus metangula", Metangula, südl.

Pseudotropheus sp. „elongatus metangula", Minos Reef

sp. "elongatus metangula" läßt sich von diesen Arten anhand des schwarzen, submarginalen Bandes auf der Rückenflosse, das fast die halbe Breite der Flosse einnimmt, unterscheiden, da die Rückenflosse bei den anderen drei Arten fast völlig schwarz ist.

Pseudotropheus sp. "elongatus mozambique brown"

HANDELSNAMEN: Diese Art wurde noch nicht für den Aquaristikhandel exportiert.
VERBREITUNG: *Ps.* sp. "elongatus mozambique brown" wird bei Londo, Lumbaulo und bei Tumbi Point (Mosambik) gefunden.
VARIANTEN UND MORPHEN: Keine bekannt.
MAXIMALE LÄNGE: Die Gesamtlänge liegt bei maximal etwa 9cm, aber die meisten beobachteten Tiere waren viel kleiner und hatten durchschnittlich eine Länge von etwa 6cm.
BIOTOP: *Ps.* sp. "elongatus mozambique brown" lebt im sedimentreichen, aber seichten Felsenbiotop und wird oft auch in der Übergangszone angetroffen. Immer sieht man ihn in unmittelbarer Nähe von Felsen.
ERNÄHRUNG: Seine Nahrung besteht aus Algen und Partikeln, die vom sedimentreichen Aufwuchs der Felsen aufgepickt werden. Manchmal schnappt er auch nach vorbeidriftenden Teilchen, jedoch wurde er nicht beim Planktonfressen im offenen Wasser gesehen.
ABLAICHVERHALTEN: Die Männchen sind territorial und verteidigen einen großen Felsen oder einen Teil davon als ihr Revier. Der Laichplatz befindet sich tief in einer Höhle. Die maulbrütenden Weibchen verstecken sich in Höhlen und setzen dort auch ihre Jungen frei.
ÄHNLICHE ARTEN: *Ps.* sp. "elongatus mozambique brown" gleicht *Ps.* sp. "elongatus mbenji brown", ist aber im adulten Stadium kleiner und hat keine dünnen, blauen Linien zwischen den Augen, wie sie bei *Ps.* sp. "elongatus mbenji brown" vorkommen. Ferner hat er ein breites, submarginales Band auf der Rückenflosse und unterscheidet sich darin von *Ps.* sp. "elongatus nkhata brown", der ein schmaleres Band zeigt. *Ps.* sp. "elongatus mozambique brown" gleicht auch *Ps.* sp. "elongatus brown", unterscheidet sich aber von diesem durch die rostorange Farbe auf den Wangen und dem blauen Schimmer auf dem Schwanzstiel.

Pseudotropheus sp. „elongatus mozambique brown", Londo, Männchen

Pseudotropheus sp. „elongatus mpanga", Katale

Pseudotropheus sp. „elongatus mozambique brown", Lumbaulo, Weibchen

Pseudotropheus sp. „elongatus mpanga", Chirwa Is.

Pseudotropheus sp. „elongatus mozambique brown", Tumbi Pt..

Pseudotropheus sp. "elongatus mpanga"

HANDELSNAMEN: Chilumba Yellow Tail Elongatus.
VERBREITUNG: Er kommt an Felsinseln und Riffen in der Nähe von Chilumba, einschließlich der Insel Chirwa vor.
VARIANTEN UND MORPHEN: Es war bei den bekannten Populationen kein Unterschied in der Färbung festzustellen.
MAXIMALE LÄNGE: Er erreicht eine Gesamtlänge von etwa 8,5cm.
BIOTOP: *Ps.* sp. "elongatus mpanga" ist im sedimentfreien Felsenbiotop häufig zu sehen. Er wird in 5 bis 30m Tiefe angetroffen. Obwohl er sehr auf Felsen angewiesen ist, wurde er auch im offenen Wasser, etwa 1m über dem Substrat gesehen.
ERNÄHRUNG: Territoriale Tiere fressen vorwiegend vom Aufwuchs der Felsen, jedoch kann man mehrere Weibchen und unreife Männchen zusammen im offenen Wasser fressen sehen. Ihre Nahrung besteht aus Algen und Phytoplankton.
ABLAICHVERHALTEN: Brütende Männchen sind territorial. Sie verteidigen eine Höhle zwischen den Felsen. Die Weibchen leben normalerweise allein. Wenn sie jedoch Plankton fressen, gruppieren sich mehrere Tiere zu einer Schule zusammen. Die Weibchen werden zum Nest der Männchen geführt. Das Ablaichen findet in der Höhle statt.
ÄHNLICHE ARTEN: *Ps.* sp. "elongatus mpanga" ist ein gelbschwänziger Mbuna, der einigen der anderen gelbschwänzigen Arten im *Ps. elongatus* Komplex ähnelt.

Diese anderen Arten sind *Ps.* sp. "elongatus masimbwe", *Ps.* sp. "elongatus mbenji blue", *Ps.* sp. "elongatus mbamba" und *Ps.* sp. "elongatus yellow tail". *Ps.* sp. "elongatus masimbwe" ist der größte der Gruppe, unterscheidet sich jedoch, abgesehen von seinem etwas hochrückigeren Körper, nur wenig von *Ps.* sp. "elongatus mpanga".

Pseudotropheus sp. "elongatus namalenje"

HANDELSNAMEN: Dieser Mbuna wurde noch nicht exportiert.
VERBREITUNG: Er ist nur von der Insel Namalenje bekannt.

Pseudotropheus sp. „elongatus Namalenje",

VARIANTEN UND MORPHEN: Keine bekannt.
MAXIMALE LÄNGE: Er wird maximal etwa 12cm lang.
BIOTOP: *Ps.* sp. "elongatus namalenje" bewohnt den gesamten Felsenbiotop an der Insel Namalenje. Er kommt vom Wasserspiegel bis in etwa 7m Tiefe vor, der Stelle, an der die Felsen auf den Sand stoßen.
ERNÄHRUNG: Er frißt vom Aufwuchs der Felsen und manchmal auch Partikel aus dem offenen Wasser. Seine Nahrung enthält lockere Algen und Phytoplankton.
ABLAICHVERHALTEN: Territoriale Männchen verteidigen ihren Besitz vor jedem Eindringling. Die Weibchen und unreifen Männchen gruppieren sich manchmal bei der Nahrungssuche zu Schulen. Die Weibchen werden in die Höhle des Männchens geleitet, in deren Abgeschiedenheit das Ablaichen stattfindet.
ÄHNLICHE ARTEN: In seiner Färbung gleicht *Ps.* sp. "elongatus namalenje" *Ps. modestus* von den Maleri Inseln. Er wird jedoch viel größer und hat eine intensiver blau gefärbte Körperfarbe.

Pseudotropheus sp. "elongatus ndumbi"

HANDELSNAMEN: Dieser Mbuna wurde nie für die Aquaristik exportiert.
VERBREITUNG: Er ist an der Insel Likoma endemisch.
VARIANTEN UND MORPHEN: Keine bekannt.
MAXIMALE LÄNGE: *Ps.* sp. "elongatus ndumbi" ist eine der größten Arten im Elongatus-Komplex. Sie erreicht eine Gesamtlänge von etwa 13cm.
BIOTOP: Diese Art kommt im sedimentfreien Felsenbiotop vor. Sie wird in 5 bis 20m Tiefe gefunden.
ERNÄHRUNG: Sowohl Männchen als auch Weibchen besitzen Nahrungsreviere. Sie suchen im Aufwuchs der Felsen nach Futter. Dieses besteht hauptsächlich aus Algen.

Pseudotropheus sp. „elongatus ndumbi",

ABLAICHVERHALTEN: Beide Geschlechter sind bei der Verteidigung ihrer Reviere, die sich an den exponierten Seiten großer Felsblöcke befinden, sehr aggressiv. Die Weibchen verlassen ihre Reviere, um zu brüten. Abgelaicht wird in der Höhle des Männchens, die sich in der Nähe seines Nahrungsreviers befindet.
ÄHNLICHE ARTEN: *Ps.* sp. "elongatus ndumbi" gleicht *Ps.* sp. "elongatus aggressive" vom Südteil des Sees. Beide Arten werden sehr groß und beide verhalten sich bei der Revierverteidigung recht aggressiv. *Ps.* sp. "elongatus aggressive" hat eine blaue Körperfarbe. *Ps.* sp. "elongatus ndumbi" gleicht auch *Ps.* sp. "elongatus kirondo", kann aber an der sichtbaren Bänderung auf dem dunklen Körper und dem fehlenden gelblichen Punkt auf der Brust, der den "Elongatus Kirondo" charakterisiert, erkannt werden.

Pseudotropheus sp. "elongatus nkhata blue"

HANDELSNAMEN: Diese Art wurde vermutlich niemals exportiert.
VERBREITUNG: Dieser Mbuna kommt an der Nordwestküste zwischen Nkhata Bay und Cape Manulo vor.
VARIANTEN UND MORPHEN: Keine bekannt.
MAXIMALE LÄNGE: *Ps.* sp. "elongatus nkhata blue" erreicht eine Gesamtlänge von etwa 9cm.

Pseudotropheus sp. „elongatus nkhata blue", Kawanga

Pseudotropheus sp. „elongatus nkhata blue", Nkhata Bay

Pseudotropheus sp. „elongatus nkhata brown", Nkhata Bay

BIOTOP: Er bevorzugt den seichten Felsenbiotop in sedimentfreien Regionen, wird aber auch in sedimentreicher Umgebung angetroffen. Er ist häufig um kleine Felsen und in Höhlen zu sehen, wo er oft kopfüber an der Decke auf Nahrungssuche ist.
ERNÄHRUNG: *Ps.* sp. "elongatus nkhata blue" kämmt lockeres Algenmaterial aus dem Aufwuchs.
ABLAICHVERHALTEN: Territoriale Männchen sind das ganze Jahr über zu finden. Sie verteidigen eine kleine Höhle zwischen den Felsen oder besitzen einen Laichplatz an der Decke eines großen Felses. Die Weibchen werden zum Nest hingeführt. Die Weibchen leben allein und halten sich in der Nähe des Substrats auf.
ÄHNLICHE ARTEN: *Ps.* sp. "elongatus nkhata blue" ist durch sein Pigmentierungsmuster aus 8 regelmäßigen Bändern und sein endständiges Maul charakterisiert. Männchen in Brutfärbung erkennt man allein an diesen Merkmalen, da die meisten anderen Arten im *Ps. elongatus* Komplex mit einem endständigen Maul nur undeutliche Bänderung auf der hinteren Körperhälfte zeigen, aber nicht auf dem Schwanzstiel. Die Weibchen sind schwer zu identifizieren, aber sie zeigen die Bänder auch auf der vorderen Körperhälfte.

Pseudotropheus sp. "elongatus ornatus"

HANDELSNAMEN: Pseudotropheus Ornatus.
VERBREITUNG: Diese Art wird nur an Felsküsten im Nordteil der Insel Likoma gefunden.
VARIANTEN UND MORPHEN: Keine bekannt.
MAXIMALE LÄNGE: Bei Makulawe Point erreichen die Männchen eine Gesamtlänge von etwa 11cm. An anderen Stellen bleiben sie etwa um 2cm kleiner.
BIOTOP: *Ps.* sp. "elongatus ornatus" bewohnt die Felsenbiotope bis in eine Tiefe von etwa 40m. Die meisten Tiere findet man in Wasser von weniger als 10m Tiefe. Bei Ndumbi Rocks sieht man ihn manchmal über grobkörnigem Sand in der Übergangszone.
ERNÄHRUNG: Er frißt vom Aufwuchs und aus dem offe-

Pseudotropheus sp. „elongatus ornatus", Ndumbi/Likoma, Männchen

Pseudotropheus sp. „elongatus ornatus", Ndumbi/Likoma, Weibchen

nen Wasser. Oft sieht man große Schulen auf Nahrungssuche im Felsenbiotop. Sie bleiben immer dicht beim Substrat, auch wenn sie Plankton fressen. Ihre Nahrung besteht vorwiegend aus Algen.

ABLAICHVERHALTEN: Brütende Männchen vertreiben artgleiche Männchen von ihrer Freßstelle. Wahrscheinlich beschränkt sich ihre Revierverteidigung auf die Zeit des Ablaichens. An manchen Stellen kann man mehrere Männchen in Brutfärbung sehen, jedoch verteidigen sie kein Revier. Reife Weibchen werden zum Ablaichen in eine Höhle geführt. Solche Höhlen müssen dem Männchen bekannt sein und werden wahrscheinlich von Zeit zu Zeit verteidigt. Maulbrütende Weibchen sieht man zwischen anderen Tieren in den Schulen auf Nahrungssuche, und manche von ihnen zeigen sogar die männchenspezifische Färbung.

ÄHNLICHE ARTEN: Junge *Ps.* sp. "elongatus ornatus" und Weibchen sind leicht an dem blaßgelben Körper und einem auffälligen, schwarzen, submarginalen Band auf der Rückenflosse zu erkennen. Männchen in Brutfärbung lassen sich von anderen länglichen Arten bei Likoma anhand der blauen Grundfarbe und dem endständigen Maul unterscheiden.

Pseudotropheus sp. "elongatus ornatus tanzania"

HANDELSNAMEN: Pseudotropheus Elongatus Luhuchi, Ps. Elongatus Chuwa.

VERBREITUNG: Das Verbreitungsgebiet von *Ps.* sp. "elongatus ornatus tanzania" schließt Maunyuni Rocks, in der Nähe von Mbamba Bay, und die Küste südlich davon (Chuwa) ein.

VARIANTEN UND MORPHEN: Die Färbung der Weibchen einer Population kann zwischen leuchtendgelb bis beigegelb mit gelben Flossen variieren. Das Bänderungsmuster der Männchen variiert ebenfalls: man findet einen Übergang von völlig gebänderten Tieren bis zu solchen, die spitz zulaufende Bänder haben, die nicht ganz bis in die Rückenflosse reichen.

Pseudotropheus sp. „elongatus ornatus tanzania", Chuwa, Männchen

Pseudotropheus sp. „elongatus ornatus tanzania", Chuwa, Weibchen

MAXIMALE LÄNGE: Die Gesamtlänge ist maximal etwa 10cm bei den Männchen und 8cm bei den Weibchen.

BIOTOP: *Ps.* sp. "elongatus ornatus tanzania" wurde in der Übergangszone, wo Felsen mit einer Sedimentschicht bedeckt sind, gefunden. Er hält sich sehr nahe bei den Felsen auf.

ERNÄHRUNG: Die Nahrung besteht aus lockeren Algen und Partikeln, die vom Aufwuchs der Felsen aufgepickt werden, manchmal jedoch auch aus der Wassersäule.

ABLAICHVERHALTEN: Brütende Männchen sind territorial und verteidigen ihren Laichplatz, eine kleine Höhle im Felsenbiotop, vorwiegend gegenüber artgleichen Männchen. Die Weibchen schwimmen einzeln im Biotop umher und besuchen, wenn sie ablaichbereit sind, die territorialen Männchen.

ÄHNLICHE ARTEN: *Ps.* sp. "elongatus ornatus tanzania" hat ein unter den länglichen Mbuna recht seltenes Farbmuster, da die Bänder auf dem Körper normalerweise am dorsalen Ende spitz zulaufen. Die Weibchen sind gelb und gleichen den *Ps.* sp. "elongatus ornatus" Weibchen, jedoch fehlt ihnen das schwarze, submarginale Band in der Rückenflosse, das die letztgenannte Art charakterisiert.

Pseudotropheus sp. "elongatus reef"

HANDELSNAMEN: Diese Art wurde ab und zu exportiert. Sie wurde früher als *Ps.* sp. "elongatus mozambique" (Konings, 1989) erwähnt.
VERBREITUNG: Diese Art ist an den Riffen zwischen der Insel Chinyankwazi und dem Makanjila Point häufig zu sehen. Auch wurde sie bei Ntekete und Gome gefunden.
VARIANTEN UND MORPHEN: Innerhalb der Populationen gibt es einige Variation bezüglich der senkrechten Bänderung.

Pseudotropheus sp. „elongatus reef", Eccles Reef

Pseudotropheus sp. „elongatus reef", Gome

MAXIMALE LÄNGE: Diese Art erreicht eine Gesamtlänge von maximal etwa 9cm.
BIOTOP: *Ps.* sp. "elongatus reef" bewohnt den Felsenbiotop der Riffe bis in etwa 20m Tiefe. Bei Ntekete wurde er auch in der Übergangszone gefunden, aber häufig dicht bei Felsen.
ERNÄHRUNG: Er frißt vom Aufwuchs der Felsen, aber auch aus der Wassersäule. Wenn er Plankton frißt, bleibt er ganz in der Nähe der Felsen. *Ps.* sp. "elongatus reef" hat ein unterständiges Maul und frißt in fast paralleler Haltung zum Substrat.
ABLAICHVERHALTEN: Obwohl selten Revierverteidigung beobachtet wird, zeigen die Männchen normalerweise Aggression gegenüber artgleichen Männchen, wenn sie einander begegnen. Männchen und Weibchen leben einzeln und schwimmen im Biotop umher. Reife Weibchen werden zum Ablaichen in eine Höhle geführt.
ÄHNLICHE ARTEN: *Ps.* sp. "elongatus reef" ist mit *Ps.* sp. "elongatus metangula" nahe verwandt und kann an der Form des schwarzen Bandes auf der Rückenflosse erkannt werden: bei *Ps.* sp. "elongatus reef" ist es breit und bedeckt mehr als die Hälfte der Flosse, während es bei *Ps.* sp. "elongatus metangula" schmaler ist und weniger als die Hälfte der Flosse bedeckt. *Ps.* sp. "elongatus reef" gleicht auch *Ps.* sp. "elongatus mbako" und *Ps.* sp. "elongatus chizumulu", unterscheidet sich aber durch den schmaleren Körper.

Pseudotropheus sp. "elongatus ruarwe"

HANDELSNAMEN: Pseudotropheus Elongatus Spot, Ps. Elongatus Blotch, Ps. Elongatus Thin Line.

Pseudotropheus sp. „elongatus ruarwe", Charo

Pseudotropheus sp. „elongatus ruarwe", Kakusa

Pseudotropheus sp. „elongatus ruarwe", Liuli, Männchen

Pseudotropheus sp. „elongatus ruarwe", Hai Reef

Pseudotropheus sp. „elongatus ruarwe", Liuli, Weibchen

Pseudotropheus sp. „elongatus ruarwe", Wikihi

Pseudotropheus sp. „elongatus ruarwe", Hongi

Pseudotropheus sp. „elongatus ruarwe", Londo

Pseudotropheus sp. „elongatus ruarwe", Lundo Is.

Pseudotropheus sp. „elongatus ruarwe", Cóbué

VERBREITUNG: Er kommt an der Nordwestküste zwischen Charo und Ruarwe und entlang der Ostküste zwischen Liuli und Cóbuè vor.
VARIANTEN UND MORPHEN: Brütende Männchen zeigen bei Ruarwe Bänder auf dem blauen Körper, in allen anderen Populationen haben die Männchen einen schwarzen Körper mit einer Reihe blauer Punkte oder Streifen auf der oberen Hälfte des Körpers.
MAXIMALE LÄNGE: *Ps.* sp. "elongatus ruarwe" ist eine der kleinsten Arten im *Ps. elongatus* Komplex. Sie erreicht eine Gesamtlänge von etwa 8cm.
BIOTOP: Diese Art bewohnt den Felsenbiotop in etwa 10m Tiefe und ist an manchen Stellen auch in der Übergangszone zu finden, sogar wenn die Felsen an solchen Stellen mit einer dicken Sedimentschicht bedeckt sind.
ERNÄHRUNG: *Ps.* sp. "elongatus ruarwe" frißt vom Aufwuchs der Felsen. Er zupft an den Algen, die am Substrat befestigt sind. Er sammelt auch Kieselalgen auf, die an den Algensträngen befestigt sind. Algengärten wurden jedoch keine gesehen.
ABLAICHVERHALTEN: Brütende Männchen verteidigen ihre Nester zwischen den Felsen. Nicht nur die Ablaichhöhle wird vor jedem Eindringling verteidigt, sondern auch die Umgebung. Die Weibchen und unreifen Männchen sind nicht territorial und bilden bei der Nahrungssuche kleine Gruppen.
ÄHNLICHE ARTEN: Die Ruarwe Form von *Ps.* sp. "elongatus ruarwe" gleicht *Ps.* sp. "elongatus taiwan" in der Färbung, kann aber durch die schwarze Bauchregion unterschieden werden. Das Farbmuster der meisten *Ps.* sp. "elongatus ruarwe" Populationen ist unter den Malawicichliden einzigartig und kann kaum mit anderen Arten verwechselt werden.

Pseudotropheus sp. "elongatus slab"

HANDELSNAMEN: Blue Elongatus Nakantenga.
VERBREITUNG: Er kommt bei Thumbi West, Mumbo, Nakantenga und den Maleri Inseln vor.

Pseudotropheus sp. „elongatus slab", Maleri

VARIANTEN UND MORPHEN: Balzende Männchen sind bei der Insel Maleri fast ganz schwarz. Bei Nakantenga ist die blaue Grundfärbung der Vorderseite des brütenden Männchens fast ganz von den schwarzen, senkrechten Bändern verdeckt.
MAXIMALE LÄNGE: Er kann eine Gesamtlänge von etwa 10cm erreichen.
BIOTOP: *Ps.* sp. "elongatus slab" hält sich bevorzugt über Oberflächen großer Felsblöcke auf. Seine Tiefenverbreitung reicht bis in etwa 30m.
ERNÄHRUNG: Er frißt vom Aufwuchs der Felsen, kann aber keine festgewachsenen Algenstränge vom Substrat entfernen. Deshalb entstehen in den Revieren der Männchen Algengärten. Ribbink et al. (1983) berichten, daß er auch Plankton frißt. Manchmal sieht man recht große Gruppen auf Nahrungssuche durch den Biotop schwimmen.
ABLAICHVERHALTEN: Brütende Männchen sind recht aggressiv bei der Verteidigung ihres Reviers. Ihr Revier ist normalerweise um eine kleine Spalte oder eine Vertiefung in der Fläche eines großen Felses zentriert, und hat meistens einen geringeren Durchmesser als 50cm. Alle Eindringlinge werden aus dem Revier vertrieben. Abgelaicht wird in der Höhle des Männchens.

Pseudotropheus sp. „elongatus slab", Nakantenga

Pseudotropheus sp. „elongatus slab", Mumbo

Pseudotropheus sp. „elongatus slab", Thumbi West

Pseudotropheus sp. „elongatus taiwan", Männchen

Pseudotropheus sp. „elongatus taiwan", Weibchen

ÄHNLICHE ARTEN: *Ps.* sp. "elongatus slab" ist durch einen flachen Körper, ein endständiges Maul und einen blauen Schwanzstiel gekennzeichnet. Die dunkle Rasse an der Insel Maleri gleicht *Ps. ater* von den Inseln Chinyankwazi und Chinyamwezi. Die letztgenannte Art trägt ein blaues Interorbitalband zwischen den Augen, das bei *Ps.* sp. "elongatus slab" nicht vorkommt.

Pseudotropheus sp. "elongatus taiwan"

HANDELSNAMEN: Diese Art wurde noch nicht exportiert.
VERBREITUNG: Sie ist nur vom Taiwan Reef, nördlich der Insel Chizumulu bekannt.
VARIANTEN UND MORPHEN: Keine bekannt.
MAXIMALE LÄNGE: Die Gesamtlänge ist etwa 11cm.
BIOTOP: *Ps.* sp. "elongatus taiwan" lebt im Felsenbiotop in 10 bis 30m Tiefe.
ERNÄHRUNG: Er frißt vom Aufwuchs der Felsen, wurde aber auch beim Planktonfressen im offenen Wasser beobachtet.
ABLAICHVERHALTEN: Die Männchen sind territorial und verteidigen eine Höhle im Felsenbiotop, aber bisweilen sieht man auch Männchen in Brutfärbung im offenen Wasser, einige Meter vom Felssubstrat entfernt, fressen. Meistens sieht man einzelne Tiere. Ein Ablaichvorgang oder maulbrütende Weibchen wurden nicht gesehen.
ÄHNLICHE ARTEN: *Ps.* sp. "elongatus taiwan" gleicht verschiedenen anderen Arten. Die Männchen haben etwas gelbe Färbung auf der Schwanzflosse, was für Mitglieder der "Yellow Tail" Gruppe charakteristisch ist, zu der er ebenfalls gehören könnte. Die gelbe Farbe auf dem Schwanz unterscheidet ihn auch von den anderen Arten im *Ps. elongatus* Komplex, die auf dem Körper blauschwarz gebändert sind, einen blauen Schwanzstiel und ein endständiges Maul haben.

Pseudotropheus sp. "elongatus usisya"

HANDELSNAMEN: Usisya Elongatus.
VERBREITUNG: Er kommt bei Mara Rocks und an einem Riff südlich von Usisya (Mphandi Reef) vor.
VARIANTEN UND MORPHEN: Keine bekannt.
MAXIMALE LÄNGE: *Ps.* sp. "elongatus usisya" erreicht eine Gesamtlänge von etwa 11cm.
BIOTOP: Er bewohnt die Übergangszone in 5 bis 20m Tiefe. Obwohl er streng an Felsen gebunden ist, kann er manchmal im offenen Wasser und über Sandflecken zwischen den Felsen gesehen werden. Die Männchen findet man meistens in Höhlen mit einem Sandboden.
ERNÄHRUNG: *Ps.* sp. "elongatus usisya" frißt vom Aufwuchs der Felsen. Seine Nahrung besteht vorwiegend aus Algen. Sie werden durch zupfen am Aufwuchs geerntet. Auch Plankton wird manchmal gefressen.
ABLAICHVERHALTEN: Brütende Männchen sind territorial und verteidigen ihr Revier gegenüber jedem Eindringling. Viele Reviere liegen auf dem Seeboden, wo

Pseudotropheus sp. „elongatus usisya", Usisya

Pseudotropheus sp. „elongatus yellow tail", Zimbabwe Rock

Pseudotropheus sp. „elongatus usisya", Mara Rocks

die Männchen Tunnelnester unter einen Felsen graben. Reviere im reinen Felsenbiotop wurden ebenfalls gefunden. Reife Weibchen werden zum Nest geführt. Abgelaicht wird in der Höhle des Männchens.
ÄHNLICHE ARTEN: *Ps.* sp. "elongatus usisya" ist eine charakteristisch gefärbte Art mit einer ganz gelben Farbe und leichter Bänderung. Die Männchen tragen einen deutlichen bläulichen Schimmer auf dem Kopf. Die Weibchen sind bräunlich und zeigen die senkrechte Bänderung etwas deutlicher. Er ist nicht leicht mit anderen Arten zu verwechseln.

Pseudotropheus sp. "elongatus yellow tail"

HANDELSNAMEN: Diese Art wurde niemals exportiert.
VERBREITUNG: Sie wird nur an Zimbawe Rock im Südteil des Sees gefunden.
VARIANTEN UND MORPHEN: Keine bekannt. Sie wurde früher als geographische Variante einer weitverbreiteten Art, die jetzt *Ps.* sp. "elongatus greenback" heißt, angesehen, jedoch waren ihr Farbmuster und ihr Verhalten Anlaß dafür, die Form an Zimbawe Rock als eigenständige Art zu behandeln.
MAXIMALE LÄNGE: Die Gesamtlänge ist maximal etwa 11cm für die Männchen und 9cm für die Weibchen.
BIOTOP: *Ps.* sp. "elongatus yellow tail" lebt im reinen Felsenbiotop, der frei von Sediment ist und hauptsächlich aus großen Felsblöcken besteht. Männchen in Brutfärbung und die nichtbrütende Männchen und Weibchen kann man im offenen Wasser beim Planktonfressen beobachten. Obwohl diese Art in großen Höhlen gefunden wird, ist sie nicht unbedingt auf die Decke solcher Höhlen beschränkt wie *Ps.* sp. "elongatus greenback", den man meistens kopfüber schwimmen sieht.
ERNÄHRUNG: *Ps.* sp. "elongatus yellow tail" frißt Plankton und zupft an Algensträngen im Aufwuchs der Felsen.
ABLAICHVERHALTEN: Brütende Männchen sind territorial und verteidigen im Felsenbiotop eine Höhle als ihren Laichplatz. Die Weibchen werden außerhalb der Höhle angebalzt und zum Ablaichen hineingeführt.
ÄHNLICHE ARTEN: *Ps.* sp. "elongatus yellow tail" gehört zu einer Gruppe gelbschwänziger Formen im *Ps. elongatus* Komplex, die kaum auseinanderzuhalten sind und die alle einer einzigen Art angehören könnten. Zur Zeit ist es unmöglich, besondere Merkmale für jede dieser Formen zu definieren.

Pseudotropheus estherae

KONINGS, 1995
HANDELSNAMEN: Roter Zebra, Zebra Metangula.
VERBREITUNG: Das Verbreitungsgebiet dieses Mbuna ist recht groß, aber nicht kontinuierlich und erstreckt sich entlang der Ostküste des Sees. Er kommt am Chilucha Reef, in der Nähe von Metangula und entlang der Festlandküste von Metangula bis Meluluca, bei Minos und am Nkhungu Reef, sowie bei Gome in Malawi vor. Zwischen Gome und dem Nkhungu Reef wurde er nicht gefunden.

Pseudotropheus estherae, Metangula south, Männchen

Pseudotropheus estherae, Chilucha Reef, Weibchen

Pseudotropheus estherae, Metangula south, Weibchen

Pseudotropheus estherae, Chilucha reef, O-Weibchen

Pseudotropheus estherae, Metangula south, O-Weibchen

Pseudotropheus estherae, N'kolongwe, Männchen

Pseudotropheus estherae, Chilucha Reef, Männchen

Pseudotropheus estherae, N'kolongwe, OB-Weibchen

Pseudotropheus estherae, Minos Reef, Männchen

Pseudotropheus estherae, Nkhungu Reef, Männchen

Pseudotropheus estherae, Minos Reef, Weibchen O-Morphe

Pseudotropheus estherae, Nkhungu Reef, Weibchen O-Morphe

Pseudotropheus estherae, Minos Reef, Weibchen, OB-Morphe

Pseudotropheus estherae, Masinje, Männchen

Pseudotropheus estherae, Minos Reef, O-Morphe, Männ.

Pseudotropheus estherae, Masinje, Weibchen

VARIANTEN UND MORPHEN: Geographische Variation beschränkt sich auf die Zeichnung in der Rückenflosse der Männchen und die Intensität der orangeroten Färbung der Weibchen von der O-Morphe, die am intensivsten in der Population am Minos Reef ist. Die Männchen am Minos und Nkhungu Reef tragen gelbe Punkte (Eiflecken) auf dem weichstrahligen Teil der Rückenflosse. Solche Flecken fehlen den Männchen der anderen bekannten Populationen. *Ps. estherae* zeigt auch an allen bekannten Vorkommensorten Polychromatismus. Völlig orange Weibchen findet man neben orangegefleckten und normal (beige bis braun) gefärbten Tieren. Männchen mit einer ganz hellrosa Farbe wurden am Minos Reef gefunden und stellen die O-Morphe (den sog. Marmalade Cat) der Männchen dar.
MAXIMALE LÄNGE: *Ps. estherae* erreicht maximal eine Gesamtlänge von etwa 11cm.
BIOTOP: Er lebt an den meisten Stellen im reinen Felsenbiotop, aber am Minos Reef und Nkhungu Reef kommt er auch in der Übergangszone vor. Durchschnittlich findet man ihn in etwa 5m Tiefe; unterhalb von 15m Tiefe ist *Ps. estherae* nur selten zu sehen.
ERNÄHRUNG: Wie alle Mitglieder im *Ps. zebra* Komplex frißt er vom Aufwuchs der Felsen. Große Schulen sieht man häufig im freien Wasser beim Planktonfressen.
ABLAICHVERHALTEN: Die Männchen verteidigen Laichplätze, die in einer Höhle des Felsenabschnittes ihres Biotops liegen. Die Weibchen werden angebalzt und zum Ablaichen in solche Höhlen geführt. Die maulbrütenden Weibchen befinden sich zwischen den Tieren auf Nahrungssuche und scheinen sich nicht zwischen den Felsen zu verstecken. Die Jungen werden zwischen kleinen Steinen freigesetzt.
ÄHNLICHE ARTEN: Die rosa-orangen Männchen (Marmalade Cats) sind unter den Mbuna einzigartig, aber die blauen Männchen gleichen den *Ps. callainos* Männchen. Gestörte *Ps. estherae* Männchen neigen dazu, eine bräunliche Farbe anzunehmen, was bei den *Ps. callainos* Männchen nicht der Fall ist, die bei jeder Stimmung eine hellblaue bis kobaltblaue Farbe zeigen. Ferner kann man *Ps. estherae* auch von *Ps. callainos* und von dem sympatrisch lebenden *Ps.* sp. "blue reef" durch das viel größere Maul unterscheiden.

Pseudotropheus sp. "estherae blueface"

HANDELSNAMEN: Dieser Mbuna wurde noch nicht in die Aquaristik eingeführt.
VERBREITUNG: Er wird an beiden Seiten des Flusses Lumessi an der Ostküste des Sees gefunden.
VARIANTEN UND MORPHEN: *Ps.* sp. "estherae blueface" ist polymorph; die Weibchen mit einer orangegefleckten (OB) und einer orangen (O) Farbe leben zusammen mit normal beigebraun gefärbten Weibchen. Sogenannte Marmalade Cats wurden noch keine gefunden.
MAXIMALE LÄNGE: Die Länge wird ungefähr auf 11cm geschätzt.
BIOTOP: *Ps.* sp. "estherae blueface" lebt im Felsenbiotop in 3 bis 10m Tiefe. Er kommt auch in der Übergangszone vor, bleibt aber immer in der Nähe von Felsen.
ERNÄHRUNG: Die Nahrung besteht aus Algen und Kieselalgen, die vom Felssubstrat abgekämmt werden. Eini-

Pseudotropheus sp. „estherae blueface", Lumessi north, Männ.

Pseudotropheus sp. „estherae blueface", Lumessi south, Männ.

Pseudotropheus sp. „estherae blueface", Lumessi south OB-Weibchen

Pseudotropheus sp. „estherae blueface", Lumessi south, O-Weibchen

Pseudotropheus fainzilberi, Ikombe

ge Tiere wurden auch beim Planktonfressen im offenen Wasser beobachtet.
ABLAICHVERHALTEN: Die Männchen sind territorial und verteidigen kleine Höhlen im Felsenbiotop. Orange gefärbte Weibchen scheinen genausooft angebalzt zu werden wie die braungefärbten.
ÄHNLICHE ARTEN: *Ps.* sp. "estherae blueface" Männchen haben ein charakteristische Farbmuster, das unter den Mbuna einzigartig ist. Orange gefärbte Weibchen sind jedoch nicht von denen des *Ps. estherae* zu unterscheiden.

Pseudotropheus fainzilberi

STAECK, 1976
HANDELSNAMEN: Pseudotropheus Zebra Goldbreast, Ps. Zebra Mara, Ps. Zebra Gold Breast Mbamba, Ps. Zebra Gold Breast Orange Top, Ps. Zebra South, Ps. Fainzilberi.
VERBREITUNG: *Ps. fainzilberi* ist sehr weit verbreitet und kommt an beiden Seiten des Sees vor. An der Nordostküste wird er zwischen Ikombe und Lumbaulo und an der Nordwestküste zwischen Selewa und Kakusa gefunden.
VARIANTEN UND MORPHEN: *Ps. fainzilberi* ist eine der am schwierigsten zu definierenden Arten im See. Er zeigt sowohl geographische Variation als auch Polymorphismus. Es ist kaum möglich (und deshalb ist alles sehr willkürlich) *Ps. fainzilberi* von *Ps.* sp. "zebra chilumba" zu unterscheiden. An der Ostküste variiert die Rückenflosse der Männchen von hellblau bis völlig orange mit allen Schattierungen dazwischen. Ferner variiert auch das submarginale Band auf der Rückenflosse, das entweder vorhanden ist oder fehlt. An der Westküste habe ich nur diejenigen großen Zebra, die einen gelblichen Fleck an der Basis der Brustflossen und einen gelben Fleck auf Kehle und Brust haben, zu *Ps. fainzilberi* gerechnet, habe aber festgestellt, daß die anderen großen Zebra, die zur Zeit unter *Ps.* sp. "zebra chilumba" aufgeführt werden, sehr nahe verwandt sind.
MAXIMALE LÄNGE: Die Länge beträgt etwa 13cm.
BIOTOP: Er lebt im Felsenbiotop in weniger als 5m tiefem Wasser. Obwohl *Ps. fainzilberi* normalerweise in reinem Felsenbiotop gefunden wird, kann er auch in der seichten Übergangszone gesehen werden. An den meisten Stellen ist *Ps. fainzilberi* recht häufig zu finden, jedoch gruppieren sich die Weibchen und unreifen Männchen nur selten zu Schulen.
ERNÄHRUNG: *Ps. fainzilberi* frißt im rechten Winkel zum Substrat. Er kämmt und bürstet lockere Algen vom Aufwuchs ab und frißt bisweilen auch Plankton.
ABLAICHVERHALTEN: Brütende Männchen sind territorial und richten ihre meiste Aggression gegen artgleiche Männchen. Ihre Reviere liegen etwa 2-3m auseinander. Maulbrütende Weibchen schwimmen im Biotop umher, bilden aber keine Gruppen.
ÄHNLICHE ARTEN: *Ps. fainzilberi* erkennt man an den dicken Lippen mit vielen Reihen zweispitziger Zähne. Die Zähne sind größer und zahlreicher als bei *Ps. zebra* und häufig noch sichtbar, wenn das Maul geschlossen ist. Er unterscheidet sich von *Ps.* sp. "zebra chilumba" durch einen gelben Fleck an der Basis der Brustflossen und dadurch, daß die meisten Varianten eine gelbe Brust haben. Er läßt sich von einer Variante des *Ps. zebra* (zumindest ist sie zur Zeit so klassifiziert) bei Nkhungu Reef kaum unterscheiden.

Pseudotropheus flavus

STAUFFER, 1988
HANDELSNAMEN: Pseudotropheus Dinghani.
VERBREITUNG: Er kommt an der Insel Chinyankwazi und an einem Riff zwischen der Halbinsel Nankhumba und der Insel Chinyamwezi vor.
VARIANTEN UND MORPHEN: Keine bekannt.
MAXIMALE LÄNGE: *Ps. flavus* erreicht eine Gesamtlänge von etwa 8,5cm.
BIOTOP: Er kommt im sedimentfreien Felsenbiotop vor.

Pseudotropheus fainzilberi, Kirondo

Pseudotropheus fainzilberi, Lutara, Männchen

Pseudotropheus fainzilberi, Lupingu, Männchen

Pseudotropheus fainzilberi, Lutara OB, Weibchen

Pseudotropheus fainzilberi, Lupingu, Weibchen OB

Pseudotropheus fainzilberi, Manda

Pseudotropheus fainzilberi, Magunga Reef

Pseudotropheus fainzilberi, Pombo

Pseudotropheus fainzilberi, Lundu, Männchen

Pseudotropheus fainzilberi, Njambe O-Morphe, Männ.

Pseudotropheus fainzilberi, Lundu, Weibchen

Pseudotropheus fainzilberi, Njambe, Weibchen OB

Pseudotropheus fainzilberi, Thumbi Pt., marmalade cat

Pseudotropheus fainzilberi, Puulu

Pseudotropheus fainzilberi, Njambe, Männchen

Pseudotropheus fainzilberi, Chiwindi

Pseudotropheus fainzilberi, Hongi, Männchen

Pseudotropheus fainzilberi, Lundo OB-Männchen

Pseudotropheus fainzilberi, Hongi, Weibchen

Pseudotropheus fainzilberi, Higga, Männchen

Pseudotropheus fainzilberi, Lipingo

Pseudotropheus fainzilberi, Higga, Weibchen

Pseudotropheus fainzilberi, Lundo Is.

Pseudotropheus fainzilberi, Mbamba Bay Is.

Pseudotropheus fainzilberi, Londo

Pseudotropheus fainzilberi, Lumbaulo

Pseudotropheus fainzilberi, Chitimba Bay

Pseudotropheus fainzilberi, Selewa

Pseudotropheus fainzilberi, Charo, Männchen

Pseudotropheus fainzilberi, Charo OB-Weibchen

Pseudotropheus fainzilberi, Kakusa

Pseudotropheus fainzilberi, Kakusa OB-Weibchen

Pseudotropheus fainzilberi, Pomonda (Liuli)

Pseudotropheus flavus, Chinyankwazi, Männchen

Pseudotropheus flavus, Chinyankwazi, Weibchen

Die meisten Tiere werden in 7 bis 20m Tiefe an der Insel gefunden, jedoch in 35m Tiefe am Riff. Manchmal sieht man ihn im offenen Wasser, weit weg von den Felsen. Große Schulen schwimmen ab und zu durch den Biotop.
ERNÄHRUNG: *Ps. flavus* frißt in erster Linie Plankton im offenen Wasser. Territoriale Männchen suchen ihr Futter im Aufwuchs der Felsen innerhalb ihrer Reviere. Große Schulen auf Nahrungssuche stehen, wenn sie Plankton fressen, etwa einen Meter über dem Substrat.
ABLAICHVERHALTEN: Brütende Männchen sind territorial und verteidigen eine Höhle zwischen den Felsen gegenüber jedem Eindringling. Die Reviere liegen an Stellen, wo die Population dicht ist, etwa 1m auseinander. Die Weibchen und unreifen Männchen sammeln sich in Gruppen oder großen Schulen, um Nahrung zu suchen. Maulbrütende Weibchen wurden in solchen Schulen nicht gesehen.
ÄHNLICHE ARTEN: *Ps. flavus* ist durch einen länglichen Körper, eine gelbe Farbe und braune Bänder gekennzeichnet. Die Männchen unterscheiden sich von *Ps.* sp. "elongatus chailosi" durch das Fehlen der blauen Farbe auf dem Kopf. Die Bänderung der letztgenannten Art ist eher schwarz als braun. Die Weibchen kann man nur an dem flachen Körper erkennen. *Ps.* sp. "elongatus chailosi" ist hochrückiger als *Ps. flavus.*

Pseudotropheus fuscus

TREWAVAS, 1935
SYNONYME: Pseudotropheus fuscoides.
HANDELSNAMEN: Diese Art wurde noch nicht exportiert.
VERBREITUNG: *Ps. fuscus* kommt an der Nordwestküste zwischen der Insel Kande und Chilumba vor.
VARIANTEN UND MORPHEN: *Ps. fuscoides* wird als Morphe von *Ps. fuscus* angesehen. Laut Fryer (1956) besteht der einzige Unterschied dieser beiden Formen in ihrer Nahrung und unterschiedlichen Zähnen. *Ps. fuscus* hat zweispitzige Zähne mit zwei gleichgroßen Kronen. Er frißt nur Algen. *Ps. fuscoides* hat ungleiche, zweispitzige Zähne, bei denen eine Spitze größer als die andere ist. Er frißt hauptsächlich Wirbellose. Ribbink et al. (1983) erwähnen, daß die Form, die als *Ps. fuscoides* beschrieben wurde, auch das Jugendstadium von *Ps. fuscus* sein könnte. Fryer (1956) merkt an, daß *Melanochromis perspicax* dem *Ps. fuscus* sehr nahe steht und auch eine Variante von *Ps. fuscus* sein könnte, der im Nordteil des

Pseudotropheus fuscus, Chirwa Is.

Pseudotropheus fuscus, Nkhata Bay

Pseudotropheus fuscus, Kande

Sees gefunden wird und als *M. perspicax* beschrieben wurde. Ribbink et al. (1983) halten jedoch eine andere Art, die mit *Ps. fuscus* sympatrisch vorkommt, für artgleich mit *M. perspicax* (den sie zu *Pseudotropheus* zuordnen). Vorläufig möchte ich hier diesen letzten Standpunkt annehmen, auch weil der *Holotypus* von *M. perspicax* im Britischen Museum für eine eingehende Untersuchungen nicht aufzufinden war.

MAXIMALE LÄNGE: *Ps. fuscus* erreicht eine Gesamtlänge von etwa 11cm.

BIOTOP: Er lebt im oberen Teil des sedimentfreien Felsenbiotops. Dort hält er sich dicht bei den Felsen auf. Die meisten Tiere sieht man, wenn sie von einer Felsspalte zur nächsten schwimmen. Selten kann man ihn tiefer als 5m sehen.

ERNÄHRUNG: *Ps. fuscus* zupft am Aufwuchs, entfernt jedoch keine festgewachsenen Algenstränge. Er scheint auf Fressen aus schmalen Spalten zwischen zwei benachbarten Felsen spezialisiert zu sein, weil er ein seitlich komprimiertes Maul hat und in der Lage ist, tiefer in solche Spalten einzudringen als andere Mbuna seiner Größe.

ABLAICHVERHALTEN: Sowohl die Männchen als auch die Weibchen scheinen ein Revier einzunehmen. An Stellen, an denen diese Art stark vertreten ist, liegen die Reviere etwa 60cm weit auseinander. Sie besetzen einen Großteil des Felsenbiotops, obwohl die meisten Tiere niemals auf Oberflächen von Felsen gesehen werden. Abgelaicht wird in der Höhle des Männchens, jedoch sind im schwachen Licht zwischen den Felsen die Männchen kaum von den Weibchen zu unterscheiden, da sie in solcher Abgeschiedenheit leben.

ÄHNLICHE ARTEN: *Ps. fuscus* gleicht *Ps. tursiops, Ps. purpuratus* und anderen Arten der sog. Delphin Mbuna, die durch ein seitlich komprimiertes Maul charakterisiert sind. Er ist von diesen Arten durch einen einförmig blauschwarz gebänderten Körper zu unterscheiden.

Pseudotropheus sp. "fuscus dwarf"

HANDELSNAMEN: Dieser Mbuna wurde noch nicht exportiert.

VERBREITUNG: Er wurde an zwei Stellen entlang der Ostküste, bei Londo und bei Chuanga, in der Nähe von Metangula, gefunden.

VARIANTEN UND MORPHEN: Bei Londo haben die Männchen einen rostbraunen Fleck auf dem Nacken und auf der Oberseite der Flanken.

MAXIMALE LÄNGE: Die Gesamtlänge wird maximal auf etwa 7cm geschätzt.

BIOTOP: *Ps.* sp. "fuscus dwarf" kommt in der sehr seichten Übergangszone häufig vor, wo er sich um die kleinen Felsen und Steine herum bewegt, aber sich niemals weit von seinem Unterschlupf weg wagt. Unterhalb von 3m Tiefe kommt er nicht vor.

Pseudotropheus sp. „fuscus dwarf", Londo, Männchen

Pseudotropheus sp. „fuscus dwarf", Londo, Weibchen

Pseudotropheus sp. „fuscus dwarf", Chuanga

ERNÄHRUNG: *Ps.* sp. "fuscus dwarf" pickt am Aufwuchs der Felsen und lebt wahrscheinlich von Algen und Kieselalgen.

ABLAICHVERHALTEN: Die Männchen sind bei der Revierverteidigung sehr aggressiv, jedoch wurden keine Weibchen gefunden, die ein Revier verteidigen. Der kleine Mbuna ist sehr scheu und versteckt sich die meiste Zeit in kleinen Höhlen, die unter kleine Felsen gegraben wurden.

ÄHNLICHE ARTEN: *Ps.* sp. "fuscus dwarf" gehört zu einer Gruppe kleiner Mbuna, die sehr aggressiv bei der Revierverteidigung sind, und die viele lokale Varianten ausgebildet haben, weil sie wegen ihrer Größe geradezu unfähig sind, von einer Stelle zur anderen zu wandern, um ihre Gene mit denen der benachbarten Population zu vermischen. Einige dieser kleinen Arten sind *Ps.* sp. "minutus tanzania", *Ps. perspicax* oder *Ps.* sp. "variable eastern". Er ist von diesen Arten durch sein längeres Maul zu unterscheiden.

Pseudotropheus gracilior

TREWAVAS, 1935
HANDELSNAMEN: Obwohl er ab und zu in den Siebziger Jahren exportiert wurde, ist kein Handelsname bekannt.
VERBREITUNG: Er kommt um die ganze Halbinsel Nankhumba, von Otter Point bis Nkudzi, aber auch an den Inseln Thumbi West und Domwe vor.
VARIANTEN UND MORPHEN: Auf den begleitenden Abbildungen ist die geographische Variation dieser Art zum Vergleich wiedergegeben. An einigen Stellen können Weibchen völlig gelb gefärbt sein und kein schwarzes, submarginales Band auf der Rückenflosse haben, während die übrigen beigebraun sind.
MAXIMALE LÄNGE: Er erreicht maximal eine Gesamtlänge von etwa 10cm.
BIOTOP: *Ps. gracilior* bevorzugt den sedimentreichen Teil des Felsenbiotops und wird manchmal auch in der Übergangszone gefunden. In geschützten Buchten kann man ihn in seichteren Regionen finden, normalerweise bevorzugt er jedoch eine Tiefe zwischen 10 und 25m.
ERNÄHRUNG: Ribbink et al. (1983) berichten, daß die Mageninhalte einiger Tiere, die zur selben Zeit und an derselben Stelle gefangen wurden, bemerkenswert variierten. Einige hatten nur Algen gefressen, während die Mägen anderer Tiere hauptsächlich Wirbellose enthielten.
ABLAICHVERHALTEN: Brütende Männchen sind territorial und verteidigen eine Höhle gegen jeden Eindringling. Die Reviere befinden sich oft in der Übergangszone, am Rand von Felsen und Sand. Die Weibchen und

Pseudotropheus gracilior, Otter Pt., Männchen

Pseudotropheus gracilior, Thumbi West

Pseudotropheus gracilior, Otter Pt., Weibchen

Pseudotropheus gracilior, Domwe

nichtbrütenden Männchen leben allein oder bilden kleine Gruppen.
ÄHNLICHE ARTEN: Unter den vielen Arten im *Ps. tropheops* Komplex ist *Ps. gracilior* an seiner schlanken Form und dem submarginalen Band in der Rückenflosse recht leicht zu erkennen.

Pseudotropheus gracilior, Tsano

Pseudotropheus gracilior, Nkhudzi, Männchen

Pseudotropheus gracilior, Nkhudzi, Weibchen

Pseudotropheus greshakei

MEYER & FOERSTER, 1984
HANDELSNAMEN: Pseudotropheus Ice Blue.
VERBREITUNG: Dieser Mbuna ist an zwei Riffen südlich der Insel Boadzulu endemisch. Eines der Riffe heißt Makokola Reef; auf das andere werden wir uns als Crocodile Reef beziehen.
VARIANTEN UND MORPHEN: Am Crocodile Reef haben die Männchen eine etwas leuchtendere blauweiße Farbe als am Makokola Reef.
MAXIMALE LÄNGE: Dieser Cichlide erreicht eine Gesamtlänge von etwa 13cm.
BIOTOP: *Ps. greshakei* lebt im Felsenbiotop des Riffs. Die Felsen sind permanent mit einer Sedimentschicht bedeckt. Der höchste Punkt des Riffs liegt etwa 15m tief, und die Felsen treffen in etwa 35m Tiefe auf den Sand. *Ps. greshakei* ist in allen Bereichen anzutreffen.
ERNÄHRUNG: Er frißt vorwiegend Phytoplankton aus dem offenen Wasser. Territoriale Männchen weiden auch vom Aufwuchs der Felsen.
ABLAICHVERHALTEN: Brütende Männchen sind territorial und verteidigen eine Höhle zwischen den Felsen. Normalerweise schwimmen sie etwa 50cm über ihrem Besitz. In einer kleinen Region kann man viele Reviere finden, im Abstand von 1m. Die Weibchen halten sich normalerweise beim Planktonfressen in Gruppen auf. Sind sie maulbrütend, leben sie allein und halten sich in der Nähe der Felsen auf.
ÄHNLICHE ARTEN: *Ps. greshakei* ist durch eine rötlich-orange Rückenflosse gekennzeichnet (auch die Weibchen), sowie durch einen leuchtendweiß bis blauen Körper (nur die Männchen). Er gleicht *Ps.* sp. "zebra mbenji" in der Färbung, jedoch ist die letztgenannte Art länglicher. *Ps. greshakei* hat kräftigere Lippen.

Pseudotropheus greshakei, Makokola, Weibchen

Pseudotropheus greshakei, Makokola reef, Männchen

Pseudotropheus hajomaylandi

MEYER & SCHARTL, 1984
HANDELSNAMEN: Pseudotropheus Greberi.
VERBREITUNG: Er ist an der Insel Chizumulu endemisch.
VARIANTEN UND MORPHEN: Keine bekannt.
MAXIMALE LÄNGE: *Ps. hajomaylandi* erreicht eine Gesamtlänge von etwa 12cm.
BIOTOP: Er bevorzugt den sedimentreichen Felsenbiotop und wird oft über Sand in der Übergangszone gesehen. Normalerweise befindet er sich tiefer als 7m und kann sogar in über 35m Tiefe vordringen.
ERNÄHRUNG: Die meisten Tiere fressen Plankton im offenen Wasser. Sie bleiben bei der Nahrungssuche in der Nähe der Felsen. Territoriale Männchen fressen hauptsächlich vom Aufwuchs der Felsen in ihrem Revier.
ABLAICHVERHALTEN: Brütende Männchen verteidigen eine kleine Höhle zwischen Felsen, normalerweise dicht beim Sandboden. Viele Nester sind unter Felsen gegraben. Die Weibchen leben allein oder manchmal auch bei der Nahrungssuche in kleinen Gruppen. Reife Weibchen werden zum Nest hingelockt. Das Ablaichen findet in der Höhle des Männchens statt. Territoriale Männchen befinden sich etwa 2m auseinander, jedoch ist ihre Revierverteidigung nicht besonders aggressiv.
ÄHNLICHE ARTEN: *Ps. hajomaylandi* ist ein charakteristisch gefärbter Mbuna, der leicht zu erkennen ist. Die Weibchen sind gelblich und können mit *Ps.* sp. "membe deep" Weibchen verwechselt werden. Die letztgenannte Art ist jedoch viel kleiner. Die Weibchen haben eine dunklere Grundfarbe als die *Ps. hajomaylandi* Weibchen. Die Männchen der letztgenannten Art tragen gelbes Pigment zwischen den Augen, das bei den *Ps. aurora* oder *Ps.* sp. "hajomaylandi pombo" Männchen fehlt. Letztere zeigen ein stärker ausgeprägtes Muster aus senkrechten Bändern auf dem Körper.

Pseudotropheus hajomaylandi, Männchen

Pseudotropheus hajomaylandi, Weibchen

Pseudotropheus sp. "hajomaylandi pombo"

HANDELSNAMEN: Pseudotropheus Barred, Zebra Yellow Belly.
VERBREITUNG: Er wurde nur bei Pombo Rocks und Ndumbi Point gefunden.
VARIANTEN UND MORPHEN: Keine bekannt.

Pseudotropheus sp. „hajomaylandi pombo", Männchen

Pseudotropheus sp. „hajomaylandi pombo", Weibchen

MAXIMALE LÄNGE: Die Männchen können bis zu 12cm erreichen, Weibchen bleiben rund ein Viertel kleiner.
BIOTOP: *Ps.* sp. "hajomaylandi pombo" wurde in der Übergangszone in 5 bis 8m Tiefe gefunden.
ERNÄHRUNG: Seine Nahrung besteht aus Algen und Kieselalgen, die er vom Aufwuchs der Felsen aufsammelt.
ABLAICHVERHALTEN: Brütende Männchen verteidigen ein Revier, das aus einigen Felsen besteht und um eine Höhle zentriert ist, die normalerweise Sandboden enthält und in der das Ablaichen stattfindet. Die Weibchen und unreifen Männchen leben meistens allein und bleiben in der Nähe von Felsen.
ÄHNLICHE ARTEN: *Ps.* sp. "hajomaylandi pombo" gleicht *Ps. hajomaylandi* in der Form und Färbung, ist aber leicht daran zu erkennen, daß den Männchen die orange Farbe auf dem Nacken fehlt, deutliche, senkrechte Bänder auf der Flanke haben und etwas schlanker sind. Die *Ps.* sp. "hajomaylandi pombo" Weibchen sind graubraun und deshalb leicht von den gelben Weibchen des *Ps. hajomaylandi* zu unterscheiden.

Pseudotropheus heteropictus

STAECK, 1980
HANDELSNAMEN: Pseudotropheus Newsi.
VERBREITUNG: Er ist an der Insel Chizumulu endemisch.
VARIANTEN UND MORPHEN: Keine bekannt.
MAXIMALE LÄNGE: Die Männchen erreichen eine Gesamtlänge von etwa 8cm. Die Weibchen sind etwa um ein Fünftel kleiner.
BIOTOP: *Ps. heteropictus* lebt in der Übergangszone in 5 bis 25m Tiefe. Normalerweise ist er zwischen kleinen Felsen zu finden.
ERNÄHRUNG: Er pickt Algen aus dem Aufwuchs der Felsen auf, u. z. nach Art des *Ps. minutus.*
ABLAICHVERHALTEN: Brütende Männchen sind territorial und verteidigen ihre Reviere aggressiv. Die Weibchen leben in kleinen Gruppen. Abgelaicht wird in der Höhle

Pseudotropheus heteropictus, Chizumulu, Männchen

Pseudotropheus heteropictus, Chizumulu, Weibchen

des Männchens, welche aus einer Felsspalte oder einem Tunnelnest (unter einem Stein) bestehen kann.
ÄHNLICHE ARTEN: *Ps. heteropictus* gleicht in Form, Färbung und Verhalten einigen *Ps. perspicax* Rassen von der Nordwestküste des Sees. Die Männchen der Population an der Insel Katale sind geradezu identisch mit *Ps. heteropictus* Männchen. Die Weibchen sind jedoch verschieden. Keine der bekannten *Ps. perspicax* Populationen haben gelbe Weibchen. *Ps. saulosi* hat orange Weibchen, die etwas hochrückiger als die *Ps. heteropictus* Weibchen sind. *Ps. heteropictus* gleicht auch *Ps.* sp. "polit tumbi", aber diese letztgenannte Art zeigt ein Muster aus senkrechten Bändern auf dem Körper und hat eine hellblauere Farbe.

Pseudotropheus sp. "*kingsizei*"

HANDELSNAME: Pseudotropheus Kingsizei.
VERBREITUNG: Dieser Mbuna ist auf eine kleine Region zwischen der Hauptinsel Likoma und der Insel Maingano beschränkt.
VARIANTEN UND MORPHEN: Nur eine sehr kleine Population ist bekannt, die keinerlei Polymorphismus zeigt.

Pseudotropheus sp. „kinsizei", Maingano/Likoma, Männ.

Pseudotropheus sp. „kingsizei", Weibchen, Aquarium

MAXIMALE LÄNGE: Er wächst auf annähernd 9cm Länge heran.
BIOTOP: *Ps.* sp. "kingsizei" kommt in der Übergangszone in durchschnittlich 10m Tiefe vor. Am häufigsten wird er in der Nähe kleiner Felsen gefunden.
ERNÄHRUNG: Er frißt vom Aufwuchs der Felsen. Ist Plankton vorhanden, frißt er auch im offenen Wasser etwa 50cm über dem Substrat.
ABLAICHVERHALTEN: Brütende Männchen sind territorial. Sie graben ihre Nester unter und zwischen Felsen. Die Weibchen und unreifen Männchen leben in kleinen Gruppen oder allein. Abgelaicht wird im Nest des Männchens.
ÄHNLICHE ARTEN: *Ps.* sp. "kingsizei" Männchen in Brutfärbung gleichen *Cynotilapia afra.* Sie unterscheiden sich durch die zweispitzigen Zähne und das fehlende, schwarze Querband zwischen den Augen. *Ps.* sp. "kingsizei" gleicht sehr *Ps.* sp. "kingsizei londo" und könnte mit diesem sogar artgleich sein, vor allem mit der Variante bei Londo. *Ps.* sp. "kingsizei" Männchen fehlt jedoch der schwarze Streifen auf der Rückenflosse, der bei den *Ps.* sp. "kingsizei londo" Männchen vorhanden ist. Sie unterscheiden sich von der *Ps.* sp. "kingsizei lupingu" Variante, die bei Ngwazi vorkommt, durch die schwarze Afterflosse, die bei *Ps.* sp. "kingsizei lupingu" blau ist. *Ps.* sp. "kingsizei londo" Weibchen sind bläulich und deshalb leicht von den gelblichen *Ps.* sp. "kingsizei" Weibchen zu unterscheiden.

Pseudotropheus sp. "kingsizei londo"

HANDELSNAMEN: Diese Art wurde noch nicht exportiert.
VERBREITUNG: *Ps.* sp. "kingsizei londo" wird an der Küste Mosambiks zwischen Londo und Ntumba gefunden.
VARIANTEN UND MORPHEN: Die Variante bei Ntumba ist durch eine schwarze Rückenflosse geprägt. Diese Flosse ist bei den Männchen der anderen Populationen weißblau mit einigen schwarzen Streifen.
MAXIMALE LÄNGE: Adilte Tiere dürften ungefähr mit 9cm ausgewachsen sein.

Pseudotropheus sp. „kingszei londo", Ntumba

Pseudotropheus sp. „kingsizei londo", Londo, Männchen

Pseudotropheus sp. „kingsizei londo", Lumbaulo, Männ.

Pseudotropheus sp. „kingsizei londo", Londo, Weibchen

Pseudotropheus sp. „kingsizei londo", Lumbaulo, Weibchen

BIOTOP: *Ps.* sp. "kingsizei londo" bewohnt die Übergangszone in 5 bis 15m Tiefe. Er hält sich immer dicht am Substrat auf und ist am häufigsten um kleine Steine zu finden.

ERNÄHRUNG: Die Nahrung besteht aus Plankton, und die territorialen Männchen fressen auch an den Felsen um ihren Laichplatz.

ABLAICHVERHALTEN: Brütende Männchen verteidigen ihren Laichplatz hauptsächlich gegenüber artgleichen Männchen. Die Nester werden oft unter einen kleinen Stein gegraben oder zwischen einer Gruppe Steine ausgehoben. Die Weibchen bilden Schulen und fressen im offenen Wasser, obwohl sie sich immer dicht bei den Felsen befinden.

ÄHNLICHE ARTEN: *Ps.* sp. "kingsizei londo" gleicht *Ps.* sp. "kingsizei" kann aber anhand der schwarzen Streifen auf der Rückenflosse der Männchen unterschieden werden. Die Weibchen haben ein ähnliches Muster wie die Männchen, es fehlt ihnen aber die blaue Farbe. Die *Ps.* sp. "kingsizei" Weibchen sind beige und haben gelbe Flossen.

Pseudotropheus sp. "kingsizei lupingu"

HANDELSNAMEN: Pseudotropheus Solid Orange, Ps. Zebra Slim, Ps. Zebra Blue Gold.

VERBREITUNG: *Ps.* sp. "kingsizei lupingu" kommt entlang der Nordostküste zwischen dem Magunga Reef und Lupingu vor.

VARIANTEN UND MORPHEN: *Ps.* sp. "kingsizei lupingu" ist eine polychromatische Art, weil die Männchen bei Lupingu eine hellblaue, eine orange-gelbe oder eine Zwischenfarbe zwischen diesen beiden Extremen haben. An einigen Stellen gibt es mehr gelbe Männchen als blaue, aber an einer anderen Stelle, einige hundert Meter entfernt, sind die blauen Männchen am häufigsten. Es gibt auch geographische Variation zwischen den verschiedenen bekannten Populationen. In der Population bei Lupingu sind die Männchen gelb oder blaugelb gefärbt, bei Ngwazi sind sie völlig blau mit einigen senkrechten Bändern, und bei Magunga sind sie völlig blauschwarz gebändert.

MAXIMALE LÄNGE: Die Gesamtlänge ist maximal etwa 9cm bei den Männchen; die Weibchen bleiben etwa 2cm kleiner.

Pseudotropheus sp. „kingsizei lupingu", Lupingu, Männ.(blau)

Pseudotropheus sp. „kingsizei lupingu", Magunga, Männ.

Pseudotropheus sp. „kingsizei lupingu", Lupingu, Weibchen

Pseudotropheus sp. „kingsizei lupingu", Magunga, Weibchen

Pseudotropheus sp. „kingsizei lupingu", Cape Kaiser

Pseudotropheus sp. „kingsizei lupingu", Ngwazi

BIOTOP: *Ps.* sp. "kingsizei lupingu" bevorzugt die Übergangszone und wird oft in großen Schulen in der Wassersäule, mehrere Meter über dem Boden, angetroffen. Er kommt in 5 bis 25m Tiefe vor.
ERNÄHRUNG: *Ps.* sp. "kingsizei lupingu" frißt Plankton. Die Männchen weiden auch vom Aufwuchs der Felsen in ihrem Revier.
ABLAICHVERHALTEN: Einige Männchen in Brutfärbung verteidigen ein Revier, jedoch findet man viele auch im offenen Wasser (obwohl sie wahrscheinlich nicht am Brutvorgang teilnehmen). Territoriale Männchen verteidigen ein ausgegrabenes Nest vor jedem Eindringling, zeigen sich jedoch gegenüber artgleichen Männchen besonders aggressiv. Die maulbrütenden Weibchen werden manchmal im offenen Wasser, zusammen mit den Tieren auf Nahrungssuche, gesehen.

Pseudotropheus sp. „kingsizei lupingu", Lupingu, Männchen (gelb)

ÄHNLICHE ARTEN: Die völlig gelben Männchen ähneln *Ps.* sp. "dwarf gold", können aber anhand des kleinen, blauen Randes der Rückenflosse, der bei der letztgenannten Art fehlt, unterschieden werden. Die Variante bei Ngwazi gleicht *Ps.* sp. "kingsizei", hat aber eine blaue Afterflosse, die bei *Ps.* sp. "kingsizei" Männchen schwarz ist.

Pseudotropheus sp. "kingsizei manda"

HANDELSNAME: Pseudotropheus Elongatus Robust.
VERBREITUNG: Dieser kleine Mbuna wird nur bei Manda gefunden.
VARIANTEN UND MORPHEN: Einige Weibchen sind völlig gelb gefärbt, während andere beigebraun sind und gelbliche Flossen tragen.
MAXIMALE LÄNGE: *Ps.* sp. "kingsizei manda" kann auf eine Endgröße von etwa 8cm heranwachsen.
BIOTOP: Er wurde im Felsenbiotop in durchschnittlich etwa 10m Tiefe gefunden.
ERNÄHRUNG: *Ps.* sp. "kingsizei manda" frißt Algen und Kieselalgen, die er vom Aufwuchs der Felsen aufsammelt.
ABLAICHVERHALTEN: Männchen in Brutfärbung sind territorial und verteidigen eine kleine Höhle im Felsenbiotop. Ein Ablaichvorgang oder maulbrütende Weibchen wurden noch nicht beobachtet.
ÄHNLICHE ARTEN: *Ps.* sp. "kingsizei manda" wurde in die "Kingsizei" Gruppe wegen seiner Körpergröße und wegen seiner gelb(lich) gefärbten Weibchen eingeordnet, ein häufiges Merkmal bei den Mitgliedern dieser Gruppe. Er gleicht mehreren blaugebänderten, länglichen Arten, kann aber von diesen Arten durch seinen hochrückigeren Körper unterschieden werden.

Pseudotropheus sp. „kingsizei manda", Manda, Männchen

Pseudotropheus sp. „kingsizei manda", Manda, Weibchen

Pseudotropheus sp. "kingsizei north"

HANDELSNAMEN: Pseudotropheus Zebra Slim, Ps. Zebra Blue.

VERBREITUNG: *Ps.* sp. "kingsizei north" wird entlang der Nordwestküste zwischen Ikombe und Makonde gefunden.

VARIANTEN UND MORPHEN: Unbekannt.

MAXIMALE LÄNGE: Er kann höchstens eine Gesamtlänge von etwa 10cm erreichen.

BIOTOP: *Ps.* sp. "kingsizei north" bevorzugt den felsigen Teil der Übergangszone und wird zwischen 3 und 15m Tiefe gefunden.

ERNÄHRUNG: Er frißt vom Aufwuchs der Felsen und wurde manchmal auch beim Planktonfressen im offenen Wasser gesehen.

ABLAICHVERHALTEN: Die Männchen sind territorial und verteidigen eine kleine, ausgegrabene Höhle als Laichplatz. Benachbarte brütende Männchen haben ihre Reviere oft nicht mehr als einen Meter voneinander entfernt. Die Weibchen sind meistens allein oder bilden kleine Gruppen, wenn sie Plankton fressen.

ÄHNLICHE ARTEN: *Ps.* sp. "kingsizei north" gleicht der Ngwazi Variante von *Ps.* sp. "kingsizei lupingu", ist aber im Erwachsenenalter deutlich größer. In der Farbe sind diese beiden Formen jedoch nicht voneinander zu unterscheiden.

Pseudotropheus sp. „kingsizei north", Lumbila, Weibchen

Pseudotropheus sp. „kingsizei north", Ikombe

Pseudotropheus sp. „kingsizei north", Kirondo

Pseudotropheus sp. „kingsizei north", Nkanda

Pseudotropheus sp. „kingsizei north", Makonde

Pseudotropheus sp. "kingsizei tumbi"

HANDELSNAMEN: Diese Art wurde noch nicht exportiert.
VERBREITUNG: Das Ausbreitungsgebiet von *Ps.* sp. "kingsizei tumbi" beschränkt sich auf die Felsküste um Tumbi Point in Mosambik.
VARIANTEN UND MORPHEN: Unbekannt.
MAXIMALE LÄNGE: Die Gesamtlänge von Ps. sp. "kingsizei tumbi" wird maximal auf 7cm geschätzt.
BIOTOP: Er kommt in der tiefen Übergangszone vor, wo er in etwa 20m Tiefe am häufigsten zu sehen war. Die Felsen sind in diesem Biotop von einer dünnen Sedimentschicht bedeckt. *Ps.* sp. "kingsizei tumbi" wurde

Pseudotropheus sp. „kingsizei tumbi", Tumbi, Männchen

Pseudotropheus sp. „kingsizei tumbi", Tumbi, Weibchen

auch über Sand zwischen den Felsen gefunden.
ERNÄHRUNG: Unbekannt. Er scheint aus der Wassersäule zu fressen.
ABLAICHVERHALTEN: Die Männchen sind territorial, aber nicht aggressiv bei der Verteidigung ihrer kleinen, ausgegrabenen Nester. Sie balzen ständig Weibchen an und versuchen sie dazu aufzufordern, ihnen in ihr Nest zu folgen.
ÄHNLICHE ARTEN: *Ps.* sp. "kingsizei tumbi" ist durch ein Muster aus 4 bis 5 breiten Bändern gekennzeichnet, das besonders deutlich bei den Weibchen ausgeprägt ist. Er ist viel kleiner und hat einen viel schlankeren Körper als *Ps. livingstonii,* die einzige Art, mit der er verwechselt werden könnte.

Pseudotropheus sp. "lime"

HANDELSNAME: Pseudotropheus Korthausae.
VERBREITUNG: Dieser kleine Mbuna wird bei der Insel Likoma gefunden, insbesondere bei Membe Point und an der Insel Mbamba.
VARIANTEN UND MORPHEN: Die Population an der Insel Mbamba besteht aus blaugelben Männchen, während die Männchen bei Membe Point hellgelb sind.
MAXIMALE LÄNGE: Die Gesamtlänge ist etwa 7cm.
BIOTOP: *Ps.* sp. "lime" lebt in der Übergangszone in etwa 20m Tiefe. Hier ist der Biotop sehr reich an Sediment.
ERNÄHRUNG: Er frißt oft Plankton im offenen Wasser. Er wurde aber auch beim Weiden am Aufwuchs der Felsen und vom Sand beobachtet.
ABLAICHVERHALTEN: Brütende Männchen sind territorial. Sie graben Tunnelnester unter die kleinen Felsen, die auf dem Schlammboden liegen. Die Männchen schweben etwa 30cm über ihren Nestern und vertreiben hauptsächlich artgleiche Männchen aus ihrem Revier. Ribbink et al. (1983) berichten, daß ein Männchen mehr als einen Laichplatz in seinem Revier haben kann. Die Weibchen leben einzeln oder sammeln sich zur Nahrungssuche in kleinen Gruppen.
ÄHNLICHE ARTEN: *Ps.* sp. "lime" gleicht sehr *Ps.* sp. "lime nkhomo" und *Ps.* sp. "daktari". Diese Formen könnten tatsächlich artgleich sein. Obwohl es keinen Unterschied im Verhalten bei den Populationen dieser drei Formen gibt, sind jedoch Unterschiede in der Färbung vorhan-

Pseudotropheus sp. „lime", Membe/Likoma, Männchen

Pseudotropheus sp. „lime", Mamba/Likoma, Männchen

Pseudotropheus sp. „lime", Membe/Likoma, Männchen

Pseudotropheus sp. „lime", Mamba/Likoma, Weibchen

den. *Ps.* sp. "lime nkhomo" bei Nkhomo hat einen orangegelben Kopf und unterscheidet sich daher von der *Ps.* sp. "lime" Variante bei Mbamba, die einen blauen Kopf hat. *Ps.* sp. "daktari" ist an der gelben afterflosse und den zwei Schwanzstreifen zu erkennen. Die Afterflosse ist bei *Ps.* sp. "lime" schwarz. *Ps.* sp. "lime nkhomo" bei Mbenji fehlen die schwarzen Streifen des *Ps.* sp. "lime" auf dem Schwanz.

Pseudotropheus sp. "lime nkhomo"

HANDELSNAMEN: Einige Tiere wurden von der Insel Mbenji exportiert, jedoch ist kein Handelsname bekannt.
VERBREITUNG: Er kommt an der Insel Mbenji und am Nkhomo Reef vor.
VARIANTEN UND MORPHEN: Innerhalb einer einzigen Population können die Männchen einen mehr oder weniger intensiven, blauen Schimmer über der gelben Grundfärbung haben. Die Männchen bei Nkhomo sind im allgemeinen blauer als die bei Mbenji.
MAXIMALE LÄNGE: Er erreicht eine Gesamtlänge von etwa 8cm.
BIOTOP: *Ps.* sp. "lime nkhomo" kommt in der Übergangszone unterhalb von 10m Tiefe vor. Er wird am häufigsten in der Nähe von kleinen Felsen gefunden, die auf dem Sand liegen.
ERNÄHRUNG: Er frißt vom Aufwuchs der Felsen, ernährt sich aber auch oft vom Plankton aus der Wassersäule.
ABLAICHVERHALTEN: Brütende Männchen sind territorial. Sie graben unter einigen Steinen oder einem kleinen Felsen ihre Höhlen. Im Abstand von etwa 30cm schwimmen sie über ihren Nestern und vertreiben vorwiegend artgleiche Männchen aus ihren Revieren. Die Weibchen leben bei der Nahrungssuche in kleinen Gruppen.
ÄHNLICHE ARTEN: *Ps.* sp. "lime nkhomo" gleicht sehr *Ps.* sp. "lime" von der Insel Likoma. Er könnte mit dieser Art sogar artgleich sein, sowie mit *Ps.* sp. "daktari". *Ps.* sp. "lime nkhomo" Männchen haben einen gelben Kopf und unterscheiden sich dadurch von der "Lime" Variante an der Insel Mbamba. Sie haben auch eine schwarze Afterflosse, durch die er sich von *Ps.* sp. "daktari" unterscheidet. Die ganz gelbe Form des *Ps.* sp. "lime nkhomo" unterscheidet sich von *Ps.* sp. "lime" durch das Fehlen des schwarzen Streifens auf dem Schwanz.

Pseudotropheus sp. „lime nkhomo", Mbenji, Männchen (blau)

Pseudotropheus sp. „lime nkhomo", Mbenji, Weibchen

Pseudotropheus sp. „lime nkhomo", Mbenji, Männchen (gelb)

Pseudotropheus sp. „lime nkhomo", Nkhomo

Pseudotropheus livingstonii

(BOULENGER, 1899)
SYNONYME: Pseudotropheus lanisticola, Pseudotropheus pursus.
HANDELSNAMEN: Pseudotropheus Livingstoni, Pseudotropheus Lanisticola.
VERBREITUNG: Dieser Mbuna ist überall im See häufig zu sehen und kommt auch im Malombesee vor.

VARIANTEN UND MORPHEN: Die Abbildungen geben die unterschiedlichen Farbmuster der verschiedenen geographischen Varianten wieder.
MAXIMALE LÄNGE: Die größten Tiere werden im Malombesee gefunden und im Südostarm des Sees. Sie erreichen eine Gesamtlänge von etwa 14cm. Nördlich von Monkey Bay bleibt *Ps. livingstonii* viel kleiner und erreicht nur eine Größe von etwa 7cm. Tiere aus Populationen

Pseudotropheus livingstonii, Ngara

Pseudotropheus livingstonii, Likoma, Weibchen

Pseudotropheus livingstonii, Chesese

Pseudotropheus livingstonii, Juvenil, Likoma

Pseudotropheus livingstonii, Likoma, Männchen

Pseudotropheus livingstonii, juvenil, Likoma

zwischen Cape Maclear und Crocodile Rocks liegen mit ihrer Größe dazwischen.
BIOTOP: Nichtbrütende Tiere kommen über offenen Sandflecken vor, jedoch nur, wenn leere Schneckengehäuse Schutz bieten. Nördlich von Cape Maclear halten sie sich im Durchschnitt in etwa 20m Tiefe auf, im Südostarm jedoch begegnet man ihnen schon von 5m Tiefe an. Brütende Männchen findet man in der Übergangszone oder im Felsenbiotop, der an Sandregionen grenzt. Sie können zu denselben Felsen für jede Brutsaison zurückkehren. Dies könnte eine Erklärung für die vielen verschiedenen, geographischen Varianten, die von dieser Art bekannt sind, liefern.
ERNÄHRUNG: *Ps. livingstonii* frißt vom Sediment auf dem Sand. Seine Nahrung besteht wahrscheinlich aus Kieselalgen, die vom Substrat aufgeschaufelt werden. Er frißt auch Plankton, wenn genug davon vorhanden ist.
ABLAICHVERHALTEN: In der Regel wird nicht in oder neben Schneckenhäusern gebrütet. Die reifen Männchen und Weibchen verlassen ihre Schutzplätze auf dem Sand und wandern zu den nahegelegenen Felsen. Die der südlichsten Populationen und bei Likoma sammeln sich normalerweise in Schulen und werden nicht mehr in der Nähe leerer Schneckengehäuse gesehen. Die maulbrütenden Weibchen setzten ihre Jungen wahrscheinlich auf dem Sand in der Nähe von leeren Schneckenhäusern frei, da man oft sehr kleine Junge in Gehäusen draußen auf dem offenen Sand sieht. Maulbrütende Weibchen wurden niemals in Schneckenhäusern gesehen, dafür aber in der Übergangszone (im Juni

Pseudotropheus livingstonii, Senga Bay

Pseudotropheus livingstonii, Eccles Reef

Pseudotropheus livingstonii, Chembe Beach

Pseudotropheus livingstonii, Chiwindi

Pseudotropheus livingstonii, Otter Pt.

und im November-Dezember). *Ps. livingstonii* brütet wahrscheinlich das ganze Jahr über.
ÄHNLICHE ARTEN: Früher wurden *Ps. livingstonii* und *Ps. lanisticola* für zwei verschiedene Arten gehalten; nur Ribbink et al. (1983) hielten beide für artgleich. Obwohl viele verschiedene Rassen bekannt sind, gibt es keine genaue Trennungslinie zwischen den größeren Tieren im tiefen Süden und dem übrigen Teil des Sees. Aus dieser Region wurde *Ps. pursus* beschrieben, jedoch kann kein anderer Unterschied als die geographische Variation zwischen diesen beiden Formen und *Ps. livingstonii* festgestellt werden. Die Population am Eccles Reef gehört zu *Ps. livingstonii*. Bei Likoma ist noch eine andere Population bekannt, die früher für eine andere Art gehalten wurde, aber eigentlich nur eine andere geographische Variante von *Ps. livingstonii* darstellt. *Ps. livingstonii* gleicht *Ps. elegans* im Farbmuster, aber nicht in der Größe. *Ps. elegans* wird viel größer und hat länglichere Flossen. Kleine Exemplare erkennt man an dem dünnen, weißen Rand der Schwanzflosse.

Pseudotropheus lombardoi

BURGESS, 1977
HANDELSNAMEN: Pseudotropheus Kenyi, Pseudotropheus Lilancinius.
VERBREITUNG: *Ps. lombardoi* kommt an der Insel Mbenji und am Nkhomo Reef, in der Nähe von Benga, vor.
VARIANTEN UND MORPHEN: In ihrer natürlichen Umgebung lassen sich beide Populationen nicht voneinander unterscheiden.
MAXIMALE LÄNGE: Er erreicht maximal eine Gesamtlänge von etwa 11cm.
BIOTOP: *Ps. lombardoi* bewohnt die Übergangszone in 6 bis 30m Tiefe. Er bevorzugt die sedimentreichen Regionen und wird oft über Sand- und Schlammflecken zwischen Felsen beobachtet.
ERNÄHRUNG: Er bürstet lockere Algen aus dem Aufwuchs der Felsen und verspeist auch Plankton im offenen Wasser. Vor allem beim Nkhomo Reef gesellen sich Männchen in Brutfärbung zu Schulen nichtbrütender Männchen und Weibchen im offenen Wasser zum Planktonfressen.

Pseudotropheus lombardoi, Mbenji, Männchen

Pseudotropheus lombardoi, Nkhomo

Pseudotropheus lombardoi, Mbenji, Weibchen

Pseudotropheus lombardoi, Nkhomo, Männchen

ABLAICHVERHALTEN: Brütende Männchen verteidigen ihre Reviere aggressiv vor artgleichen Männchen. Solche Reviere liegen bei Mbenji etwa 3 bis 5m auseinander, beim Nkhomo Reef aber 1 bis 2m. Die Weibchen leben in Gruppen und bisweilen auch allein. Das Ablaichen findet im Nest des Männchens statt, das normalerweise unter Felsen gegraben wurde.
ÄHNLICHE ARTEN: *Ps. lombardoi* ist einzigartig, da die Männchen eine leuchtendgelbe Farbe haben, während die Weibchen blau sind. Die Männchen in Brutfärbung gleichen *Ps. barlowi*. Die letztgenannte Art hat relativ größere Augen als *Ps. lombardoi*.

Pseudotropheus lucerna

TREWAVAS, 1935
HANDELSNAMEN: Diese Art wurde noch nicht exportiert.
VERBREITUNG: Sie kommt entlang der Nordwestküste zwischen Nkhata Bay und Ruarwe vor, und eine sehr ähnlich Form wurde bei Londo, Mosambik, gefunden, die zur Zeit ebenfalls zu dieser Art gerechnet wird.
VARIANTEN UND MORPHEN: Unbekannt.
MAXIMALE LÄNGE: Er erreicht maximal eine Größe von etwa 14cm.
BIOTOP: Er lebt in der sehr seichten Übergangszone und wird auch in Vallisneria-Beeten in geschützten Buchten gefunden.
ERNÄHRUNG: Er bürstet lockere Algenstränge von Felsen, Sand und Pflanzenblättern ab (Ribbink et al., 1983).
ABLAICHVERHALTEN: Brütende Männchen verteidigen aggressiv ihre Reviere, die normalerweise einen flachen Felsen beinhalten. Das Nest des Männchens ist am Rande eines solchen Felsens in den Sand eingegraben. Die Weibchen leben manchmal in kleinen Gruppen, werden aber eher allein angetroffen.
ÄHNLICHE ARTEN: *Ps. lucerna* gleicht *Ps.* sp. "lucerna fin spot", kann aber an der rostbraunen Farbe auf den Wangen, die bei den Männchen der letztgenannten Art blau ist, erkannt werden. Die *Ps.* sp. "lucerna fin spot" Weibchen haben einen bläulichen Schimmer auf dem Körper, die *Ps. lucerna* Weibchen dagegen sind beige gefärbt.

Pseudotropheus lucerna, Nkhata Bay, Weibchen

Pseudotropheus lucerna, Londo, Männchen

Pseudotropheus lucerna, Nkhata Bay, Männchen

Pseudotropheus sp. "lucerna blue cobalt"

HANDELSNAME: Pseudotropheus Jacksoni.
VERBREITUNG: *Ps.* sp. "lucerna blue cobalt" kommt um die Inseln Likoma (Ribbink et al., 1983) und Chizumulu vor.
VARIANTEN UND MORPHEN: Unbekannt.
MAXIMALE LÄNGE: Er erreicht circa 12cm.
BIOTOP: Wie alle Mitglieder der "Lucerna" Gruppe, lebt er in der sehr seichten Übergangszone und wird selten tiefer als 4m gesehen.
ERNÄHRUNG: *Ps.* sp. "lucerna blue cobalt" grast am Aufwuchs der kleinen Felsen und Steine seiner Umgebung.

Pseudotropheus sp. „lucerna blue cobalt", Chizumulu, Männchen

Pseudotropheus sp. „lucerna blue mozambique", Gome, Männchen

Pseudotropheus sp. „lucerna blue cobalt", Chizumulu, Weibchen

Pseudotropheus sp. „lucerna blue mozambique", Chuanga, Männchen

Pseudotropheus sp. „lucerna blue mozambique", Chuanga, Weibchen

ABLAICHVERHALTEN: Territoriale Männchen sind bei der Verteidigung ihres Laichplatzes, der ein kleines unter oder zwischen einigen kleinen Felsen ausgegrabenes Nest ist, sehr aktiv und aggressiv. Die Weibchen sind normalerweise allein und halten sich dicht bei den Felsen auf, während sie von einer Freßstelle zur nächsten schwimmen.
ÄHNLICHE ARTEN: *Ps.* sp. "lucerna blue cobalt" gleicht *Ps.* sp. "tropheops aggressive", einem anderen Mitglied in der "Lucerna" Gruppe, kann aber an den relativ kleineren Augen und der kobaltblauen Farbe erkannt werden. Die Farbe von *Ps.* sp. "tropheops aggressive" ist blau bis dunkelblau.

Pseudotropheus sp. "lucerna blue mozambique"

HANDELSNAMEN: Diese Art wurde noch nicht für den Aquaristikhandel exportiert.
VERBREITUNG: Sie kommt entlang der Ostküste zwischen Masinje in Malawi und Chuanga in Mosambik vor.
VARIANTEN UND MORPHEN: Unbekannt.
MAXIMALE LÄNGE: Die Gesamtlänge für ein Männchen liegt bei etwa 12cm; die Weibchen bleiben etwa um ein Fünftel kleiner.
BIOTOP: *Ps.* sp. "lucerna blue mozambique" lebt in der sehr seichten Übergangszone, die sehr nahe am Ufer gelegen ist. Man findet ihn kaum jemals tiefer als etwa 5 m; die meisten Tiere kommen in 1 bis 2m Tiefe vor.

Pseudotropheus sp. „lucerna blue mozambique", Metangula

Pseudotropheus sp. „lucerna blue tanzania", Chiwindi

ERNÄHRUNG: Seine Nahrung besteht aus Algen und Kieselalgen, die er aus dem Aufwuchs der kleinen Felsen in der Umgebung aufpickt oder auskämmt.
ABLAICHVERHALTEN: Die Männchen verteidigen ihre Reviere aggressiv vor Eindringlingen, jedoch kann man territoriale Männchen im Abstand von nur 1m zueinander finden. Es ist ein sehr häufig vorkommender Mbuna des extrem seichten Felsenbiotops. Die Weibchen verteidigen manchmal auch ein Revier, werden aber häufiger einzeln angetroffen, wenn sie zwischen dem Kies im Biotop umherschwimmen.
ÄHNLICHE ARTEN: *Ps.* sp. "lucerna blue mozambique" gleicht *Ps.* sp. "tropheops aggressive" im Verhalten und der Form, aber letzterer zeigt keinen weißen oder hellblauen Rand auf der Rückenflosse wie *Ps.* sp. "lucerna blue mozambique".

Pseudotropheus sp. "lucerna blue tanzania"

HANDELSNAMEN: Pseudotropheus Aggressive Puulu.
VERBREITUNG: Ps. sp. "lucerna blue tanzania" wird zwischen Liuli und Chiwindi an der Ostküste des Sees gefunden.
VARIANTEN UND MORPHEN: Die Männchen der nördlichen Populationen sind leuchtender gefärbt, und der Kontrast zwischen dem Orange auf dem Kopf und dem Blau auf der Flanke ist schärfer als bei denen der südlichen Populationen.
MAXIMALE LÄNGE: Die Gesamtlänge liegt bei etwa 12cm.
BIOTOP: Wie alle Mitglieder der "Lucerna" Gruppe kommt *Ps.* sp. "lucerna blue tanzania" in der sehr seichten Übergangszone vor, wo er zwischen kleinen Felsen und Steinen lebt.
ERNÄHRUNG: Seine Nahrung besteht aus Algen und Kieselalgen, die vom Aufwuchs des Felssubstrats aufgesammelt werden.
ABLAICHVERHALTEN: Die Männchen sind territorial und verteidigen ihr Nest, eine unter oder zwischen Felsen ausgegrabene Höhle, vor jedem Eindringling. Artgleiche Männchen werden mit heftiger Aggression vertrieben, jedoch sind solche Begegnungen selten, da *Ps.* sp. "lucerna blue tanzania" Männchen sehr nahe bei ihrem Nest bleiben. Die Weibchen schwimmen allein durch den Biotop und werden von den Männchen angebalzt, sobald sie ins Blickfeld geraten.
ÄHNLICHE ARTEN: *Ps.* sp. "lucerna blue tanzania" ist durch eine "Lucerna" typische Form und Verhalten, das orange Kinn, orange Wange und Brust geprägt. Daher gleicht er keiner anderen bekannten Art im See.

Pseudotropheus sp. "lucerna brown"

HANDELSNAMEN: Diese Art ist im Ziefischhandel nicht bekannt.
VERBREITUNG: Sie kommt an der Küste zwischen Nkopola und der Insel Kanchedza, in der Nähe von Monkey Bay, vor.
VARIANTEN UND MORPHEN: Diese Art wurde von mir noch nicht lebend beobachtet. Alle Daten wurden von Ribbink et al. (1983) übernommen.
MAXIMALE LÄNGE: Unbekannt.
BIOTOP: Er scheint auf die oberen 2 bis 4m der Übergangszone in geschützten Buchten beschränkt zu sein.
ERNÄHRUNG: Er wurde beim Fressen vom Aufwuchs der Felsen beobachtet.
ABLAICHVERHALTEN: Brütende Männchen sind territorial und verteidigen ihre Reviere aggressiv gegenüber artgleichen Männchen. Die Weibchen bilden kleine Gruppen oder leben einzeln.
ÄHNLICHE ARTEN: *Ps.* sp. "lucerna brown" gleicht *Ps. lucerna* von der Nordwestküste. Er scheint ein viel stumpferes Farbmuster zu haben.

Pseudotropheus sp. „lucerna brown chia", Chia Lagoon, Männchen

Pseudotropheus sp. „lucerna brown chia", Chia Lagoon, Weibchen

Pseudotropheus sp. "lucerna brown chia"

HANDELSNAMEN: Diese Art wurde früher als *Ps.* sp. "tropheops broad mouth" aufgeführt (Konings, 1989). Sie wurde niemals exportiert.
VERBREITUNG: Sie wird entlang der Westufer zwischen Sani und Benga gefunden.
VARIANTEN UND MORPHEN: Unbekannt.
MAXIMALE LÄNGE: Die Gesamtlänge wird maximal auf 13cm geschätzt.
BIOTOP: *Ps.* sp. "lucerna brown chia" lebt in der seichten und sedimentreichen Übergangszone. Er kommt in 1 bis 3m Tiefe vor. Die Übergangszonen bei Chia Lagoon sind sehr sandig und *Ps.* sp. "lucerna brown chia" kommt nur in unmittelbarer Nachbarschaft der wenigen Felsen vor.
ERNÄHRUNG: Er grast vom Aufwuchs der Felsen und sammelt Algen und Kieselalgen.
ABLAICHVERHALTEN: Brütende Männchen sind territorial und vertreiben jeden Eindringling aggressiv von ihrem Besitz. Die Weibchen leben allein und halten sich im Abstand von einigen Zentimetern vom Felssubstrat entfernt auf.
ÄHNLICHE ARTEN: Wie alle Mitglieder der "Lucerna" Gruppe hat diese Art einen schwarzen Fleck im weichstrahligen Teil der Rückenflosse und kann damit von *Ps.* sp. "tropheops broad mouth" unterschieden werden, mit dem er verwechselt werden könnte. *Ps.* sp. "lucerna brown chia" fehlt auch ein schwarzes Band im hartstrahligen Teil der Rückenflosse, was für den "Tropheops Broad Mouth" charakteristisch ist.

Pseudotropheus sp. "lucerna fin spot"

HANDELSNAMEN: Diese Art wurde von Ribbink et al. (1983) als Pseudotropheus "fin spot" erwähnt.
VERBREITUNG: *Ps.* sp. "lucerna fin spot" wurde nur an der Insel Likoma gefunden.
VARIANTEN UND MORPHEN: Unbekannt.
MAXIMALE LÄNGE: Die Gesamtlänge wird maximal mit 10cm angegeben.
BIOTOP: *Ps.* sp. "lucerna fin spot" bevorzugt die sehr seichte Übergangszone und wird vor allem in den oberen 3m angetroffen.
ERNÄHRUNG: Seine Nahrung besteht aus Algen und Kieselalgen, die er vom Aufwuchs der Felsen weidet.

Pseudotropheus sp. „lucerna fin spot", Membe/Likoma, Männchen

Pseudotropheus sp. „lucerna fin spot", Membe/Likoma, Weibchen

ABLAICHVERHALTEN: Die Männchen sind territorial und verteidigen normalerweise die Oberfläche eines flachen Felsens als Revier. Der Laichplatz wird am Rande des Felses entlang ausgegraben, wo andere Felsen und Steine zusätzlichen Schutz bieten. Die Weibchen leben allein und schwimmen von einer Futterstelle zur anderen. Wenn sie das Revier des Männchens durchschwimmen, werden sie sofort angebalzt und zum Ablaichen im Nest des Männchens aufgefordert.
ÄHNLICHE ARTEN: *Ps.* sp. "lucerna fin spot" gleicht *Ps. lucerna,* es fehlt ihm aber die rostorange Farbe auf dem Kopf.

Pseudotropheus macrophthalmus

AHL, 1927
HANDELSNAMEN: Pseudotropheus Chitande Yellow, Ps. Tropheops Gold, Yellow Macrophthalmus, Ps. Tropheops Bright Yellow, Ps. Tropheops Blue Cap.
VERBREITUNG: *Ps. macrophthalmus* hat ein weites Verbreitungsgebiet und wird an beiden Seiten des Sees gefangen. Er kommt an der gesamten Ostküste zwischen Meponda und Ikombe, zwischen der Insel Chitande und Ngara entlang der Nordwestküste, sowie um die Insel Chizumulu vor.
VARIANTEN UND MORPHEN: An einigen Stellen können einige Männchen einen blauen Schimmer auf den unpaarigen Flossen tragen, jedoch sind an fast allen bekannten Stellen die Männchen identisch. Es gibt nur eine Ausnahme bei Kirondo, wo einige Männchen, aber nicht alle, einen leuchtendblauen Schimmer auf Kopf und Nacken zeigen.
MAXIMALE LÄNGE: Die Gesamtlänge von *Ps. macrophthalmus* ist maximal etwa 12cm, jedoch sind die meisten adulten Tiere kleiner als 10cm.
BIOTOP: Er bevorzugt die oberen Bereiche der sedimentfreien Felsküste und kommt selten tiefer als 7m vor.
ERNÄHRUNG: *Ps. macrophthalmus* grast vom Felssubstrat, wo er Algenstränge sammelt. Diese werden vom Fels abgebissen und gefressen.
ABLAICHVERHALTEN: Brütende Männchen sind territorial und verteidigen normalerweise die Oberfläche großer Felsen als Revier. Die Weibchen, die ganz hellgelb bis braun gefärbt sind, leben allein und werden zum Revier der Männchen hingelockt.
ÄHNLICHE ARTEN: *Ps. macrophthalmus* ist völlig gelb und ähnelt damit *Ps.* sp. "tropheops gold otter" in der Färbung, aber nicht in der Form, da letztgenannte Art einen viel flacheren Körper hat. *Ps. macrophthalmus* Männchen sind von denen der kleineren *Ps.* sp. "macrophthalmus chitimba" nicht zu unterscheiden, aber die Weibchen der letztgenannten Art sind leuchtendgelb wie die Männchen.

Pseudotropheus macrophthalmus, Ikombe

Pseudotropheus macrophthalmus, Kirondo

Pseudotropheus macrophthalmus, Cóbué

Pseudotropheus macrophthalmus, Tumbi Pt., Männchen

Pseudotropheus macrophthalmus, Lumessi

Pseudotropheus macrophthalmus, Tumbi Pt., Weibchen

Pseudotropheus macrophthalmus, Chiloelo, Männchen

Pseudotropheus macrophthalmus, Metangula

Pseudotropheus macrophthalmus, Chiloelo, Weibchen

Pseudotropheus macrophthalmus, Nkhungu Reef

Pseudotropheus macrophthalmus, Chitande

Pseudotropheus macrophthalmus, Chesese

Pseudotropheus sp. „macrophthalmus chitimba", Chitimba, Männchen

Pseudotropheus macrophthalmus, Chizumulu, Island

Pseudotropheus sp. „macrophthalmus chitimba", Chitimba, Weibchen

Pseudotropheus sp. "macrophthalmus chitimba"

HANDELSNAMEN: Diese Art wurde sporadisch exportiert, jedoch ist kein Handelsname bekannt.
VERBREITUNG: Sie wurde nur in der Chitimba Bay gefunden.
VARIANTEN UND MORPHEN: Unbekannt, jedoch könnte es eine geographische Variante von *Ps. macrophthalmus* sein.
MAXIMALE LÄNGE: Die Endgröße wird auf etwa 10cm geschätzt.
BIOTOP: *Ps.* sp. "macrophthalmus chitimba" kommt in der Übergangszone in etwa 22m Tiefe bei Chitimba Bay vor. Dieser Biotop besteht aus großen Sandsteinplatten, die sehr wenig Versteckmöglichkeit bieten.
ERNÄHRUNG: *Ps.* sp. "macrophthalmus chitimba" grast Algen vom Aufwuchs der Sandsteinplatten.
ABLAICHVERHALTEN: Die Männchen sind territorial und verteidigen eine Stelle von etwa 1,5 bis 2m Durchmesser auf der Oberfläche einer Platte. Die Weibchen sammeln sich manchmal in kleinen Gruppen, kommen aber auch als Einzeltiere häufig vor. Abgelaicht wird auf einer Steinplatte. Die maulbrütenden Weibchen schwimmen im Biotop umher, verstecken sich aber nicht.
ÄHNLICHE ARTEN: *Ps.* sp. "macrophthalmus chitimba" gleicht sehr Ps. macrophthalmus, und die Männchen lassen sich kaum auseinanderhalten, wenn man davon absieht, daß die *Ps.* sp. "macrophthalmus chitimba" Männchen als adulte Tiere kleiner sind. Die Weibchen sind jedoch leuchtendgelb und unterscheiden sich dadurch von den weißgelben bis hellbraunen *Ps. macrophthalmus* Weibchen.

Pseudotropheus sp. "membe deep"

HANDELSNAMEN: Diese Art wurde noch nicht exportiert.
VERBREITUNG: Sie ist an der Insel Likoma endemisch, wo sie bei Membe Point und bei Maingano vorkommt.
VARIANTEN UND MORPHEN: Unbekannt.
MAXIMALE LÄNGE: *Ps.* sp. "membe deep" ist ein kleiner Mbuna, der höchstens 7cm erreicht.
BIOTOP: Bei Membe Point sieht man territoriale Männchen nur unterhalb von 25m Tiefe. Die Weibchen sind jedoch schon ab etwa 10m Tiefe zu sehen. Diese Art bevorzugt die sedimentreichen Regionen der Übe

Pseudotropheus sp. „membe deep", Membe/Likoma, Männ.

Pseudotropheus sp. „membe deep", Membe/Likoma, Weib.

gangszone, wo sie zwischen kleinen Steinen gesehen wird.
ERNÄHRUNG: *Ps.* sp. "membe deep" frißt vom Aufwuchs der Felsen, aber auch vom Sediment auf dem Sand. Seine Art zu fressen gleicht der des *Ps. zebra,* z. B. preßt er seine Lippen gegen das Substrat und kämmt die Algen (und anderes lockeres Material) von den Felsen.
ABLAICHVERHALTEN: Die Männchen sind territorial. Sie bewachen ihre Reviere hauptsächlich vor artgleichen Männchen. Normalerweise schwebt ein Männchen etwa 30cm über dem Nest und zeigt seine charakteristische Färbung. Wenn es gestört wird, bleicht die hellblaue Farbe zu einem matten grau aus, und auch der Kopf und der Bauch werden grau. Sobald er sich wieder erholt, kommen seine Farben wieder zurück. Solche Veränderungen finden von einer Sekunde zur anderen statt. Die Männchen graben unter kleinen Felsen Gruben. Abgelaicht wird in einem solchen Tunnelnest. Die Weibchen und nicht brütenden Männchen leben einzeln.
ÄHNLICHE ARTEN: Die Färbung der Männchen gleicht der von *Ps.* sp. "msobo", er kann aber an der hellblauen Farbe auf der oberen Flankenhälfte erkannt werden; diese Stelle ist bei *Ps.* sp. "msobo" schwarz, mit nur einigen hellblauen Streifen und Punkten. *Ps.* sp. "membe deep" Männchen gleichen oberflächlich denen von *Ps.* sp. "polit" bei Lion's Cove. Auch die letztgenannte Art ist in der Lage, ihre Brutfärbung fast spontan zu verändern. Jedoch fehlt ihr ein submarginales Band in der Rükkenflosse. Die *Ps.* sp. "membe deep" Weibchen gleichen den *Ps. hajomaylandi* Weibchen. Letztere sind an der helleren Grundfarbe und einem etwas schlankeren Körper herauszufinden.

Pseudotropheus microstoma

TREWAVAS, 1935
HANDELSNAMEN: Pseudotropheus Microstoma.
VERBREITUNG: Er kommt um die Halbinsel Nankhumba, zwischen Monkey Bay und Otter Point, sowie auch um die Insel Domwe vor. Sie ist an den Inseln Mumbo und Thumbi West nicht vorhanden.
VARIANTEN UND MORPHEN: Alle bekannten Populationen sind identisch.
MAXIMALE LÄNGE: Diese Art erreicht eine Gesamtlänge von maximal etwa 11cm.
BIOTOP: *Ps. microstoma* lebt in der Übergangszone in unterschiedlichen Tiefen. Er kommt sowohl in sedimentreichen als auch in sedimentarmen Gegenden vor. Er bevorzugt das ruhige Wasser geschützter Buchten. Bei Chembe Beach sieht man Jungtiere auf großen Sandflächen, wo sie sich in leeren Gehäusen von *Lanistes nyassanus* verstecken.
ERNÄHRUNG: *Ps. microstoma* frißt an den Felsen und pflückt Algen vom Substrat. Untersuchte Mägen enthielten auch Wirbellose.
ABLAICHVERHALTEN: Brütende Männchen sind territorial. Sie verteidigen ein kleines Nest vorwiegend gegenüber artgleichen Männchen. Die Nester sind in den Sand gegen einen Fels gebaut oder unter einen großen Fels gegraben. Ribbink et al. (1983) berichten, daß normalerweise in den Morgenstunden gebalzt und abgelaicht

Pseudotropheus microstoma, Otter Pt., Juvenil

Pseudotropheus microstoma, Otter Pt., Männchen

Pseudotropheus minutus, Charo

Pseudotropheus microstoma, Domwe

Pseudotropheus minutus, Lion's Cove

wird und daß sowohl die Männchen als auch die Weibchen am Nachmittag mit Fressen beschäftigt sind.
ÄHNLICHE ARTEN: *Ps. microstoma* gehört zum *Ps. tropheops* Komplex. Er unterscheidet sich von all diesen Arten durch seinen hochrückigen Körper mit breiten, senkrechten Bändern auf dem Körper. Die Weibchen sind dunkelbraun und zeigen ähnliche Bänderung wie die Männchen.

Pseudotropheus minutus

FRYER, 1956
HANDELSNAMEN: Diese Art wurde selten exportiert. Ein Handelsname ist nicht bekannt.
VERBREITUNG: Er ist vor allem von Nkhata Bay bekannt, scheint aber entlang der gesamten Nordwestküste vorzukommen (Ribbink et al., 1983). Bei Lion's Cove ist er nur selten zu sehen.
VARIANTEN UND MORPHEN: Die Färbung der Männchen in den nördlichen Populationen ist viel stumpfer als in der Nkhata Bay Population.
MAXIMALE LÄNGE: Er erreicht eine Gesamtlänge von maximal etwa 7,5cm.
BIOTOP: *Ps. minutus* bevorzugt den Felsenbiotop und wird hauptsächlich zwischen kleinen Felsen gefunden.
ERNÄHRUNG: Er frißt ähnlich wie *Labidochromis*. Er zupft Algen vom Aufwuchs, vor allem aus kleinen Taschen im Substrat, die den meisten anderen Arten unzugänglich sind.
ABLAICHVERHALTEN: Brütende Männchen sind in ihrer Revierverteidigung recht aggressiv. Sie verjagen alle Eindringlinge aus ihrem kleinen Nest. Ein durchschnittliches Revier hat einen Durchmesser von etwa 80cm, jedoch werden artgleiche Männchen viel weiter verfolgt. Die Weibchen leben einzelgängerisch, kommen aber in dichten Gruppen vor. Abgelaicht wird in der Höhle des Männchens.
ÄHNLICHE ARTEN: Männchen in Brutfärbung gleichen denen von *Ps. saulosi*. Sie sind an dem spitzeren Maul, ähnlich dem anderer *Labidochromis* Arten, zu erkennen. Ps. saulosi hat einen runderen Kopf und ein breiteres Maul. Die Weibchen der letztgenannten Art sind ganz orange, während die *Ps. minutus* Weibchen ähnliche Zeichnung tragen wie die Männchen. Die Grundfarbe der Weibchen ist mehr grau als blau. *Ps. minutus* unterscheidet sich von *Labidochromis* Arten durch die Form

Pseudotropheus minutus, Kawanga

Pseudotropheus sp. „minutus mozambique", Lumbaulo

Pseudotropheus minutus, Chadagha, Weibchen

Pseudotropheus sp. „minutus mozambique", Chilucha, Männ.

Pseudotropheus minutus, Nkhata Bay

Pseudotropheus sp. „minutus mozambique", Chilucha, Weib.

der Zähne, die bei *Ps. minutus* zweispitzig sind und bei Labidochromis kegelförmig. *Ps. minutus* unterscheidet sich von der *Ps.* sp. "minutus mozambique" Variante am Chilucha Reef durch eine hellblaue Farbe und schmalere, senkrechte Bänder auf dem Körper. *Ps. minutus* hat ein längeres und schmaleres Maul als *Ps.* sp. "minutus tanzania".

Pseudotropheus sp. "minutus mozambique"

HANDELSNAMEN: Diese Art wurde noch nicht exportiert.
VERBREITUNG: Das Verbreitungsgebiet von Ps. sp. "minutus mozambique" befindet sich zwischen Lumbaulo und Lumessi entlang der Küste Mosambiks.
VARIANTEN UND MORPHEN: Am Chilucha Reef haben die Männchen eine dunkelblauere Farbe als anderswo.

Pseudotropheus sp. „minutus mozambique", Minos, Männ.

Pseudotropheus sp. „minutus mozambique", Nkhungu, Pt.

Pseudotropheus sp. „minutus mozambique", Minos, Weib.

Pseudotropheus sp. „minutus mozambique", Lumessi

MAXIMALE LÄNGE: Die Gesamtlänge von *Ps.* sp. "minutus mozambique" wird höchstens auf etwa 7cm geschätzt.
BIOTOP: Er bevorzugt den sedimentfreien Felsenbiotop, wird aber auch in anderen Biotopen angetroffen. Am häufigsten findet man ihn in der Nähe kleiner Felsen und Steine in etwa 7m Tiefe.
ERNÄHRUNG: *Ps.* sp. "minutus mozambique" pickt Aufwuchs von den Felsen ab und sammelt wahrscheinlich Algen und Kieselalgen.
ABLAICHVERHALTEN: Die Männchen sind territorial und verteidigen ihre kleinen Reviere eifrig vor jedem Eindringling. Brütende Männchen findet man im Abstand von weniger als 50cm. Die Weibchen befinden sich manchmal in kleinen Gruppen, öfter jedoch sind sie allein. Sie halten sich sehr nahe an den Felsen auf und schwimmen durch Spalten und Zwischenräume.
ÄHNLICHE ARTEN: *Ps.* sp. "minutus mozambique" gleicht *Ps.* sp. "minutus tanzania" und *Ps. minutus.* Von letztgenannter Art läßt er sich durch einen olivgrünen Schimmer auf dem Körper unterschieden. Die Form am Chilucha Reef, die blauschwarz gebändert ist, ist dunkelblauer als *Ps. minutus* Männchen. *Ps.* sp. "minutus tanzania" hat ein stumpfes Maul, und es fehlt ihm, abgesehen von der Form bei Ikombe, auch die olive Farbe. *Ps.* sp. "minutus tanzania" bei Ikombe fehlen die deutlichen, senkrechten Bänder auf dem Körper, die bei allen *Ps.* sp. "minutus mozambique" Formen deutlich erkennbar sind.

Pseudotropheus sp. "minutus tanzania"

HANDELSNAMEN: Labidochromis Blunt Nose, Iodotropheus Matema.
VERBREITUNG: *Ps.* sp. "minutus tanzania" kommt entlang der Nordostküste zwischen Ikombe und dem Fluß Ruhuhu vor.
VARIANTEN UND MORPHEN: Obwohl die Weibchen bei der Form von Lumbila und Ikombe gebändert sind, fehlt den Männchen ein deutliches Bänderungsmuster und sie haben eine olivgrüne Farbe auf dem Rücken.
MAXIMALE LÄNGE: Die Gesamtlänge wird maximal auf 7cm geschätzt.
BIOTOP: *Ps.* sp. "minutus tanzania" wird häufig um kleine Felsen im sedimentfreien Felsenbiotop beobachtet. Bei Ikombe und Lumbila kommt er auch in der Über-

Pseudotropheus sp. „minutus tanzania", Ikombe

Pseudotropheus sp. „minutus tanzania", Ngwazi

Pseudotropheus sp. „minutus tanzania", Lupingu

Pseudotropheus sp. „minutus tanzania", Manda, Männ.

gangszone vor. Er lebt durchschnittlich in etwa 10m Tiefe.
ERNÄHRUNG: *Ps.* sp. "minutus tanzania" weidet am Aufwuchs der Felsen; seine Nahrung besteht wahrscheinlich vorwiegend aus Algen.
ABLAICHVERHALTEN: Brütende Männchen sind bei ihrer Revierverteidigung aggressiv. Ihr Laichplatz ist eine kleine Höhle zwischen den Felsen. Die Weibchen sieht man gewöhnlich allein. Sie halten sich sehr dicht am Substrat auf.
ÄHNLICHE ARTEN: *Ps.* sp. "minutus tanzania" gleicht *Ps. minutus* und *Ps.* sp. "minutus mozambique". Er hat ein stumpferes Maul als *Ps. minutus* und eher blaue als schwarze Wangen. *Ps.* sp. "minutus mozambique" ist olivgrün gefärbt und zeigt deutlich die senkrechten Bänder. Die Männchen am Chilucha Reef sind viel dunkelblauer und schwarz als die *Ps.* sp. "minutus tanzania" Männchen.

Pseudotropheus modestus

JOHNSON, 1974
HANDELSNAMEN: Diese Art wurde noch nicht exportiert. Sie wurde früher als Ps. elongatus "bar" erwähnt (Ribbink et al., 1983).
VERBREITUNG: Sie ist an der Insel Maleri endemisch.
VARIANTEN UND MORPHEN: Unbekannt.
MAXIMALE LÄNGE: Die Männchen erreichen maximal eine Größe von etwa 8cm; die Weibchen bleiben um ein Fünftel kleiner.
BIOTOP: *Ps. modestus* kommt im gesamten Felsenbio-

Pseudotropheus modestus, Maleri, Männchen

Pseudotropheus modestus, Maleri, Weibchen

Pseudotropheus modestus, Nakantenga, Männchen

Pseudotropheus modestus, Nakantenga, Weibchen

top der Inseln vor. Bei der Insel Nankoma ist es der einzige Vertreter des *Ps. elongatus* Komplexes.
ERNÄHRUNG: Er frißt vom Aufwuchs und manchmal auch aus der Wassersäule, bleibt aber immer dicht am Substrat. Seine Nahrung besteht hauptsächlich aus lockeren Algen, die er von den Felsen abkämmt.
ABLAICHVERHALTEN: Territoriale Männchen werden das ganze Jahr über beobachtet. In seichten Wasserschichten können auch einige Weibchen ein Nahrungsrevier verteidigen. Normalerweise sieht man sie einzeln. Abgelaicht wird in der Höhle des Männchens.
ÄHNLICHE ARTEN: *Ps. modestus* ist durch die kleinen adulten Tiere und das Pigmentierungsmuster aus irregulären, senkrechten Bändern und das submarginale Band in der Rückenflosse gekennzeichnet. Er gleicht *Ps.* sp. "elongatus namalenje" in der Färbung, aber die letztgenannte Art wird größer. Beide Formen gehören wahrscheinlich zur selben Art.

Pseudotropheus sp. "msobo"

HANDELSNAMEN: Pseudotropheus Deep Tanzania. Ps. Deep Manda, Ps. Msobo, Ps. Magunga Red.
VERBREITUNG: *Ps.* sp. "msobo" wird an der Ostküste zwischen Lundu und Ngwazi gefunden.
VARIANTEN UND MORPHEN: Es gibt geringe Unterschiede in der Brutfarbe der Männchen, aber im allgemeinen sind alle Populationen recht ähnlich.
MAXIMALE LÄNGE: Er kann maximal eine Gesamtlänge von etwa 11cm erreichen.
BIOTOP: *Ps.* sp. "msobo" kommt in der Übergangszone vor, aber beim Magunga Reef ist er im sedimentfreien Felsenbiotop häufig anzutreffen. Bei Magunga scheint er auf die oberen 10m des Biotops begrenzt zu sein, aber an anderen Stellen konnte er in 7 bis 25m Tiefe beobachtet werden.
ERNÄHRUNG: *Ps.* sp. "msobo" frißt Algen, die er normalerweise vom Felssubstrat an verschiedenen Stellen abgrast, z. B. bei Lundu und Magunga. Sowohl die Männchen als auch die Weibchen bilden beim Planktonfressen Schulen in der Wassersäule.
ABLAICHVERHALTEN: Die Männchen sind territorial und verteidigen einen Laichplatz zwischen den Felsen. In der Übergangszone graben die Männchen Gruben unter Felsen, jedoch verteidigen sie auch reine Felshöhlen im sedimentfreien Felsenbiotop. Die Weibchen leben in Schulen und werden zum Ablaichen ins Nest des Männchens geführt.
ÄHNLICHE ARTEN: *Ps.* sp. "msobo" ist ein sehr charakteristisch gefärbter Mbuna, der kaum mit anderen Arten verwechselt werden kann. Er gleicht *Ps.* sp. "membe deep", jedoch hat die letztgenannte Art eine hellblaue Farbe auf den Flanken. *Ps.* sp. "msobo" ist schwarz gefärbt mit blauen Streifen. *Ps.* sp. "msobo" unterscheidet sich von *Ps.* sp. "msobo heteropictus" durch seine horizontalen, hellblauen Streifen auf der Flanke, während die *Ps.* sp. "msobo heteropictus" Männchen ein Bänderungsmuster tragen.

Pseudotropheus sp. „msobo", Ngwazi

Pseudotropheus sp. „msobo", Lutara, Männchen

Pseudotropheus sp. „msobo", Magunga, Männchen

Pseudotropheus sp. „msobo", Manda, Weibchen

Pseudotropheus sp. „msobo", Magunga, Weibchen

Pseudotropheus sp. „msobo", Pombo Rocks

Pseudotropheus sp. „msobo", Magunga, Junges Männchen

Pseudotropheus sp. „msobo", Lundu, Männchen

Pseudotropheus sp. „msobo", Lundu, Weibchen

Pseudotropheus sp. „msobo heteropictus", Lipingo

Pseudotropheus sp. „msobo heteropictus", Lundo, Männ.

Pseudotropheus sp. „msobo heteropictus", Liuli, Männchen

Pseudotropheus sp. „msobo heteropictus", Lundo, Weib.

Pseudotropheus sp. „msobo heteropictus", Liuli, Weibchen

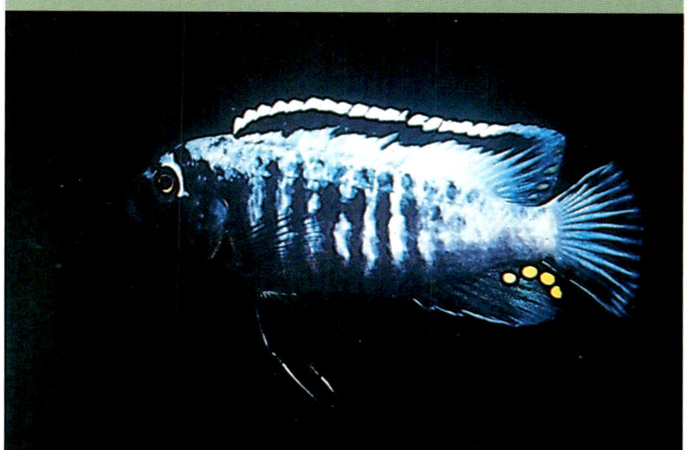
Pseudotropheus sp. „msobo heteropictus",
Thumbi Pt., Männchen

Pseudotropheus sp. „msobo heteropictus",
Thumbi Pt., Weibchen

Pseudotropheus sp. "msobo heteropictus"

HANDELSNAMEN: Pseudotropheus Msobo, Ps. Heteropictus Tanzania, Ps. Lundo.
VERBREITUNG: Dieser Mbuna wird zwischen Njambe und der Insel Lundo an der Nordostküste des Sees gefunden.
VARIANTEN UND MORPHEN: Bei Thumbi Point haben die Männchen ein schwarzes Band auf der Rückenflosse und bei der Insel Lundo schwarze Streifen auf dieser Flosse. Innerhalb einer einzigen Population gibt es leichte Variation sowohl bei den Männchen als auch den Weibchen in der Färbung.
MAXIMALE LÄNGE: Er kann maximal ein Größe von etwa 11cm erreichen. Die Weibchen bleiben um ein Fünftel kleiner als die Männchen.
BIOTOP: Ps. sp. "msobo heteropictus" lebt in der Übergangszone und wird normalerweise in 5 bis 15m Tiefe angetroffen.
ERNÄHRUNG: Obwohl regelmäßig Plankton aus dem offenen Wasser gefressen wird, wird der größte Teil ihrer Nahrung vom Aufwuchs der Felsen aufgenommen.
ABLAICHVERHALTEN: Die Männchen sind nur am Riff in der Nähe von Thumbi Point territorial, wo sie eine Höhle im reinen Felsenbiotop verteidigen. An anderen Stellen graben die Männchen ein Nest unter einen kleinen Fels und verteidigen dieses gegenüber jedem Eindringling. Territoriale Männchen können in einem Abstand von nur 2m zueinander gesehen werden. Die maulbrütenden Weibchen schwimmen im Biotop umher.
ÄHNLICHE ARTEN: *Ps.* sp. "msobo heteropictus" gleicht *Ps.* sp. "black dorsal heteropictus" und *Ps.* sp. "black dorsal shauri", unterscheidet sich aber von diesen Arten dadurch, daß die senkrechten Bänder normalerweise am Rücken spitz zulaufen und daß sie kaum jemals bis zur Basis der Rückenflosse reichen. Der Basis der Rückenflosse fehlt bei *Ps.* sp. "msobo heteropictus" normalerweise das schwarze Pigment, und sie ist hellblau.

Pseudotropheus sp. „msobo heteropictus", Männchen, Aquarium

Pseudotropheus sp. "ndumbi gold"

HANDELSNAMEN: Obwohl einige Tiere in den Siebzigern exportiert wurden, ist kein Handelsname bekannt.
VERBREITUNG: Er ist an der Insel Likoma endemisch, wo er bei Ndumbi Rocks, Makulawe Point und Maingano gefunden wird.
VARIANTEN UND MORPHEN: Unbekannt.
MAXIMALE LÄNGE: Seine Größe ist maximal etwa 12cm.
BIOTOP: *Ps.* sp. "ndumbi gold" bevorzugt den tieferen, felsigen Biotop, wird aber auch manchmal über Sandflecken in der Übergangszone gesehen. Normalerweise lebt er in einer Tiefe unter 10m.
ERNÄHRUNG: Er wurde beim Fressen vom Aufwuchs der Felsen beobachtet. Er knabbert am Aufwuchs wie *Ps. elongatus*. Auch frißt er Abfall, der sich zwischen den Felsen angesammelt hat.
ABLAICHVERHALTEN: Die Männchen und die Weibchen haben eine fast identische Färbung. Die Männchen sind etwas größer und tragen einen schwachen, bläulichen Schimmer über der goldgelben Grundfarbe. Revieraggression wurde keine beobachtet, aber Artgenossen werden normalerweise vom Freßplatz vertrieben. Die Männchen führen die Weibchen zum Laichplatz entlang der Basis eines Felses, nicht unbedingt außer Sichtweite.
ÄHNLICHE ARTEN: *Ps.* sp. "ndumbi gold" ist einzigartig in der Kombination seiner Form und Farbe. Obwohl er eine längliche Form hat, gehört er wahrscheinlich nicht zum *Ps. elongatus* Komplex. Alle Arten in diesem Komplex haben ein submarginales Band auf der Rückenflosse, das bei *Ps.* sp. "ndumbi gold" nicht vorkommt.

Pseudotropheus sp. aff. „ndumbi gold", West Likoma

Pseudotropheus sp. „ndumbi gold", Ndumbi/Likoma, Männ.

Pseudotropheus sp. „ndumbi gold", Ndumbi/Gold, Weib.

Pseudotropheus novemfasciatus

REGAN, 1922
HANDELSNAMEN: Diese Art wurde nicht exportiert.
VERBREITUNG: Sie lebt an der Küste zwischen Monkey Bay und Nkopola.
VARIANTEN UND MORPHEN: Unbekannt.
MAXIMALE LÄNGE: Sie kann eine Gesamtlänge von etwa 11cm erreichen
BIOTOP: *Ps. novemfasciatus* bevorzugt die seichten Regionen in geschützten Buchten. Hauptsächlich findet man ihn in den oberen 4m, wo er in der Nähe kleiner Felsen und Vegetation vorkommt.
ERNÄHRUNG: Er bürstet die lockeren Algen von Pflanzenblättern ab, ähnlich dem *Cyathochromis obliquidens*. Die Weibchen und nichtbrütenden Männchen bilden normalerweise Gruppen bei der Nahrungssuche und schwimmen von einem Pflanzenbeet zum nächsten.
ABLAICHVERHALTEN: Brütende Männchen sind territorial. Sie bauen niedrige Nester, normalerweise gegen einen Fels. Ribbink et al. (1983) berichten, daß die Männchen auch Nester auf den offenen Sand bauen. Die meiste Aggression bei der Revierverteidigung richtet sich gegen artgleiche Männchen aus benachbarten Revieren. Die Weibchen werden zum Nest geführt.
ÄHNLICHE ARTEN: *Ps. novemfasciatus* Männchen gleichen denen von *Ps.* sp. "tropheops broad mouth", die durch ein deutliches schwarzes, submarginales Band auf der Rückenflosse und ein Muster aus dunklen, senk-

Pseudotropheus novemfasciatus, Thumbi East Is.

rechten Bändern gekennzeichnet sind. Es fehlt ihnen die olivgelbe Färbung auf dem Rücken, die bei *Ps. novemfasciatus* vorkommt. Die Weibchen dieser beiden Arten kann man an den beiden Reihen schwarzer Punkte auf den Flanken von *Ps.* sp. "tropheops broad mouth" und durch die senkrechten Bänder auf den Flanken von *Ps. novemfasciatus* erkennen.

Pseudotropheus perspicax

(TREWAVAS, 1935)

HANDELSNAMEN: Keine der vielen Formen wurde jemals exportiert. Ribbink et al. (1983) bezeichnen die Form bei den Mpanga Rocks als Pseudotropheus zebra "ianth", die bei Chilumba Pseudotropheus cf. Melanochromis perspicax und die Form bei den Mara Rocks Ps. elongatus "mara". Ich hatte diese Art als Ps. sp. "variable" aufgeführt (Konings,1989).

VERBREITUNG: Er kommt entlang der Nordwestküste zwischen Cape Manulo und der Insel Chitande vor.

VARIANTEN UND MORPHEN: Der Holotypus von *Ps. perspicax* konnte zum Vergleich mit *Ps. fuscus* nicht wieder untersucht werden. Ribbink et al. (1983) beziehen sich auf die Form bei Chilumba als *Ps. perspicax,* und das ist der Grund, warum dieser Name für alle diese Formen, die früher *Ps.* sp. "variable" genannt wurden (-Konings, 1989), verwendet wird. Es sind viele geographische Varianten bekannt und die meisten davon sind in den begleitenden Abbildungen wiedergegeben. Die Weibchen der geographischen Variante an der Insel Chirwa sind von den Männchen an den Mpanga Rocks nicht zu unterscheiden. Die letztgenannte Population hat die größten Tiere. Ein ähnliches Muster wird wieder bei den Weibchen an der Insel Mbowe und bei den Mara Rocks gefunden. Die Männchen der letztgenannten Stellen verändern ihr Farbmuster sehr schnell von dem ganz blauen Muster zum Muster der Weibchen.

MAXIMALE LÄNGE: Die Population am Mpanga Rock enthält die größten Tiere, die eine Gesamtlänge von etwa 10cm erreichen. Die Tiere der meisten anderen Populationen werden maximal etwa 8,5cm groß.

BIOTOP: *Ps. perspicax* ist auf Felsen angewiesen. Er wird gewöhnlich zwischen kleinen Felsen in recht seichtem Wasser gefunden, durchschnittlich in etwa 5m Tiefe. An den meisten Stellen ist er auf reinen Felsenbiotop beschränkt, aber an einigen anderen, wie etwa an der Insel Mbowe und bei Mara Rocks, kommt er auch in der Nähe von Sand vor. Weder die Männchen noch die Weibchen wagen sich jemals weiter als 50cm vom Felssubstrat weg.

ERNÄHRUNG: Er frißt vom Aufwuchs der Felsen, woraus er lockeres Material, wie Algenstränge und Kieselalgen, sammelt.

ABLAICHVERHALTEN: Die Männchen und an manchen Stellen auch die Weibchen, zeigen Revieraggression. Die Reviere werden mit einem solchen Eifer verteidigt, daß gewöhnlich sog. Algengärten ihre Reviere markieren. Kleine Höhlen zwischen den Felsen werden von allen Eindringlingen freigehalten, und in solchen Nestern wird abgelaicht.

ÄHNLICHE ARTEN: *Ps. perspicax* ist an der kleinen Körpergröße adulter Tiere und an der Maulstruktur zu erkennen. Die zweispitzigen Zähne im Maul stehen dicht zusammen am äußeren Rand der Kiefer. Die Lippen sind sehr dünn und scheinen zu fehlen. Die Zähne sind deutlich sichtbar, auch wenn das Maul geschlossen ist. Im Verhalten gleicht *Ps. minutus* dem *Ps. perspicax,* er hat jedoch ein deutlich anderes Farbmuster. *Ps.* sp. "variable kande" Männchen haben einen größeren, gelben Fleck auf dem Körper als irgendeine bekannte Form von *Ps. perspicax.* Die Weibchen sind braun und ohne senkrechte Bänder. Querbinden sind häufig bei den *Ps. perspicax* Weibchen zu sehen.

Pseudotropheus perspicax, Chesese

Pseudotropheus perspicax, Chitande

Pseudotropheus perspicax, Mpanga Rocks, Weibchen

Pseudotropheus perspicax, Chirwa, Männchen

Pseudotropheus perspicax, Katale

Pseudotropheus perspicax, Chirwa, Weibchen

Pseudotropheus perspicax, Selewa

Pseudotropheus perspicax, Mpanga Rocks, Männchen

Pseudotropheus perspicax, Hora Mhango

Pseudotropheus perspicax, Kakusa

Pseudotropheus perspicax, Mara Rocks, Männchen

Pseudotropheus perspicax, Mbowe Is.

Pseudotropheus perspicax, Mara Rocks, Weibchen

Pseudotropheus sp. "perspicax orange cap"

HANDELSNAMEN: Pseudotropheus Red Top Ndumbi, Ps. Orange Cap, Ps. Variable Orange Cap.
VERBREITUNG: Diese kleine Art ist auf die Felsriffe bei Pombo und Ndumbi, unmittelbar südlich des Flusses Ruhuhu, beschränkt.
VARIANTEN UND MORPHEN: Die Variante bei den Ndumbi Rocks ist als Red Top Ndumbi bekannt, und hat eine rote Rückenflosse und rote Flecke auf dem Nacken und dem Maul. Es gibt eine hellblaue Perspicax-ähnliche Form am Undu Reef, die zur Zeit als geographische Variante von *Ps.* sp. "perspicax tanzania" angesehen wird, aber auch eine Variante von *Ps.* sp. "perspicax orange cap" sein könnte.
MAXIMALE LÄNGE: *Ps.* sp. "perspicax orange cap" kann maximal eine Gesamtlänge von etwa 9cm erreichen.
BIOTOP: Er lebt in der Übergangszone in 2 bis 7m Tiefe. Er ist sehr auf Felsen angewiesen und wagt sich selten aus ihrem Schutz heraus.
ERNÄHRUNG: *Ps.* sp. "perspicax orange cap" pickt am Aufwuchs auf dem Felssubstrat und sammelt Kieselalgen und Algen auf.
ABLAICHVERHALTEN: Bei Pombo Rocks sind die Männchen viel aggressiver in ihrer Revierverteidigung als bei Ndumbi Rocks (Laif DeMason, pers. Mittl.). Die Männ-

Foto L. DeMason
Pseudotropheus sp. „perspicax orange cap", Ndumbi,

Pseudotropheus sp. „perspicax tanzania", Thumbi Pt.

Pseudotropheus sp. „perspicax tanzania", Lundo Is.

Pseudotropheus sp. „perspicax tanzania", Njambe

Pseudotropheus sp. „perspicax tanzania", Liuli

Pseudotropheus sp. „perspicax tanzania", Puulu

Pseudotropheus sp. „perspicax tanzania", Undu

Pseudotropheus sp. „perspicax tanzania", Mbamba Bay Is., Männchen

Pseudotropheus sp. „perspicax tanzania", Mbamba Bay Is., Weibchen

chen heben unter kleinen Felsen Gruben aus, bewachen manchmal aber auch Nester im reinen Felsenbiotop. Die Weibchen leben meistens allein.
ÄHNLICHE ARTEN: *Ps.* sp. "perspicax orange cap" gleicht der geographischen Form von *Ps. perspicax* bei Mara Rocks. Die letztgenannte Art hat jedoch orange gefärbte Flecken und Punkte auf Rücken und Kopf und hellblaue Flanken, auf denen breite, senkrechte Bänder sichtbar sind, aber nicht deutlich ausgeprägt. *Ps.* sp. "perspicax orange cap" hat dünne, senkrechte Bänder, die jedoch nur schwach sichtbar sind.

Pseudotropheus sp. "perspicax tanzania"

HANDELSNAMEN: Pseudotropheus Variable Tanzania, Labidochromis Blue Puulu, Labidochromis White Dorsal.
VERBREITUNG: Ps. sp. "perspicax tanzania" wird zwischen Njambe und dem Undu Reef gefunden.
VARIANTEN UND MORPHEN: Der Form am Undu Reef fehlen die senkrechten Bänder der anderen Varianten. Sie könnte auch einer anderen Art angehören, jedoch bis alle diese kleinen Formen genau untersucht wurden, die zum "Variable" Komplex gehören, wollen wir uns auf sie als *Ps.* sp. "perspicax tanzania" beziehen. Die Variante bei Puulu ist durch eine orange Rückenflosse charakterisiert.
MAXIMALE LÄNGE: *Ps.* sp. "perspicax tanzania" erreicht maximal eine Gesamtlänge von etwa 9cm.
BIOTOP: Er bevorzugt den Felsenbiotop, kann aber auch in der Übergangszone gesehen werden. Vor allem die südlichen Populationen werden öfter in Übergangszonen zwischen Felsen und Sand beobachtet. Bei Thumbi Point kann man diese Art in mindestens 40m Tiefe sehen, an den meisten anderen Stellen kommt sie jedoch in 7 bis 20m Tiefe vor.
ERNÄHRUNG: *Ps.* sp. "perspicax tanzania" rupft Algen aus dem Aufwuchs.
ABLAICHVERHALTEN: Die Männchen sind territorial und verteidigen aggressiv ihren Laichplatz gegenüber jedem Eindringling. Konkurrierende Männchen werden heftig aus dem Revier verjagt. Die Weibchen leben in der Regel allein. Maulbrütende Weibchen wurden keine gesehen, und wahrscheinlich bleiben sie tief in Felsspalten versteckt.
ÄHNLICHE ARTEN: *Ps.* sp. "perspicax tanzania" gleicht *Ps. perspicax* von der Nordwestküste. Die meisten Formen kann man jedoch an dem unvollständigen Bänderungsmuster auf den Flanken erkennen. Bei *Ps. perspicax* reichen diese Bänder bis in die Bauchregion hinab, aber bei *Ps.* sp. "perspicax tanzania" laufen sie spitz zu und verschmelzen oberhalb des Bauchs mit dem Hintergrund. Die meisten *Ps. perspicax* Varianten scheinen mehr Bänder als *Ps.* sp. "perspicax tanzania" zu haben. Diese beiden Arten sind nahe miteinander verwandt.

Pseudotropheus sp. "perspicax yellow breast"

HANDELSNAME : Pseudotropheus Pombo Yellow Breast.
VERBREITUNG: Diese Art wurde nur bei Pombo Rocks in Tansania gefunden.
VARIANTEN UND MORPHEN: Unbekannt.
MAXIMALE LÄNGE: Die Gesamtlänge wird höchstens auf 10cm geschätzt.
BIOTOP: *Ps.* sp. "perspicax yellow breast" lebt in der Übergangszone und im reinen Felsenbiotop. Er ist sehr stark auf Felsen angewiesen.
ERNÄHRUNG: Seine Nahrung besteht wahrscheinlich aus Algen und Kieselalgen, die er aus dem Aufwuchs der Felsen heraussucht.
ABLAICHVERHALTEN: Brütende Männchen sind territorial und verteidigen Höhlen oder Spalten in den Felsen als Laichplatz. Ab und zu graben sie auch ein Nest in den Sand unter einen Fels. Die Weibchen sind Einzelgänger und halten sich in der Nähe von Felsen auf.

Pseudotropheus sp. „perspicax yellow breast", Pombo

ÄHNLICHE ARTEN: *Ps.* sp. "perspicax yellow breast" Männchen sind nicht von den *Ps. perspicax* Männchen an der Insel Chirwa an der gegenüberliegenden Seite des Sees zu unterscheiden; die Weibchen unterscheiden sich jedoch im Bänderungsmuster. Die *Ps. perspicax* Weibchen tragen breite Bänder auf einem hellgefärbten Körper, während die *Ps.* sp. "perspicax yellow breast" Weibchen dünne Bänder auf einem braunen Körper haben.

Pseudotropheus sp. "polit"

HANDELSNAMEN: Diese Art wurde noch nicht exportiert.
VERBREITUNG: Sie ist auf die Felsen in Lion's Cove beschränkt.
VARIANTEN UND MORPHEN: Unbekannt.
MAXIMALE LÄNGE: Er kann eine Gesamtlänge von etwa 8cm erreichen.

BIOTOP: *Ps.* sp. "polit" lebt im Felsenbiotop und in der Übergangszone in etwa 10m Tiefe.
ERNÄHRUNG: Er pickt am Aufwuchs der Felsen, woraus er Algen und Kieselalgen sammelt. Er wurde niemals beim Fressen im offenen Wasser beobachtet.
ABLAICHVERHALTEN: Brütende Männchen sind in ihrer Revierverteidigung sehr aggressiv, und Eindringlinge werden mehrere Meter weit verfolgt. Der Laichplatz ist eine kleine Höhle, oft eine Grube unter einem kleinen Felsen, von dem jeder Eindringling ferngehalten wird. Die Weibchen sind Einzelgänger und suchen die Risse und Spalten des Felsenbiotops auf.
ÄHNLICHE ARTEN: *Ps.* sp. "polit" ist ein sehr charakteristisch gefärbter Mbuna, der mit Ps. sp. "polit tumbi" verwechselt werden könnte. Die Männchen der letztgenannten Art haben ein Bänderungsmuster auf dem Körper, das zwar nicht sehr abgehoben ist, aber doch deutlich sichtbar. Ps. sp. "polit" zeigt keine senkrechten Bänder.

Pseudotropheus sp. „polit", Lion's Cove

Pseudotropheus sp. "polit tumbi"

HANDELSNAMEN: Dieser sehr kleine Mbuna wurde noch nicht exportiert.
VERBREITUNG: *Ps.* sp. "polit tumbi" wurde nur bei Tumbi Point in Mosambik gefunden.
VARIANTEN UND MORPHEN: Unbekannt.
MAXIMALE LÄNGE: Die Endgröße adulter Tiere wird auf 6cm geschätzt. *Ps.* sp. "polit tumbi" ist einer der kleinsten Cichliden im See.
BIOTOP: Er wurde in der tieferen Übergangszone, unter 15m Tiefe, gefunden. Er ist unbedingt auf kleine Felsen angewiesen.
ERNÄHRUNG: Unbekannt. Er wurde weder beim Grasen an Felsen noch beim Planktonfressen im offenen Wasser gesehen.
ABLAICHVERHALTEN: Brütende Männchen sind territorial und verteidigen kleine Lücken zwischen Felsen.

Pseudotropheus sp. „polit tumbi", Tumbi Pt.

Weibchen konnten keine gesehen werden; wahrscheinlich verstecken sie sich in den Höhlen und Spalten des Felsenbiotops.
ÄHNLICHE ARTEN: *Ps.* sp. "polit tumbi" ist durch dunkle Wangen und ein Muster aus senkrechten Bändern charakterisiert. Eine solche Kombination ist unter den kleinen Mbuna einzigartig. Er gleicht *Ps.* sp. "polit", jedoch zeigt die letztgenannte Art keine senkrechten Bänder.

Pseudotropheus purpuratus

JOHNSON, 1976
HANDELSNAMEN: Diese Art wurde noch nicht exportiert. Sie wurde von Ribbink et al. (1983) als Ps. "aggressive blue" aufgeführt.
VERBREITUNG: *Ps. purpuratus* kommt bei den Maleri Inseln, an der Insel Thumbi West, um die Halbinsel Nankhumba und bei Gome an der Ostküste vor.
VARIANTEN UND MORPHEN: Die Männchen bei Gome (Masinje) haben ein schwarzes, submarginales Band in der Rückenflosse. Die Weibchen aller bekannten Populationen sind identisch.
MAXIMALE LÄNGE: Er erreicht eine Gesamtlänge von ungefähr 12cm.
BIOTOP: *Ps. purpuratus* bevorzugt den sehr seichten Felsenbiotop. Normalerweise lebt er zwischen kleinen Felsen in weniger als 5m Tiefe.
ERNÄHRUNG: Er frißt vom Aufwuchs, indem er lockeres Material von den festgewachsenen Algen abkämmt. Seine Nahrung besteht hauptsächlich aus lockerem Aufwuchs, aber auch Wirbellose werden nicht verschmäht. *Ps. purpuratus* hat ein seitlich komprimiertes Maul und einen etwas spitzzulaufenden Kopf, die es ihm erlauben, in enge Spalten zwischen den Felsen einzudringen.
ABLAICHVERHALTEN: Die Männchen und die meisten Weibchen verteidigen das ganze Jahr über ein Nahrungsrevier. Abgelaicht wird in der Höhle des Männchens. Sowohl die Männchen als auch die Weibchen halten sich

Pseudotropheus purpuratus, Maleri, Männchen

Pseudotropheus purpuratus, Gome, Weibchen

Pseudotropheus purpuratus, Maleri, Weibchen

Pseudotropheus purpuratus, Thumbi West

Pseudotropheus purpuratus, Gome, Männchen

dicht beim Substrat auf, und die Männchen wagen sich kaum weiter als 1m von ihrem Revier weg. Ribbink et al. (1983) fanden auch maulbrütende Weibchen, die ein Revier verteidigten.

ÄHNLICHE ARTEN: *Ps. purpuratus* könnte zu *Ps. tursiops* und dessen verwandten Arten *(Ps.* sp. "tursiops mbenji" und *Ps.* sp. "tursiops chitande") in Beziehung stehen. Er ist durch einen etwas spitzeren Kopf und ein seitlich komprimiertes Maul gekennzeichnet. Er ähnelt keinem anderen bekannten Mbuna.

Pseudotropheus sp. "red dorsal"

HANDELSNAMEN: Pseudotropheus Williamsi Red Top Mbenji, Red Top Brevis.

VERBREITUNG: *Ps.* sp. "red dorsal" ist an der Insel Mbenji endemisch, jedoch könnte der "Williamsi Maleri" an der Insel Namalenje eine geographische Variante dieser Art sein (vgl. *Ps.* sp. "williamsi maleri").

VARIANTEN UND MORPHEN: Unbekannt. Im allgemeinen Aussehen und im Verhalten steht er *Melanochromis brevis* nahe und könnte mit diesem sogar artgleich sein. Da aber noch keine Tiere mit dem Typusmaterial der letztgenannten Art verglichen wurden, soll *Ps.* sp. "red dorsal" als separate Art angesehen werden.

MAXIMALE LÄNGE: Er erreicht maximal eine Gesamtlänge von etwa 11cm.

BIOTOP: *Ps.* sp. "red dorsal" lebt im seichten, sedimentfreien Felsenbiotop. Die durchschnittliche Tiefe, in der er lebt, ist etwa 2m. An einigen Stellen kommt er sehr häufig vor.

ERNÄHRUNG: Er frißt vor allem Plankton im offenen Wasser, etwa 1m über dem Substrat. Territoriale Männchen, und manchmal auch Weibchen, fressen vom Aufwuchs der Felsen.

ABLAICHVERHALTEN: Brütende Männchen sind territo-

Pseudotropheus sp. „red dorsal", Mbenji

rial. Sie verteidigen eine Höhle zwischen den Felsen in den oberen 4m des Biotops. Die Weibchen und unreifen Männchen suchen in Schulen im offenen Wasser nach Nahrung. Die Weibchen werden zum Ablaichen in die Höhle geführt.
ÄHNLICHE ARTEN: *Ps.* sp. "red dorsal" gleicht *Ps. williamsi,* der keine rote Farbe auf der Rückenflosse zeigt (die Mbenji Population). *Ps. williamsi* wird größer als *Ps.* sp. "red dorsal" und ist durch zwei Reihen schwarzer Punkte auf dem Körper zu unterscheiden. *Ps.* sp. "red dorsal" hat senkrechte Bänder. Die Tiere der Population an der Insel Namalenje, die wahrscheinlich zu *Ps. williamsi* gehören, tragen keine Punkte auf dem Körper und sind kaum von *Ps.* sp. "red dorsal" zu unterscheiden.

Pseudotropheus saulosi

KONINGS, 1990
HANDELSNAMEN: Pseudotropheus Saulosi.
VERBREITUNG: Er ist am Taiwan Reef, nördlich der Insel Chizumulu, endemisch.
VARIANTEN UND MORPHEN: Unbekannt.
MAXIMALE LÄNGE: Er wird etwa 8cm groß.
BIOTOP: *Ps. saulosi* kommt im sedimentfreien Felsenbiotop vor. Man trifft ihn in den oberen Bereichen des Riffs an, wo häufig starke Strömung herrscht. Dort lebt er in großen Gruppen.
ERNÄHRUNG: Er frißt vom Aufwuchs, aus dem er lokkeres Material herauszupft.
ABLAICHVERHALTEN: Die Männchen sind in ihrer Revierverteidigung recht aggressiv. Sie richten alle Aggressionen gegen artgleiche Männchen. Die Weibchen werden zum Nest geführt, das eine leichte Einbuchtung in der Oberfläche eines großen Felses sein kann. Abgelaicht wird außerhalb von Höhlen.
ÄHNLICHE ARTEN: *Ps. saulosi* Männchen könnten mit Ps. minutus Männchen verwechselt werden, haben aber ein kürzeres Maul und breitere, senkrechte Bänder auf dem Körper. *Ps. saulosi* Weibchen gleichen *Ps. heteropictus* Weibchen, sind aber hochrückiger und haben eine einförmig orange Farbe.

Pseudotropheus saulosi, Taiwan, Männchen

Pseudotropheus saulosi, Taiwan, Weibchen

Pseudotropheus saulosi, Schule

Pseudotropheus socolofi, Cóbué, Männchen

Pseudotropheus socolofi, Mbweca

Pseudotropheus socolofi, Cóbué, Weibchen

Pseudotropheus socolofi, Tumbi Pt.

Pseudotropheus socolofi, Mara Point

Pseudotropheus socolofi

JOHNSON, 1974

HANDELSNAMEN: Pseudotropheus Pindani.

VERBREITUNG: Er kommt entlang der zentralen Ostküste des Sees zwischen Cóbuè und Tumbi Point (Mosambik) vor. Eine kleine Population wurde an der Insel Thumbi West und bei Otter Point eingeschleppt.

VARIANTEN UND MORPHEN: Die Männchen und Weibchen aller bekannten Populationen sind identisch gefärbt. Bei Tumbi Point und Mara Point haben sie schwarze, submarginale Bänder auf Rücken- und Afterflossen, bei Mbweca tragen sie ein schwarzes Band auf der Afterflosse, während sie bei Cóbuè nur einige, schwarze Streifen auf der Afterflosse zeigen.

MAXIMALE LÄNGE: Er erreicht maximal eine Gesamtlänge von etwa 8cm.

BIOTOP: *Ps. socolofi* bevorzugt die seichte Übergangszone in 2 bis 10m Tiefe. Die meisten Tiere werden zwischen kleinen Felsen und Steinen der Umgebung gesehen. Bei Mara Point kommt er sehr häufig vor, und adulte Tiere befinden sich nur 30cm weit auseinander.

ERNÄHRUNG: Er frißt vom Aufwuchs der Felsen und vom Sand. Dabei nimmt er ziemlich desinteressiert Algen auf.

ABLAICHVERHALTEN: Brütende Männchen, die sich nicht von den Weibchen unterscheiden, verteidigen Reviere, sind aber dabei nicht sehr aggressiv. Ihre Reviere können nur 30cm voneinander entfernt liegen. Die Weibchen und unreifen Männchen leben als Einzelgänger, jedoch können an einigen Stellen über 20 Tiere pro Quadratmeter gezählt werden. Sie halten sich alle sehr nahe beim Substrat auf.

ÄHNLICHE ARTEN: *Ps. socolofi* gleicht *Ps.* sp. "burrower" von der Insel Maleri. Die letztgenannte Art hat eine weißblaue Farbe und längeren Kopf.

Pseudotropheus sp. "taiwan"

HANDELSNAMEN: Diese Art wurde noch nicht exportiert.
VERBREITUNG: *Ps.* sp. "taiwan" ist am Taiwan Reef, nördlich der Insel Chizumulu, endemisch.
VARIANTEN UND MORPHEN: Unbekannt.
MAXIMALE LÄNGE: Er kann etwa 13cm erreichen.
BIOTOP: *Ps.* sp. "taiwan" wird im sedimentfreien Felsenbiotop in 15 bis 35m Tiefe gefunden.
ERNÄHRUNG: Er wird von aufgewirbeltem Material angelockt und pickt an Ausscheidungen und sonstigen Partikeln herum, die auf Felsen liegen oder im Wasser driften.
ABLAICHVERHALTEN: Unbekannt. Die Männchen scheinen nicht territorial zu sein und gesellen sich manchmal zu anderen Männchen und Weibchen, die in kleinen Gruppen auf Nahrungssuche sind.
ÄHNLICHE ARTEN: *Ps.* sp. "taiwan" gleicht mehreren Mitgliedern des *Ps. elongatus* Komplexes, kann aber an den größeren, adulten Tieren, seinem nicht aggressiven Verhalten und an dem etwas hochrückigen Körper erkannt werden.

Pseudotropheus sp. „taiwan", Männchen

Pseudotropheus sp. „taiwan", Weibchen

Pseudotropheus sp. "thin stripe"

HANDELSNAMEN: Dieser Mbuna wurde nicht exportiert.
VERBREITUNG: Er kommt an der Insel Likoma vor, wo er bei Membe Point, Maingano und Mbako, sowie am Hai und Undu Reef entlang der Küste des Festlandes gefunden wird.
VARIANTEN UND MORPHEN: Unbekannt.
MAXIMALE LÄNGE: Er erreicht eine Gesamtlänge von etwa 8cm.

Pseudotropheus sp. „thin stripe", Likoma

Pseudotropheus sp. „thin stripe", Undu

Pseudotropheus sp. „thin stripe", Hai Reef

BIOTOP: *Ps.* sp. "thin stripe" bevorzugt den sedimentreichen Felsenbiotop in 5 bis 30m Tiefe. Oft wird er in Höhlen gesehen.
ERNÄHRUNG: Er frißt vom Aufwuchs der Felsen auf ähnliche Art und Weise wie *Ps. elongatus.*
ABLAICHVERHALTEN: Brütende Männchen sind territorial. Die Weibchen leben einzeln. Sowohl die Männchen als auch die Weibchen leben ein zurückgezogenes Leben. Selten wagen sie sich aus den Spalten und Rissen zwischen den Felsen hervor.
ÄHNLICHE ARTEN: *Ps.* sp. "thin stripe" gleicht oberflächlich mehreren Mitgliedern im *Ps. elongatus* Komplex. Er hat dünne, hellblaue Bänder, die bei den Weibchen graublau sind. Der Kopf ist rundlich. Wahrscheinlich gehört er zum *Ps. elongatus* Komplex, jedoch wurde er erstmals als "Thin Stripe" aufgeführt (Ribbink et al., 1983). Am Hai Reef kommt er mit Ps. sp. "elongatus hai" zusammen vor. Er unterscheidet sich aber von dieser Art durch seine kleinere Größe und die hellblaue Grundfarbe, die als sehr dünne, senkrechte Linien sichtbar ist.

Pseudotropheus sp. "tiny"

HANDELSNAMEN: Dieser kleine Mbuna wurde nie exportiert. Da er innerhalb des Nationalparks lebt, wird er wahrscheinlich auch niemals für den Aquaristikhandel gefangen werden.

Pseudotropheus sp. „tiny", Thumbi West

VERBREITUNG: Er ist an der Insel Thumbi West endemisch.
VARIANTEN UND MORPHEN: Unbekannt.
MAXIMALE LÄNGE: Er wächst auf eine Gesamtlänge von etwa 7,5cm heran.
BIOTOP: *Ps.* sp. "tiny" lebt in der Übergangszone im Felsenbiotop. Am häufigsten findet man ihn in 5 bis 15m Tiefe.
ERNÄHRUNG: Er frißt vom Aufwuchs der Felsen und vom Sand. Er wurde aber auch beim Planktonfressen beobachtet (Ribbink et al., 1983).
ABLAICHVERHALTEN: Brütende Männchen sind territorial. Sie verteidigen Nester, die normalerweise unter Felsen gegraben wurden. Die meiste Aggression richtet sich gegen artgleiche Männchen, aber auch andere Eindringlinge werden energisch verjagt. Die Weibchen sind Einzelgänger.
ÄHNLICHE ARTEN: *Ps.* sp. "tiny" erkennt man an ihrer ganz dunklen Farbe und ihrer kleinen Größe. In der Größe und vor allem im Verhalten gleicht er *Ps. minutus* und Mitgliedern des kleinen "Variable" Komplexes. Von *Ps. minutus* unterscheidet er sich durch eine völlig schwarze Rückenflosse (außer den weißen Läppchen). Ihm fehlen die beiden auffälligen, hellblauen Bänder zwischen den Augen, die bei *Ps. minutus* deutlich sichtbar sind.

Pseudotropheus tropheops

REGAN, 1922
HANDELSNAMEN: Pseudotropheus Tropheops; wahrscheinlich wurden nur OB-Morphe exportiert. Diese Art wurde von Ribbink et al. (1983) als Ps. tropheops "orange chest" erwähnt.
VERBREITUNG: *Ps. tropheops* kommt im Südteil des Sees häufig vor. Sein Verbreitungsgebiet reicht von den Maleri Inseln bis zu den Chemwezi Rocks. Er wurde aber an den Inseln Mumbo, Chinyankwazi und Chinyamwezi nicht gefunden.
VARIANTEN UND MORPHEN: Die Brutfärbung der Männchen verändert sich im Verlaufe seines Verbreitungsgebiets. Die Weibchen sind in den meisten Populationen grau, aber bei Zimbawe Rock und der Insel Boadzulu fast schwarz gefärbt (Ribbink et al., 1983). OB-Morphen dieser Art wurden an mehreren Stellen gesehen.
MAXIMALE LÄNGE: Adulte Tiere erreichen eine Gesamtlänge von etwa 14cm.
BIOTOP: An Stellen, an denen *Ps. tropheops* der einzige Vertreter des *Ps. tropheops* Komplexes ist, nimmt er den gesamten Felsenbiotop ein. An anderen Stellen findet man ihn hauptsächlich im sedimentfreien, oberen Teil.
ERNÄHRUNG: Er frißt nach der typischen Art aller Mitglieder des *Ps. tropheops* Komplexes. Beim Fressen nimmt er eine Stellung von etwa 45 Grad zur Horizontalen (dem Substrat) ein. Er zupft, zerrt und zieht an den Algen, die fest auf dem Substrat angewachsen sind. Ist ausreichend Plankton vorhanden, kann er sich ausschließlich von dieser Art Futter ernähren.
ABLAICHVERHALTEN: Brütende Männchen kommen das ganze Jahr über vor. Sie verteidigen auf einem Felsen ein Revier vor jedem Eindringling. Auch einige Weibchen verteidigen ein Nahrungsrevier (Ribbink et al., 1983). Die Männchen sind recht aggressiv bei der Verteidigung ihrer Reviere, die mindestens 2 bis 3m auseinanderliegen. Abgelaicht wird ohne den Schutz von Höhlen.
ÄHNLICHE ARTEN: *Ps. tropheops* Männchen sind durch

Pseudotropheus tropheops, Zimbawe R., Weibchen

Pseudotropheus tropheops, Makokola, Männchen

Pseudotropheus tropheops, Tsano

Pseudotropheus tropheops, Makokola, OB-Weibchen

Pseudotropheus tropheops, Thumbi West

Pseudotropheus tropheops, Makokola, OB-Männchen

ein schwarzes, submarginales Band auf der Rückenflosse und eine orangebraune Färbung auf der Brust gekennzeichnet. Die orangebraune Farbe kann sich in einigen Populationen über weite Bereiche des Körpers ausdehnen (z. B. bei Zimbawe Rock). Die Färbung der Männchen unterscheidet sich nur leicht von *Ps.* sp. "tropheops chinyamwezi", vor allem, wenn man die *Ps. tropheops* Variante bei Zimbawe Rock berücksichtigt. Ferner ist *Ps.* sp. "tropheops chinyamwezi" polymorph, was bei Mitgliedern im *Ps. tropheops* Komplex selten ist. Meiner Meinung nach ist *Ps.* sp. "tropheops chinyamwezi" artgleich mit *Ps. tropheops*. Da dieses Thema jedoch sehr kompliziert ist, soll *Ps.* sp. "tropheops chinyamwezi" vorläufig noch als eigenständige Art beibehalten werden. Ferner gleicht *Ps. tropheops* noch *Ps.* sp. "tropheops boadzulu". Letzterer hat eine gelbbraune Grundfarbe (Männchen) mit auffälliger, senkrechter Bänderung. Er lebt im sedimentreichen Teil des Felsenbiotops. Den mehr orange-braunen Rassen des *Ps. tropheops* fehlt die deutliche, senkrechte Bänderung, die bei *Ps.* sp. "tropheops boadzulu" sichtbar ist.

Pseudotropheus tropheops, Zimbawe R., Männchen

Pseudotropheus tropheops, Zimbawe R. OB-Weibchen

Pseudotropheus sp. "tropheops aggressive"

HANDELSNAMEN: Diese Art wurde noch nicht exportiert.
VERBREITUNG: Sie wurde in einer kleinen Bucht, südlich von Matambukira, nördlich der Insel Chitande gefunden.
VARIANTEN UND MORPHEN: Unbekannt.
MAXIMALE LÄNGE: Die Gesamtlänge eines gefangenen Tieres betrug 8,5cm.
BIOTOP: Diese Art wird in der sehr seichten Übergangszone und dem Felsenbiotop einer geschützten Bucht gefunden. Die meisten Tiere befanden sich in etwa 2 bis 3m Tiefe.

Pseudotropheus sp. „tropheops aurora", Thumbi Pt., Weibchen

ERNÄHRUNG: Sie wurden beim Aufwuchsfressen beim Felsen beobachtet.
ABLAICHVERHALTEN: Männchen und Weibchen verhalten sich recht aggressiv und verjagen alle Eindringlinge aus ihrem Besitz. Territoriale Tiere wurden im Mai beobachtet, sind aber wahrscheinlich das ganze Jahr über vorhanden.
ÄHNLICHE ARTEN: *Ps.* sp. "tropheops aggressive" ist durch einen länglichen Körper und eine ganz blaue Färbung (bei Männchen) gekennzeichnet. Die Weibchen sind graubraun und zeigen schwache, senkrechte Bänderung. Die *Ps.* sp. "tropheops mauve" Männchen sind hochrückiger und hellblauer gefärbt. *Ps.* sp. "tropheops aggressive" ist ein Mitglied der "Lucerna" Gruppe und gleicht *Ps.* sp. "lucerna blue mozambique". Ihm fehlt jedoch der weißblaue Rand an der Rückenflosse.

Pseudotropheus sp. "tropheops aurora"

HANDELSNAMEN: Pseudotropheus Tropheops Mbamba, Ps. Tropheops Rusty Hongi, Ps. Tropheops Aurora, Ps. Tropheops Yellow Ventral.
VERBREITUNG: Das Verbreitungsgebiet von *Ps.* sp. "tropheops aurora" erstreckt sich von Njambe bis zur Mbamba Bay, entlang der Nordostküste des Sees.
VARIANTEN UND MORPHEN: Es gibt etwas Variation in der Brutfärbung der Männchen (die Zahl der senkrechten Bänder kann variieren), aber solche Variation kommt auch innerhalb einer einzigen Population vor.
MAXIMALE LÄNGE: Die Gesamtlänge von *Ps.* sp. "tropheops aurora" liegt bei etwa 13cm.
BIOTOP: Er bevorzugt den sedimentfreien Felsenbiotop in 5 bis 15m Tiefe.
ERNÄHRUNG: *Ps.* sp. "tropheops aurora" frißt Algen, die er von den Felsen abreißt.
ABLAICHVERHALTEN: Brütende Männchen sind territorial, und verteidigen ihren Laichplatz vor Eindringlingen, vor allem jedoch vor artgleichen Männchen. Die Weibchen werden normalerweise einzeln angetroffen, bilden manchmal aber auch Schulen zur Nahrungssuche, wenn die Populationsdichte groß ist. Die maulbrütenden Weibchen halten sich in unmittelbarer Nähe der Felsen auf.
ÄHNLICHE ARTEN: *Ps.* sp. "tropheops aurora" ist nahe mit *Ps.* sp. "tropheops mauve" verwandt und gleicht auch einigen Formen der letztgenannten Art. Ihm fehlt jedoch der schwarze Rand des weichstrahligen Teils der

Pseudotropheus sp. „tropheops aurora", Thumbi Pt., Männchen

Pseudotropheus sp. „tropheops aggressive", Matambukira (Chitande)

Pseudotropheus sp. „tropheops aurora", Njambe

Pseudotropheus sp. „tropheops aurora", Mbamba Bay Is., Männ.

Pseudotropheus sp. „tropheops aurora", Puulu

Pseudotropheus sp. „tropheops aurora", Mbamba Bay Is., Weib

Pseudotropheus sp. „tropheops aurora", Hongi

Pseudotropheus sp. „tropheops aurora", Higga

Rückenflosse. *Ps.* sp. "tropheops aurora" gleicht auch *Ps.* sp. "tropheops yellow chin", mit dem er sympatrisch vorkommt. Die Weibchen der letztgenannten Art haben ein Pigmentierungsmuster aus zwei horizontalen Punktreihen, während die *Ps.* sp. "tropheops aurora" Weibchen senkrechte Bänder zeigen. Die *Ps.* sp. "tropheops yellow chin" Männchen haben normalerweise mehr gelb auf dem Körper, vor allem im oberen Bereich der Schulter. Man kann *Ps.* sp. "tropheops aurora" von *Ps.* sp. "tropheops yellow gullar" am Fehlen eines schwarzen, submarginalen Bandes erkennen, das bei den meisten, aber nicht allen Formen der letztgenannten Art vorhanden ist. Ich bin der Meinung, daß einige der erwähnten "Arten" geographische Varianten einer einzigen Art sind, da aber dieses Problem zu kompliziert ist, um es mit den derzeit vorhandenen Informationen zu lösen, bleiben diese Varianten weiterhin als "Arten" bestehen, die ein durchgehendes Verbreitungsgebiet an der Küste des Sees entlang einnehmen.

Pseudotropheus sp. "tropheops band"

HANDELSNAMEN: Diese Art wurde nie für Aquaristik exportiert. Sie wurde aber von Ribbink et al. (1983) als *Ps. tropheops* "band" und als Ps. tropheops "no band" aufgeführt. Diese beiden Formen gelten jetzt als ein Taxon.

Komplexes frißt er Algen, die er durch einem kurzen Ruck des ganzen Körpers vom Felssubstrat abreißt.
ABLAICHVERHALTEN: Brütende Männchen sind territorial und verteidigen die Oberfläche eines flachen Felsens als Revier. Laichplätze werden in den Sand unter Felsen gegraben.

Pseudotropheus sp. „tropheops band", Nkhata Bay, Männ.

Pseudotropheus sp. „tropheops band", Nkhata Bay, Weib.

Pseudotropheus sp. „tropheops band", Nkhata Bay, Männ.

Pseudotropheus sp. „tropheops band", Mara Rocks

VERBREITUNG: *Ps.* sp. "tropheops band" kommt an der Nordwestküste zwischen Nkhata Bay und Mara Rocks vor.
VARIANTEN UND MORPHEN: Bei Mara Rocks haben die Männchen dunkelblauer gefärbte Flanken als an anderen Stellen. Bei Nkhata Bay scheint *Ps.* sp. "tropheops band" polymorph zu sein, da einige Männchen schmale, submarginale Bänder auf der Rückenflosse zeigen, während dieses Band bei anderen fehlt. Es scheint jedoch, daß alle Männchen mit wachsendem Alter ein solches Band auf der Rückenflosse zeigen. An anderen Stellen als Nkhata Bay fehlt den meisten Männchen dieses submarginale Band.
MAXIMALE LÄNGE: Die Gesamtlänge ist maximal etwa 10cm.
BIOTOP: Ps. sp. "tropheops band" bevorzugt die sehr seichte Übergangszone in 2 bis 6m Tiefe.
ERNÄHRUNG: Wie alle Mitglieder des *Ps. tropheops*

ÄHNLICHE ARTEN: *Ps.* sp. "tropheops band" gleicht Ps. sp. "tropheops yellow chin", der an der gegenüberliegenden Seite des Sees vorkommt, und könnte in der Tat eine geographische Variante dieser Art sein. Es gibt absolut keinen Unterschied zwischen diesen beiden Arten. Da aber *Ps.* sp. "tropheops yellow chin" auch in tieferen Schichten vorkommt und ein sehr variables Farbmuster zeigt, stärker als *Ps.* sp. "tropheops band", wird er vorläufig als andere Art behandelt.

Pseudotropheus sp. "tropheops black"

HANDELSNAMEN: Diese Art wurde noch nicht exportiert.
VERBREITUNG: Sie kommt an der Nordwestküste zwischen Ngara und Nkhata Bay und entlang der Nordostküste zwischen Manda und Makonde vor.
VARIANTEN UND MORPHEN: Die Brutfärbung der Männ-

Pseudotropheus sp. „tropheops black", Makonde

Pseudotropheus sp. „tropheops black", Chesese

Pseudotropheus sp. „tropheops black", Lupingu

Pseudotropheus sp. „tropheops black", Mbowe

Pseudotropheus sp. „tropheops black", Manda

Pseudotropheus sp. „tropheops black", Lion´s Cove

Pseudotropheus sp. „tropheops black", Mdoka

Pseudotropheus sp. „tropheops black", Lundu

chen verändert sich im Verlauf seines Verbreitungsgebiets kaum. Den nördlichen Populationen an der Westküste fehlt der Großteil des dünnen, submarginalen Bandes auf der Rückenflosse, das bei den Tieren in Nkhata Bay und Tansania vorkommt; sie haben nur einen schwarzen Rand im weichstrahligen Teil der Rückenflosse. Ribbink et al. (1983) berichten von einer möglichen OB-Morphe bei dieser Art. Bei Nkhata Bay und bei Lupingu wurden auch Morphen einer *Ps. tropheops*-ähnlichen Art gefunden. Es ist zur Zeit aber unmöglich, diese OB-Morphe zu identifizieren, da an beiden Stellen sieben verschiedene Mitglieder des *Ps. tropheops* Komplexes vorkommen. *Ps.* sp. "tropheops black" gleicht dem polymorphen *Ps. tropheops* im Verhalten und in anatomischen Merkmalen und könnte deshalb ebenfalls polymorph sein.
MAXIMALE LÄNGE: Er erreicht maximal eine Gesamtlänge von etwa 13cm.
BIOTOP: *Ps.* sp. "tropheops black" bevorzugt den Felsenbiotop und wird vor allem in den oberen Bereichen gesehen. Oft befindet er sich in der Nähe großer Felsblöcke, die dunkle Höhlen bilden. Einige Tiere wurden auch in der Übergangszone gesehen.
ERNÄHRUNG: *Ps.* sp. "tropheops black" frißt vom Aufwuchs, von dem er die festgewachsenen Fadenalgen abreißt oder abzieht. Normalerweise frißt er von sedimentfreien Flächen.
ABLAICHVERHALTEN: Brütende Männchen kommen das ganze Jahr über vor und verteidigen ihr Revier aggressiv vor jedem Eindringling. Die Reviere sind um eine Höhle zwischen den Felsen zentriert. Die Weibchen sind Einzelgänger und können ebenfalls Aggression gegenüber Artgenossen zeigen. Die Weibchen werden zum Nest gelockt, und das Ablaichen findet in der Höhle des Männchens statt.
ÄHNLICHE ARTEN: *Ps.* sp. "tropheops black" ist an der dunklen, purpurblauen Körperfarbe mit einer gelben Bauchseite zu erkennen. Die Körperfarbe ist charakteristisch für diese Art, gleicht aber in einiger Hinsicht der von *Ps.* sp. "tropheops yellow chin", *Ps.* sp. "tropheops mbenji blue", *Ps.* sp. "tropheops maleri yellow" und von *Ps.* sp. "tropheops yellow gullar". Von diesen fünf Arten hat *Ps.* sp. "tropheops black" das schmalste, schwarze, submarginale Band auf den Bauchflossen; nur eine sehr dünne Linie ist normalerweise zu sehen, vor allem bei den Formen, die entlang der Westküste vorkommen. Bei den anderen vier Arten ist das schwarze, submarginale Band auf der Bauchflosse auffällig und breit. Es ist nicht unwahrscheinlich, daß diese fünf Arten nahe miteinander verwandt sind.

Pseudotropheus sp. "tropheops black dorsal"

HANDELSNAMEN: Diese Art wurde noch nicht exportiert.
VERBREITUNG: Sie ist auf die Riffe südlich von Ntekete, z. B. Makanjila Point, Eccles Reef und West Reef, beschränkt.
VARIANTEN UND MORPHEN: Bei Makanjila Point und West Reef haben die Männchen eine hellblauere Farbe

Pseudotropheus sp. „tropheops black dorsal", Eccles, Männ.

Pseudotropheus sp. „tropheops black dorsal", Eccles, Weib.

Pseudotropheus sp. „tropheops black dorsal", Makanjila Pt.

als am Eccles Reef. Am Eccles Reef sind die Weibchen leuchtendgelb, während sie an anderen Stellen graubraun sind.
MAXIMALE LÄNGE: Diese Art erreicht eine Größe von etwa 12cm.
BIOTOP: *Ps.* sp. "tropheops black dorsal" bevorzugt den Felsenbiotop und wird in sedimentfreien sowie sedimentreichen Regionen gefunden. Er lebt in allen Felsenbiotopen und Riffen in 3 bis 30m Tiefe. Am Makanjila Point kommt er in der Übergangszone vor.
ERNÄHRUNG: Er frißt vom Aufwuchs der Felsen, auch wenn dieser von einer dünnen Sedimentschicht bedeckt ist. Wie alle Arten im *Ps. tropheops* Komplex frißt er hauptsächlich die fest angewachsenen Fadenalgen.
ABLAICHVERHALTEN: Brütende Männchen kommen das ganze Jahr über vor. Sie verteidigen ihren Laichplatz vor jedem Eindringling. Die Weibchen sind Einzelgänger und verjagen oft artgleiche Weibchen von ihrem Freßplatz. Sie sind jedoch nicht territorial. Abgelaicht wird im Nest des Männchens.
ÄHNLICHE ARTEN: *Ps.* sp. "tropheops black dorsal" ist an seiner ganz blauen Körperfarbe, einem auffälligen, schwarzen, submarginalen Band auf der Rückenflosse und einer steil gewinkelten Kopfspitze zu erkennen. Am meisten ähnelt er *Ps.* sp. "tropheops maleri blue", der ein schmaleres, submarginales Band auf der Rückenflosse trägt. Die blaue Körperfarbe von *Ps.* sp. "tropheops black dorsal" zeigt einen leicht violetten Schimmer, der bei *Ps.* sp. "tropheops maleri blue" nicht vorkommt. Die letztgenannte Art bevorzugt den sedimentfreien Felsenbiotop.

Pseudotropheus sp. "tropheops boadzulu"

HANDELSNAMEN: Diese Art wurde noch nicht exportiert.
VERBREITUNG: Sie kommt an der Insel Boadzulu und am Makokola Reef vor.
VARIANTEN UND MORPHEN: Unbekannt.
MAXIMALE LÄNGE: Sie erreichen ungefähr 13cm.
BIOTOP: *Ps.* sp. "tropheops boadzulu" lebt in den tieferen, sedimentreichen Regionen des Felsenbiotops. Er kommt auch über Übergangszonen vor. Normalerweise findet man ihn tiefer als 15m.
ERNÄHRUNG: *Ps.* sp. "tropheops boadzulu" frißt oft im offenen Wasser, wo er Plankton aufnimmt. Er reißt auch Fadenalgen vom Felssubstrat ab.
ABLAICHVERHALTEN: Territoriale Männchen kommen das ganze Jahr über vor. Neben revierverteidigenden Tieren kann man auch nicht-territoriale Männchen in Brutfärbung sehen. Tiere ohne Revier können nicht ablaichen. Die Weibchen und nicht territorialen Männchen sieht man oft in Gruppen an Felsen oder im offenen Wasser nach Nahrung suchen.

Pseudotropheus sp. „tropheops boadzulu", Boadzulu, Männchen

Pseudotropheus sp. „tropheops boadzulu", Boadzulu, Weibchen

Pseudotropheus sp. „tropheops boadzulu", Makokola Reef.

ÄHNLICHE ARTEN: *Ps.* sp. "tropheops boadzulu" gleicht dem sympatrisch lebenden *Ps. tropheops* in Form und Färbung. Der orange-braunen Variante der letztgenannten Art fehlen aber deutliche, senkrechte Bänder, die bei *Ps.* sp. "tropheops boadzulu" immer auffällig sind. *Ps.* sp. "tropheops chinyamwezi" fehlt ebenfalls die deutliche, senkrechte Bänderung.

Pseudotropheus sp. "tropheops broad mouth"

HANDELSNAMEN: Diese Art wurde noch nicht exportiert.
VERBREITUNG: Sie ist weitverbreitet und kommt entlang der gesamten Südwestküste von Chia Lagoon bis zu den Chemwezi Rocks vor. Sie wird aber nicht bei Mbenji, Mumbo, der Insel Boadzulu und auch nicht beim Zimbawe Rock gefunden, dafür aber am Makanjila Point und bei Masinje.
VARIANTEN UND MORPHEN: Die Brutfärbung der Männchen unterscheidet sich etwas, wenn man die entferntesten Populationen miteinander vergleicht. Aber im allgemeinen sind die Männchen im Verlauf des Verbreitungsgebiets identisch. Auf den Abbildungen sind die Farbmuster einiger Populationen wiedergegeben. Die Ostküstenpopulationen haben einen grünlichen Schimmer auf dem Körper, der den anderen fehlt.
MAXIMALE LÄNGE: Diese Art erreicht eine Gesamtlänge von etwa 12cm.
BIOTOP: *Ps.* sp. "tropheops broad mouth" kommt in sedimentreichen Übergangszonen seichter Buchten vor, aber auch an exponierten Ufern, wo er normalerweise der einzige Vertreter des *Ps. tropheops* Komplexes ist.

Pseudotropheus sp. „tropheops broad mouth", Makanjila Pt., Weibchen

Im Verlauf seines Verbreitungsgebiets wird er immer in seichtem Wasser angetroffen, d. h. niemals tiefer als 10m.
ERNÄHRUNG: Er frißt vom Aufwuchs der Felsen, von dem er Fadenalgen abbeißt. Die Algen werden auf die für Tropheops typische Weise aufgenommen, d. h. der Fisch ruckt mit dem Körper, um die fest angewachsenen Stränge abzureißen.

Pseudotropheus sp. „tropheops broad mouth", Makanjila Pt., Männchen

Pseudotropheus sp. „tropheops broad mouth", Senga Point

Pseudotropheus sp. „tropheops broad mouth", Crocodile Rock

Pseudotropheus sp. „tropheops broad mouth", Mphandi Is., Männchen

Pseudotropheus sp. „tropheops broad mouth", Mphandi Is., Weibchen

ABLAICHVERHALTEN: Brütende Männchen sind territorial und vertreiben jeden Eindringling aggressiv aus dem Revier. In Gegenden, wo es der einzige Vertreter des Komplexes ist, halten die Männchen große Reviere besetzt, die normalerweise auf einem großen Felsen liegen. Abgelaicht wird auf der Oberfläche eines Felsens und nicht unbedingt in einer Höhle. Die meisten Männchen besitzen keine Grube in ihrem Revier.
ÄHNLICHE ARTEN: *Ps.* sp. "tropheops broad mouth" gleicht in gewisser Hinsicht *Ps.* sp. "tropheops weed" von der Nordküste. Das Farbmuster der letztgenannten Art ist deutlicher und intensiver. Es enthält auffällige, senkrechte Bänder, aber kein breites, submarginales Band auf der Rückenflosse. Die *Ps.* sp. "tropheops broad mouth" Weibchen sind durch zwei horizontale Reihen dunkler Flecken auf den Flanken gekennzeichnet.

Pseudotropheus sp. "tropheops chilumba"

HANDELSNAMEN: Pseudotropheus Macrophthalmus Chilumba.
VERBREITUNG: Er ist häufig bei Chitande, Chirwa und der Insel Katale zu finden. Auch kommt er an der Küste zwischen Chilumba und Mdoka und an den Mpanga Rocks vor (Ribbink et al., 1983).
VARIANTEN UND MORPHEN: Die Männchen in den Populationen um Chilumba tragen ein rotes Band auf der Rückenflosse.

Pseudotropheus sp. „tropheops chilumba", Chewere, junges Männchen

Pseudotropheus sp. „tropheops chilumba", Mdoka, Männ.

Pseudotropheus sp. „tropheops chilumba", Chirwa

Pseudotropheus sp. „tropheops chilumba", Mdoka, Weib.

Pseudotropheus sp. „tropheops chilumba", Chitande, Weib.

Pseudotropheus sp. „tropheops chilumba", Chitande Is., Männchen, Aquarium

MAXIMALE LÄNGE: Diese Art erreicht eine Gesamtlänge von etwa 12cm.
BIOTOP: *Ps.* sp. "tropheops chilumba" lebt im sedimentreichen Felsenbiotop. Oft sieht man ihn auch über Übergangszonen. Durchschnittlich kommt er in etwa 10m Tiefe vor.
ERNÄHRUNG: Er frißt vom Aufwuchs des Felssubstrats. Dort zupft und reißt er Algenstränge von den Felsen ab. Ist ausreichend Plankton vorhanden, frißt er auch im offenen Wasser.
ABLAICHVERHALTEN: Die Männchen sind in ihrer Revierverteidigung recht aggressiv. Territoriale Männchen in seichten Regionen besitzen manchmal einen Algengarten, da sie jeden Eindringling vertreiben. Obwohl sie in der Lage sind, fest angewachsene Algen zu ernten, fressen sie wahrscheinlich nicht in den Gärten innerhalb der Grenzen ihrer eigenen Reviere.
ÄHNLICHE ARTEN: Die Form und die blaue Farbe der *Ps.* sp. "tropheops chilumba" Männchen ähnelt denen einer ganzen Reihe anderer Mitglieder im *Ps. tropheops* Komplex. Er unterscheidet sich von *Ps.* sp. "tropheops black dorsal" durch ein schmaleres Band auf der Rückenflosse und von *Ps.* sp. "tropheops higga" und *Ps.* sp. "tropheops taiwan" durch die kleinere Größe und den hochrückigen Körper. Die meisten *Ps.* sp. "tropheops chilumba" Männchen unterscheiden sich von *Ps.* sp. "tropheops chilumba type" und *Ps.* sp. "tropheops maleri blue" durch einen orangen oder roten Rand der Rückenflosse, der bei den beiden anderen Arten weiß ist. Einige *Ps.* sp. "tropheops chilumba" Männchen lassen sich

von *Ps.* sp. "tropheops chilumba type" nicht unterscheiden. Einige *Ps.* sp. "tropheops chilumba" Männchen unterscheiden sich von all diesen Arten durch das rote Band an der Basis der Rückenflosse. Die Weibchen des *Ps.* sp. "tropheops chilumba", der Eccles Reef Population von *Ps.* sp. "tropheops black dorsal" und von *Ps.* sp. "tropheops chilumba type" sind ganz gelb und unterscheiden sich nicht voneinander.

Pseudotropheus sp. "tropheops chilumba type"

HANDELSNAMEN: Diese Art wurde noch nicht exportiert.
VERBREITUNG: *Ps.* sp. "tropheops chilumba type" wurde nur bei Chiwindi in Mosambik gefunden.
VARIANTEN UND MORPHEN: Unbekannt.
MAXIMALE LÄNGE: Die Gesamtlänge wird maximal auf etwa 10cm geschätzt.
BIOTOP: *Ps.* sp. "tropheops chilumba type" kommt in der Übergangszone in 4 bis 10m Tiefe vor.
ERNÄHRUNG: Die Nahrung besteht aus Algensträngen, die vom Felssubstrat abgepflückt werden.
ABLAICHVERHALTEN: Brütende Männchen sind territorial und verteidigen ihren Laichplatz in erster Linie gegenüber artgleichen Männchen. Die Weibchen sieht man in der Regel allein und werden zum Nest geführt, das auf oder längs einem Felsen angelegt ist.
ÄHNLICHE ARTEN: *Ps.* sp. "tropheops chilumba type" gleicht *Ps.* sp. "tropheops chilumba" in jedem Detail, außer daß keine Männchen mit einem roten Band auf der Rückenflosse gefunden wurden. Nicht alle *Ps.* sp. "tropheops chilumba" Männchen haben ein rotes Band, so daß einige sich nicht von den *Ps.* sp. "tropheops chilumba type" Männchen unterscheiden.

Pseudotropheus sp. "tropheops chinyamwezi"

HANDELSNAMEN: Diese Art wurde nicht exportiert.
VERBREITUNG: Sie kommt nur an der Insel Chinyamwezi vor.
VARIANTEN UND MORPHEN: Die OB-Morphe ist an dieser Insel recht häufig zu sehen. Ich glaube, daß dieser Mbuna mit *Ps. tropheops* artgleich sein könnte. Bis jedoch eine Revision des Komplexes dieser Formen vorliegt, werden sie weiterhin als zwei unterschiedliche Arten behandelt.

Pseudotropheus sp. „tropheops chilumba type", Chiwindi, Männchen

Pseudotropheus sp. „tropheops chinyamwezi", Chinyamwezi, Männchen

Pseudotropheus sp. „tropheops chilumba type", Chiwindi, Weibchen

Pseudotropheus sp. „tropheops chinyamwezi", Chinyamwezi OB-Weibchen

Pseudotropheus sp. „tropheops chinyamwezi", OB-Männchen, Aquarium

MAXIMALE LÄNGE: Ausgewachsene Exemplare sind etwa 13cm groß.
BIOTOP: *Ps.* sp. "tropheops chinyamwezi" lebt in allen Schichten des Felsenbiotops. Es ist der einzige Vertreter des *Ps. tropheops* Komplexes an der Insel Chinyamwezi.
ERNÄHRUNG: Er frißt vom Aufwuchs der Felsen. Wie alle Arten in diesem Komplex, frißt er in einem Winkel von 45 Grad zur Horizontalen. Er reißt und zerrt an Algensträngen auf den Felsen.
ABLAICHVERHALTEN: Wie *Ps. tropheops* ist auch *Ps.* sp. "tropheops chinyamwezi" bei seiner Revierverteidigung recht aggressiv. Sein Revier ist normalerweise um eine Höhle zwischen den Felsen zentriert. Die Weibchen werden zum Nest gelockt, und das Ablaichen findet in der Höhle statt. Die Weibchen sind Einzelgänger und können sich gegenüber artgleichen Weibchen streitsüchtig zeigen.
ÄHNLICHE ARTEN: Wie oben erwähnt, gleicht *Ps.* sp. "tropheops chinyamwezi" sehr *Ps. tropheops,* vor allem der Variante am Zimbawe Rock. Beide Formen sind polymorph und produzieren OB-Morphen. Das schwarze Band in der Rückenflosse von *Ps. tropheops* ist submarginal und auffällig. Bei *Ps.* sp. "tropheops chinyamwezi" ist die Rückenflosse fast ganz schwarz. *Ps.* sp. "tropheops chinyamwezi" gleicht ferner *Ps.* sp. "tropheops boadzulu". Die letztgenannte Art zeigt deutliche, senkrechte Bänderung, während diese bei "Tropheops Chinyamwezi" nur undeutlich ist oder ganz fehlt.

Pseudotropheus sp. "tropheops chinyankwazi"

HANDELSNAMEN: Diese Art wurde noch nicht exportiert.
VERBREITUNG: Sie ist an der Insel Chinyankwazi endemisch.
VARIANTEN UND MORPHEN: Es sind keine OB-Morphen bekannt.
MAXIMALE LÄNGE: Diese Art erreicht eine Gesamtlänge von etwa 12cm.
BIOTOP: Der Biotop an der Insel Chinyankwazi ist bis in mindestens 60m Tiefe felsig. *Ps.* sp. "tropheops chinyankwazi" kommt hauptsächlich in den oberen 12m des Biotops vor, wo die Felsen völlig frei von Sediment sind.
ERNÄHRUNG: Er frißt wie alle anderen Arten im *Ps. tropheops* Komplex in einem Winkel von etwa 45 Grad zur

Horizontalen. Dabei reißt er festgewachsene Algenstränge von den Felsen, zupft aber auch an einigen Stellen, wahrscheinlich, um Kieselalgen zu sammeln.
ABLAICHVERHALTEN: Brütende Männchen sind territorial und verteidigen einen Laichplatz zwischen den Felsen. Die Weibchen leben in der Regel einzeln, bilden aber, wenn sie an Felsen fressen, recht häufig auch große Gruppen.
ÄHNLICHE ARTEN: *Ps.* sp. "tropheops chinyankwazi" ist durch einen ganz blauen Körper und eine gelbliche Rückenflosse mit einem submarginalen Band gekennzeichnet. Die Männchen gleichen sehr den *Ps.* sp. "tropheops black dorsal", *Ps.* sp. "tropheops maleri blue" und *Ps.* sp. "tropheops chilumba" Männchen. Die gelbe Farbe auf ihrer Rückenflosse (*Ps.* sp. "tropheops chinyankwazi") unterscheidet sie von den anderen. Er könnte mit *Ps.* sp. "tropheops black dorsal" artgleich sein, mit dem er an benachbarten Riffen zusammen vorkommt. Ribbink et al. (1983) betrachten ihn jedoch als eine andere Art, und vorläufig soll *Ps.* sp. "tropheops chinyankwazi" auch weiterhin als eigenständige Art aufgeführt bleiben.

Pseudotropheus sp. "tropheops chitimba"

HANDELSNAMEN: Diese Art wurde noch nicht exportiert.
VERBREITUNG: Sie wurde nur in der Chitimba Bay, südlich von Chilumba, gefunden.
VARIANTEN UND MORPHEN: Unbekannt.
MAXIMALE LÄNGE: *Ps.* sp. "tropheops chitimba" kann maximal eine Gesamtlänge von etwa 8cm erreichen.
BIOTOP: Er wurde in der seichten Übergangszone in 4 bis 7m Tiefe gesehen. Die Felsen in dieser Region sind dick von einer Mischung aus Schlamm und Aufwuchs bedeckt.
ERNÄHRUNG: *Ps.* sp. "tropheops chitimba" wurde beim Zupfen am Aufwuchs beobachtet, normalerweise an senkrechten Flächen der Felsen. Seine Nahrung besteht wahrscheinlich aus Algen, jedoch wurden noch keine Magenuntersuchungen vorgenommen.
ABLAICHVERHALTEN: Brütende Männchen sind territorial und verteidigen Löcher in den flachen Sandsteinplatten als Laichplatz. Ihre Reviere sind groß und auf diesen Platten angelegen. Den größten Teil ihrer Aggression lenken die Männchen gegen artgleiche Männchen. Die Weibchen leben einzeln und schwimmen durch den

Pseudotropheus sp. „tropheops chinyankwazi", Männchen

Pseudotropheus sp. „tropheops chinyankwazi", Weibchen

Pseudotropheus sp. „tropheops chitimba", Chitimba Bay, Männchen

Pseudotropheus sp. „tropheops chitimba", Chitimba Bay, Weibchen

Biotop, manchmal mitten durch die großen Reviere der Männchen, von denen sie dann sofort aufgefordert werden, abzulaichen.
ÄHNLICHE ARTEN: *Ps.* sp. "tropheops chitimba" Männchen gleichen keinem anderen Mitglied im *Ps. tropheops* Komplex und sind leicht an der olivgrünen bis gelben Körperfarbe und der blauen Afterflosse zu erkennen. Die Weibchen lassen sich jedoch von denen des *Ps.* sp. "tropheops mauve" nicht unterscheiden, obwohl die adulten Weibchen der letztgenannten Art viel größer sind.

Pseudotropheus sp. "tropheops dark"

HANDELSNAMEN: Diese Art wurde noch nicht exportiert.
VERBREITUNG: Sie ist an der Insel Likoma endemisch.
VARIANTEN UND MORPHEN: Unbekannt.
MAXIMALE LÄNGE: *Ps.* sp. "tropheops dark" wird insgesamt etwa 13cm lang.
BIOTOP: Er kommt in allen möglichen Felsenbiotopen vor, ist jedoch selten in den wellenumspülten, oberen Regionen zu sehen. Er wird auch über Sandflecken zwischen Felsen in der Übergangszone gefunden.
ERNÄHRUNG: *Ps.* sp. "tropheops dark" frißt vom Aufwuchs der Felsen und scheint den sedimentfreien Teil zu bevorzugen. Deshalb sucht er in tieferen Regionen an senkrechten Flächen der Felsen nach Nahrung.
ABLAICHVERHALTEN: Brütende Männchen sind territorial und verteidigen einen Platz um eine Höhle zwischen den Felsen. Die Weibchen leben allein und sind oft in den Spalten und Zwischenräumen im Biotop zu finden. Abgelaicht wird in der Höhle des Männchens.
ÄHNLICHE ARTEN: *Ps.* sp. "tropheops dark" ist an der dunklen, blaubraunen Farbe auf den Flanken und einer rostbraun bis orangen Farbe auf Kopf und Brust zu erkennen, die bei anderen bekannten Mitgliedern des *Ps. tropeops* Komplexes nicht vorkommt. Die Weibchen sind dunkelgraubraun und ohne deutliche Zeichnung.

Pseudotropheus sp. „tropheops dark", Likoma, Männchen

Pseudotropheus sp. „tropheops dark", Likoma, Weibchen

Pseudotropheus sp. "tropheops deep"

HANDELSNAMEN: Dieser Mbuna wurde noch niemals exportiert.
VERBREITUNG: Er wurde bei Nkhata Bay und Lion's Cove (Thoto) gefunden.
VARIANTEN UND MORPHEN: Unbekannt.
MAXIMALE LÄNGE: Er erreicht eine Gesamtlänge von etwa 10cm.
BIOTOP: *Ps.* sp. "tropheops deep" kommt in den tieferen, sedimentreichen Regionen des Felsenbiotops vor. Er wird normalerweise unter 15m Tiefe gefunden und bevorzugt die kleinen bis mittelgroßen Felsen (Ribbink et al., 1983).
ERNÄHRUNG: Er frißt vom sedimentbedeckten Aufwuchs der Felsen, wo er wahrscheinlich Algen sammelt.
ABLAICHVERHALTEN: Brütende Männchen sind territorial und vertreiben jeden Eindringling aus ihrem Revier. Die Weibchen sind Einzelgänger. Sie werden zur Höhle des Männchen geführt, wo das Ablaichen stattfindet.
ÄHNLICHE ARTEN: *Ps.* sp. "tropheops deep" Männchen gleichen brütenden Männchen einiger Populationen von *Ps.* sp. "tropheops mauve", können aber an dem

Pseudotropheus sp. „tropheops deep", Nkhata Bay, Männ.

Pseudotropheus sp. „tropheops deep", Nkhata Bay, Weib.

Pseudotropheus sp. „tropheops deep", Lion's Cove

fehlenden, schwarzen Rand des weichstrahligen Teils der Rückenflosse erkannt werden, der für den "Tropheops Mauve" so charakteristisch ist. *Ps.* sp. "tropheops deep" gleicht auch *Ps.* sp. "tropheops aurora", ist aber viel kleiner und hochrückiger.

Pseudotropheus sp. "tropheops goldbreast"

HANDELSNAMEN: Diese Art wurde noch nicht exportiert.
VERBREITUNG: *Ps.* sp. "tropheops goldbreast" wird an der zentralen Ostküste zwischen Liutche und Tumbi Point gefunden.
VARIANTEN UND MORPHEN: Keine bekannt.
MAXIMALE LÄNGE: Er kann eine Gesamtlänge von etwa 13cm erreichen.
BIOTOP: Ps. sp. "tropheops goldbreast" bevorzugt die oberen Bereiche des Felsenbiotops und wird gewöhnlich im wellenumspülten Teil der oberen 3 Meter gesehen.
ERNÄHRUNG: Seine Nahrung besteht aus Algensträngen, die von sedimentfreien Felsen abgerissen werden.
ABLAICHVERHALTEN: Männchen in Brutfärbung sind territorial und verteidigen Höhlen im Felsenbiotop als Laichplätze. Die Weibchen sind Einzelgänger und bleiben immer ganz nahe bei den Felsen. Maulbrütende Weibchen wurden keine beobachtet.
ÄHNLICHE ARTEN: *Ps.* sp. "tropheops goldbreast" ähnelt *Ps.* sp. "tropheops black", kann aber an dem breiten, weißgefärbten Rand der Rückenflosse, den langen Afterflossen und den größeren, adulten Tieren erkannt werden.

Pseudotropheus sp. „tropheops goldbreast", Tumbi Pt.

Pseudotropheus sp. „tropheops goldbreast", Londo, Weib.

Pseudotropheus sp. „tropheops goldbreast", Londo, Männ.

Pseudotropheus sp. „tropheops goldbreast", Liutche

Pseudotropheus sp. "tropheops gold otter"

HANDELSNAMEN: Diese Art wurde in den frühen Siebzigern sporadisch exportiert. Ihr genauer Handelsname ist nicht bekannt, aber sehr wahrscheinlich wurde sie als Pseudotropheus Tropheops gehandelt.
VERBREITUNG: Sie kommt nur an der Küste zwischen Masaka und Otter Point, sowie an der Insel Otter vor.
VARIANTEN UND MORPHEN: Unbekannt.
MAXIMALE LÄNGE: Diese Art erreicht eine Gesamtlänge von etwa 10cm.
BIOTOP: *Ps.* sp. "tropheops gold otter" kommt in den oberen 5 Metern des Felsenbiotops vor. Die meisten Tiere werden über großen Felsen gesehen (Ribbink et al., 1983).
ERNÄHRUNG: Die Nahrungsaufnahme erfolgt wie bei den anderen Mitgliedern des *Ps. tropheops* Komplexes. Mit ruckenden und reißenden Bewegungen des Kopfes pflückt sie Algenstränge vom Substrat ab. Sind die Stränge kurz, zupft sie auch am Aufwuchs, wahrscheinlich um Kieselalgen zu sammeln.
ABLAICHVERHALTEN: Brütende Männchen verteidigen Reviere auf Felsen. Die Weibchen leben allein. Abgelaicht wird gewöhnlich in einer kleinen Einbuchtung auf der Felsoberfläche oder am Felsen entlang. Die Weibchen sind wie die Männchen gefärbt.
ÄHNLICHE ARTEN: Es gibt mehrere verschiedene Arten im *Ps. tropheops* Komplex, die entweder ganz gelbe Männchen oder gelbe Weibchen haben. *Ps.* sp. "tropheops gold otter" ist die einzige bekannte Art, in der Männchen und Weibchen eine identische, goldgelbe Farbe haben. Von allen anderen gelbgefärbten Tropheops hat sie den schlanksten Körper. Seine Form ähnelt der von *Ps.* sp. "tropheops intermediate", jedoch hat die letztgenannte Art ein deutliches, schwarzes, submarginales Band auf Rücken-, After- und Bauchflossen.

Pseudotropheus sp. „tropheops gold otter", Otter Point

Pseudotropheus sp. "tropheops higga"

HANDELSNAMEN: Pseudotropheus Tropheops Chilumba, Ps. Tropheops Bee.
VERBREITUNG: Dieses Mitglied im *Ps. tropheops* Komplex wurde nur am Higga Reef und um die Insel Mbamba Bay gefunden.

Pseudotropheus sp. „tropheops higga", Higga Reef, Männ.

Pseudotropheus sp. „tropheops higga", Higga Reef, Weib.

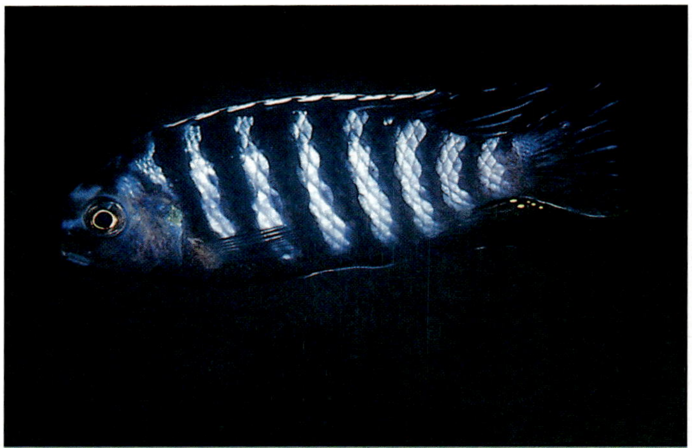

Pseudotropheus sp. „tropheops higga", Mbamba Bay Is., Männchen

Pseudotropheus sp. „tropheops intermediate", Thumbi West, Männchen

Pseudotropheus sp. „tropheops higga", Mbamba Bay Is., Weibchen

Pseudotropheus sp. „tropheops intermediate", Thumbi West, Weibchen

VARIANTEN UND MORPHEN: Unbekannt.
MAXIMALE LÄNGE: Die Größe adulter Exemplare wird auf rund 14cm geschätzt.
BIOTOP: *Ps.* sp. "tropheops higga" lebt im sedimentfreien Felsenbiotop in 5 bis 20m Tiefe.
ERNÄHRUNG: Er zupft und zerrt am Aufwuchs der Felsen und sammelt wahrscheinlich Algenstränge, die für andere Arten, außer Tropheops, unbrauchbar sind, da sie zu fest angewachsen sind. Er frißt aber auch Plankton im offenen Wasser.
ABLAICHVERHALTEN: Brütende Männchen sind territorial und verteidigen große Reviere auf der Oberfläche großer Felsblöcke. Das Ablaichen kann außerhalb der Höhlen stattfinden, jedoch haben einige territoriale Männchen eine Höhle, die als Unterschlupf und wahrscheinlich auch als Laichplatz dient. Die Weibchen leben allein und werden manchmal im offenen Wasser gesehen. Maulbrütende Weibchen halten sich in der Nähe der Felsen auf, verstecken sich aber nicht.
ÄHNLICHE ARTEN: *Ps.* sp. "tropheops higga" gleicht *Ps.* sp. "tropheops chilumba" und anderen Arten im *Ps. tropheops* Komplex. Er unterscheidet sich von den meisten durch seine größeren, adulten Tiere und den flacheren Körper.

Pseudotropheus sp. "tropheops intermediate"

SYNONYME: Die Unterart *Ps. tropheops romandi* wurde anhand eines Aquariumtieres von ungewissem Ursprung, aber wahrscheinlich von der Insel Likoma stammend, beschrieben. Jedoch ist der Beschreibung ein Foto zugefügt, auf dem *Ps.* sp. "tropheops intermediate" von Thumbi West abgebildet ist, und mit Ps. t. romandi betitelt. Die Typusexemplare wurden noch nicht wieder untersucht, und wegen der Verwirrung bezüglich der Typuslokalität, wurde der Name der Unterart nicht verwendet.
HANDELSNAMEN: Diese Art wurde früher als Pseudotropheus Tropheops exportiert.
VERBREITUNG: *Ps.* sp. "tropheops intermediate" ist an der Insel Thumbi West endemisch.
VARIANTEN UND MORPHEN: Unbekannt.
MAXIMALE LÄNGE: Er kann maximal etwa 11cm groß werden.
BIOTOP: Ribbink et al. (1983) berichten über eine Aufteilung des Biotops zwischen Männchen und Weibchen. Männchen werden vorwiegend in sedimentreichen Schichten und über Sandflecken zwischen Felsen gefunden. Die Weibchen kommen jedoch in jeder Art Biotop

vor und werden oft in sehr seichtem Wasser gesehen.
ERNÄHRUNG: Sowohl die Männchen als auch die Weibchen fressen vom Fels- oder Sandsubtrat. Sie sammeln lockeres Material, was für Mitglieder des *Ps. tropheops* Komplexes ungewöhnlich ist.
ABLAICHVERHALTEN: Brütende Männchen sind territorial. Sie graben Nester unter Felsen in der Übergangszone. Die Weibchen sind meist einzeln anzutreffen, lassen sich aber auch in kleinen Gruppen beobachten. Sie besuchen territoriale Männchen zur Paarung in ihrem Nest.
ÄHNLICHE ARTEN: Sowohl die Männchen als auch die Weibchen haben eine einzigartige Färbung unter den Mitgliedern des *Ps. tropheops* Komplexes. Auch die längliche Form findet man nicht häufig in dieser Gruppe. Die Weibchen sind ganz leuchtendgelb und haben ein schwarzes, submarginales Band auf Rücken-, After- und Bauchflossen. Die Männchen sind dunkelblau, fast schwarz, mit 7 bis 8 schwarzen, senkrechten Bändern. Wie die Weibchen tragen sie ein schwarzes, submarginales Band auf den Flossen.

Pseudotropheus sp. "tropheops lilac"

HANDELSNAMEN: Diese Art wurde noch nicht exportiert.
VERBREITUNG: Sie kommt um Thumbi West, Mumbo und die Maleri Inseln vor, und wird auch bei Chidunga Rocks, in der Nähe von Chipoka gefunden.
VARIANTEN UND MORPHEN: Ribbink et al. (1983) unterscheiden drei unterschiedliche Formen zwischen den verschiedenen Populationen dieses Mbuna. In ihrer Veröffentlichung verweisen sie auf die Population bei Thumbi West als *Ps. tropheops* "lilac"; die an der Insel Mumbo als *Ps. tropheops* "lilac mumbo" und die Population von den Maleri Inseln als *Ps.* tropheops "lilac maleri". Obwohl leichte Unterschiede in der Biotoppräferenz bei den Populationen beobachtet wurden, sind diese leicht auf die unterschiedliche Zusammensetzung der Gemeinschaft an jeder bestimmten Stelle zurückzuführen. Anatomische Unterschiede zwischen den Populationen wurden nicht beobachtet. Die Brutfärbung der Männchen unterscheidet sich zwar etwas von einer Stelle zur nächsten, jedoch nicht drastisch genug, um eine völlige Auftrennung in drei unterschiedliche Arten zu rechtfertigen (jedenfalls meiner Meinung nach).
MAXIMALE LÄNGE: Er wird etwa 12cm groß.
BIOTOP: An allen bekannten Stellen lebt *Ps.* sp. "tropheops lilac" in den oberen Regionen des Felsenbiotops. Dieser Teil ist normalerweise frei von Sediment. An der Insel Mumbo ist nur ein weiterer Vertreter des *Ps. tropheops* Komplexes zugegen, u. z. *Ps.* sp. "tropheops mumbo", wodurch *Ps.* sp. "tropheops lilac" vielleicht der Platz und die Gelegenheit gegeben wurden, in tiefere Regionen der Felsküste vorzudringen. Hier wird er manchmal tiefer als 20m gefunden.

Pseudotropheus sp. „tropheops lilac", Maleri

Pseudotropheus sp. „tropheops lilac", Chidunga

ERNÄHRUNG: Er frißt von sedimentfreien Flächen der Felsen. Wie die meisten anderen Mitglieder im *Ps. tropheops* Komplex frißt er im Winkel von 45 Grad. Mit ruckartigen Bewegungen reißt er Algenstränge, seine Hauptnahrung, von den Felsen.
ABLAICHVERHALTEN: Brütende Männchen sind territorial. Sie verteidigen eine Stelle auf der Oberfläche von Felsen. Viele territoriale Männchen haben keine Laichhöhle. Abgelaicht wird gewöhnlich entlang eines Felses oder in einer kleinen Einbuchtung in der Oberfläche eines großen Felses. Die Weibchen sind Einzelgänger.
ÄHNLICHE ARTEN: *Ps.* sp. "tropheops lilac" Männchen sind an der lila bis blauen Färbung zu erkennen, die bei den anderen Mitgliedern im *Ps. tropheops* Komplex nicht vorkommt. Ein Teil des Körpers dieses Fisches (vor allem Kopf und Brust) ist orange-braun gefärbt, was jedoch proportional innerhalb einer einzigen Population schwankt. Er unterscheidet sich von *Ps.* sp. "tropheops maleri yellow" durch den schwarzen Fleck auf dem hinteren Rand des weichstrahligen Teils der Rückenflosse. Die Rückenflosse von *Ps.* sp. "tropheops maleri yellow" enthält ein auffälliges, submarginales Band. Die Weib-

Pseudotropheus sp. „tropheops lilac", Mumbo

Pseudotropheus sp. „tropheops lilac", Thumbi West, Männ.

Pseudotropheus sp. „tropheops lilac", Thumbi West, Weib.

chen sind hellbraun bis grau und tragen zwei Punktreihen auf der Flanke.

Pseudotropheus sp. "tropheops lumessi blue"

HANDELSNAMEN: Dieser Mbuna wurde noch nicht exportiert.

VERBREITUNG: Bisher wurde er nur bei Lumessi, südlich des Flusses, gefunden, jedoch könnte er weiter verbreitet sein.

VARIANTEN UND MORPHEN: Unbekannt.

MAXIMALE LÄNGE: Die Männchen können maximal eine Gesamtgröße von etwa 11 cm erreichen; Weibchen wurden noch nicht gesehen.

BIOTOP: *Ps.* sp. "tropheops lumessi blue" wird in der oberen, wellenumspülten Region des Felsenbiotops in durchschnittlich 2 m Tiefe gefunden.

ERNÄHRUNG: Er frißt vom Felssubstrat, wo er wahrscheinlich Algen und Kieselalgen aufsammelt.

ABLAICHVERHALTEN: Die wenigen, beobachteten Männchen waren territorial und verteidigten einen Felsen gegenüber jedem Eindringling. Weibchen wurden keine gesehen.

ÄHNLICHE ARTEN: *Ps.* sp. "tropheops lumessi blue" gleicht Ps. sp. "tropheops maleri blue" im Verhalten und der Biotoppräferenz, kann aber an dem schwarzen Fleck im weichstrahligen Teil seiner Rückenflosse erkannt werden. *Ps.* sp. "tropheops lumessi blue" gleicht auch *Ps.* sp. "tropheops chilumba" und anderen Arten, die mit ihm verwandt sind, unterscheidet sich jedoch von diesen durch die kleineren Augen und kleinere, adulte Tiere.

Pseudotropheus sp. „tropheops lumessi blue", Lumessi

Pseudotropheus sp. "tropheops maleri blue"

HANDELSNAMEN: Diese Art wurde noch nicht exportiert.
VERBREITUNG: Sie kommt an allen drei Maleri Inseln vor.
VARIANTEN UND MORPHEN: Unbekannt.
MAXIMALE LÄNGE: Ps. sp. "tropheops maleri blue" erreicht eine Gesamtlänge von etwa 12cm.

Pseudotropheus sp. „tropheops maleri blue", Männchen

Pseudotropheus sp. „tropheops maleri blue", Weibchen

BIOTOP: Er wird häufig in seichten Felsregionen, die der Brandung ausgesetzt sind, gefunden. Normalerweise kommt er in weniger als 5m Tiefe vor. Diese Regionen sind frei von Sediment.
ERNÄHRUNG: Er wurde beim Fressen am Aufwuchs der Felsen beobachtet. Er zupft und reißt Algenstränge aus dem Substrat.
ABLAICHVERHALTEN: Brütende Männchen sind territorial und verteidigen Stellen auf den Felsoberflächen. Viele dieser territorialen Männchen besitzen keine Höhle, in die sie sich zurückziehen oder auch ablaichen können. Abgelaicht wird deshalb wahrscheinlich an einem Felsen entlang, was jedoch noch nicht bestätigt wurde. Die Weibchen sind Einzelgänger.
ÄHNLICHE ARTEN: Die blaue Brutfärbung der Männchen gleicht der von *Ps.* sp. "tropheops black dorsal", *Ps.* sp. "tropheops chilumba" und *Ps.* sp. "tropheops chinyankwazi". *Ps.* sp. "tropheops black dorsal" lebt in tieferen, sedimentreichen Regionen, und seine Weibchen sind gelblich gefärbt. Er ist mit *Ps.* sp. "tropheops chinyankwazi" nahe verwandt. Beide unterscheiden sich von *Ps.* sp. "tropheops maleri blue" durch das deutliche, schwarze, submarginale Band auf der Rückenflosse. Bei *Ps.* sp. "tropheops maleri blue" ist das submarginale Band schmal und undeutlich. Die Rückenflosse von *Ps.* sp. "tropheops chilumba" enthält ein deutliches, schwarzes, submarginales Band und einige Tiere haben ein rotes Band entlang der Basis der Rückenflosse. *Ps.* sp. "tropheops maleri blue" unterscheidet sich von *Ps.* sp. "tropheops lumessi blue" dadurch, daß der weichstrahlige Teil der Rückenflosse blau ist, während er bei der letztgenannten Art schwarz ist.

Pseudotropheus sp. "tropheops maleri yellow"

HANDELSNAMEN: Diese Art wurde niemals exportiert.
VERBREITUNG: Sie kommt an allen drei Maleri Inseln und bei der Insel Namalenje vor. Ob er auch bei Chidunga Rocks vorkommt, konnte noch nicht bestätigt werden, jedoch wurden ähnliche Mbuna dort beobachtet.
VARIANTEN UND MORPHEN: Es gibt Unterschiede in der Brutfärbung der Männchen bei den Populationen an den Inseln Nakantenga, Maleri und Namalenje. An der Insel Nakantenga zeigen die Männchen mehr blau auf dem Körper als die anderer Populationen.
MAXIMALE LÄNGE: Er kann auf eine Gesamtlänge von etwa 11,5cm heranwachsen.
BIOTOP: *Ps.* sp. "tropheops maleri yellow" lebt in seichtem Wasser vieler Felsregionen. Oft findet man ihn in der Nähe sedimentreicher Felsen in geschützten Buchten, jedoch kommt er auch in sedimentfreien Regionen vor. Die meisten Tiere kommen in den oberen 5m des Biotops vor.

Pseudotropheus sp. „tropheops maleri yellow", Mamalenje

ERNÄHRUNG: Seine Nahrung entnimmt er sowohl sedimentfreien als auch sedimentbedeckten Felsoberflächen, ähnlich den meisten anderen des *Ps. tropheops* Komplexes.
ABLAICHVERHALTEN: Die Männchen sind während der Brutzeit territorial. Sie verteidigen einen Felsen oder einen großen Teil einer Felsplatte als Revier, zu dem die Weibchen gelockt werden. Abgelaicht wird am Felsen entlang. Die Weibchen sind Einzelgänger.

Pseudotropheus sp. „tropheops maleri yellow", Maleri

Pseudotropheus sp. „tropheops maleri yellow", Nakantenga

ÄHNLICHE ARTEN: *Ps.* sp. "tropheops maleri yellow" gleicht mehreren anderen Arten anderer Stellen der Küste des See. Diese Arten sind durch unterschiedliche Kombinationen aus blauen und gelben Farben gekennzeichnet. Zwei davon sind *Ps.* sp. "tropheops mbenji yellow" und *Ps.* sp. "tropheops yellow chin". Vorläufig gelten diese Mbuna weiter als unterschiedliche Arten (Ribbink et al., 1983), aber wahrscheinlich sind sie nahe miteinander verwandt. Ein echter Unterschied zwischen diesen Formen ist nicht zu finden, da das Farbmuster der brütenden Männchen innerhalb einer einzigen Population derart variieren kann, daß es mit dem der anderen Formen überlappt. In einigen Fällen scheint der Anteil am gelben Pigment positiv mit dem Anteil an Sediment im Biotop korreliert zu sein. *Ps.* sp. "tropheops maleri yellow" unterscheidet sich von *Ps.* sp. "tropheops lilac" durch den Besitz eines submarginalen Bandes in der Rückenflosse. Bei *Ps.* sp. "tropheops lilac" hat die Rückenflosse nur einen schwarzen Fleck im hinteren Rand des weichstrahligen Teils.

Pseudotropheus sp. "tropheops mauve"

HANDELSNAMEN: Pseudotropheus Tropheops Blue Tanzania. Die Variante bei Mara Rocks (Malawi) wurde als Yellow Chin Macrophthalmus exportiert.
VERBREITUNG: Er kommt entlang der ganzen Nordwestküste, von Ngara bis zur Insel Kande Island vor. Und entlang der Nordostküste wird er zwischen Pombo Rocks und Lupingu gefunden. Die Tropheops-ähnliche Form am Jalo Reef könnte ebenfalls zu dieser Art gehören, ist jedoch zur Zeit Ps. sp. "tropheops mbenji blue" zugeordnet, die sich von der Variante des Ps. sp. "tropheops mauve" an der Insel Kande jedoch nicht unterscheidet.
VARIANTEN UND MORPHEN: Geographische Variation kommt bei *Ps.* sp. "tropheops mauve" häufig vor. Die nördlichen Populationen an der Westküste und die bei

Pseudotropheus sp. „tropheops mauve", Lupingu

Pseudotropheus sp. „tropheops mauve", Cape Kaiser, Männ.

Pseudotropheus sp. „tropheops mauve", Cape Kaiser, Weib.

Pseudotropheus sp. „tropheops mauve", Chewere, Männ.

Pseudotropheus sp. „tropheops mauve", Pombo, Weibchen

Pseudotropheus sp. „tropheops mauve", Chewere, Weib.

Pseudotropheus sp. „tropheops mauve", Ngara

Pseudotropheus sp. „tropheops mauve", Nkhata Bay, Männ.

Pseudotropheus sp. „tropheops mauve", Mara Rocks

Pseudotropheus sp. „tropheops mauve", Nkhata Bay, Weib.

Lupingu und Nkhata Bay sind ganz hellviolett bis blau gefärbt. Die Populationen bei Usisya, Mara Rocks und der Insel Kande an der Westküste und die bei Magunga und Cape Kaiser entlang der Ostküste sind auf dem Kinn, der Brust und dem Bauch gelb gefärbt. Am Magunga Reef sind einige Männchen fast ganz gelb. Die Weibchen an allen bekannten Stellen sind gelb, mit zwei horizontalen Punktreihen auf dem Körper.
MAXIMALE LÄNGE: Er erreicht maximal eine Gesamtlänge von etwa 11cm.
BIOTOP: *Ps.* sp. "tropheops mauve" bewohnt den seichten, sedimentfreien Felsenbiotop. An Stellen, an denen dieser besondere Biotop selten ist, findet man ihn auch in der Übergangszone. Er kommt vorwiegend in etwa 4m Tiefe vor.
ERNÄHRUNG: Wie die meisten anderen Mitglieder im *Ps. tropheops* Komplex, frißt er in einem Winkel von 45 Grad zur Horizontalen. Er zupft und beißt Algen von den Felsen. Pflanzliches Material stellt den Hauptanteil seiner Nahrung.
ABLAICHVERHALTEN: Brütende Männchen sind territorial. Sie verteidigen ihre Reviere auf vorstehenden Felsen (Ribbink et al., 1983). Die Weibchen, die meistens allein sind, werden zum Nest des Männchens gelockt. Abgelaicht wird normalerweise entlang des Felsens.
ÄHNLICHE ARTEN: Die ganz blauen Varianten sind in ihrer Färbung einzigartig, jedoch ähneln die gelbblauen Varianten sehr dem *Ps.* sp. "tropheops mbenji blue". Die beiden letztgenannten Arten und die Form des *Ps.* sp. "tropheops mauve" mit dem gelben Kinn, lassen sich von *Ps.* sp. "tropheops lilac" durch das fehlende, schmale, schwarze, submarginale Band auf der Rückenflosse unterscheiden. *Ps.* sp. "tropheops mauve" Männchen, die entlang der Ufer Tansanias vorkommen, sind durch einen schwarzen weichstrahligen Teil der Rückenflosse gekennzeichnet.

Pseudotropheus sp. „tropheops mauve", Kande, Weibchen

Pseudotropheus sp. „tropheops mauve" Magunga, Männchen

Pseudotropheus sp. "tropheops mbenji blue"

HANDELSNAMEN: Pseudotropheus Tropheops Mbenji.
VERBREITUNG: Er kommt an der Insel Mbenji, dem Nkhomo Reef und am Jalo Reef vor.
VARIANTEN UND MORPHEN: Unbekannt.
MAXIMALE LÄNGE: *Ps.* sp. "tropheops mbenji blue" erreicht eine Gesamtlänge von etwa 12cm.
BIOTOP: In erster Linie bewohnt er den sedimentfreien Felsenbiotop, kann aber auch in tieferen Regionen vorkommen. Am Jalo Reef, dessen Spitze etwa 15m unter der Wasseroberfläche liegt, und am Nkhomo Reef lebt er zwischen sedimentbedeckten Felsen in etwa 20m Tiefe.
ERNÄHRUNG: *Ps.* sp. "tropheops mbenji blue" frißt vom sedimentfreien Aufwuchs auf Felsen in seichten Regionen und von senkrechten Felswänden in tieferen Bereichen des Biotops. Er reißt Algenstränge vom Substrat, die den Hauptteil seiner Nahrung ausmachen.
ABLAICHVERHALTEN: Brütende Männchen sind territorial. Sie verteidigen Höhlen zwischen den Felsen als Zentrum ihres Reviers. Die Weibchen leben allein und werden durch zitterndes Balzen zum Nest des Männchens gelockt. Abgelaicht wird in der Höhle.
ÄHNLICHE ARTEN: *Ps.* sp. "tropheops mbenji blue" Männchen erkennt man am Farbmuster und dem völligen Fehlen eines submarginalen Bandes auf der Rükkenflosse. Man kann ihn jedoch nicht von den gelb-blauen Varianten von *Ps.* sp. "tropheops mauve" unterscheiden. Die Weibchen der letztgenannten Art sind gelblich, während die *Ps.* sp. "tropheops mbenji blue" Weibchen grau-braun sind.

Pseudotropheus sp. „tropheops mbenji blue", Jalo Reef

Pseudotropheus sp. „tropheops mbenji blue", Mbenji, Weib.

Pseudotropheus sp. „tropheops mbenji blue", Mbenji, Männ.

Pseudotropheus sp. „tropheops mbenji blue", Nkhomo

Pseudotropheus sp. "tropheops mbenji yellow"

HANDELSNAMEN: Dieser Mbuna wurde noch nicht exportiert.
VERBREITUNG: Er ist an der Insel Mbenji endemisch.
VARIANTEN UND MORPHEN: Unbekannt.
MAXIMALE LÄNGE: Er erreicht maximal etwa 11cm.
BIOTOP: *Ps.* sp. "tropheops mbenji yellow" kommt hauptsächlich in der Übergangszone vor. Er ist in seichten, geschützten Buchten, aber auch in tieferen Regionen des Felsenbiotops zu Hause. Obwohl er sehr auf

Pseudotropheus sp. „tropheops mbenji yellow", Mbenji, Männchen

Pseudotropheus sp. „tropheops mbenji yellow", Mbenji, Weibchen

Felsen angewiesen ist, wird er auch über Sand angetroffen.
ERNÄHRUNG: Er frißt auf ähnliche Art und Weise wie die anderen Mitglieder im *Ps. tropheops* Komplex. Er frißt lockere und festgewachsene Algenstränge vom Substrat.
ABLAICHVERHALTEN: Brütende Männchen verteidigen aggressiv ein Revier zwischen den Felsen. Ihre Reviere sind manchmal um eine Höhle zentriert, in der normalerweise das Ablaichen stattfindet, jedoch wurde auch außerhalb der Höhlen abgelaicht. Die Weibchen sind Einzelgänger.
ÄHNLICHE ARTEN: *Ps.* sp. "tropheops mbenji yellow" gleicht sehr mehreren anderen Mitgliedern im *Ps. tropheops* Komplex. Er läßt sich von Ps. sp. "tropheops maleri yellow", *Ps.* sp. "tropheops yellow chin" und *Ps.* sp. "tropheops yellow gullar" praktisch nicht unterscheiden. Die letztgenannte Art trägt den kleinsten gelben Fleck auf Brust und Kinn, jedoch variiert in den meisten der oben genannten Arten der Anteil der gelben Farbe beträchtlich. *Ps.* sp. "tropheops mbenji yellow" unterscheidet sich von *Ps.* sp. "tropheops lilac" durch das deutlich schwarze, submarginale Band auf der Rükkenflosse. Die letztgenannte Art trägt nur ein schwarzes Band auf dem weichstrahligen Teil der Flosse.

Pseudotropheus sp. "tropheops membe"

HANDELSNAMEN: Diese Art wurde noch nicht exportiert.
VERBREITUNG: Sie kommt an der Insel Likoma und entlang der zentralen Ostküste zwischen Mara Point und Tumbi Point (Mosambik) vor.
VARIANTEN UND MORPHEN: Bei Mbweca haben die Männchen eine völlig orangefarbene Rückenflosse, die bei den Männchen der anderen Populationen ein schwarzes, submarginales Band enthält.
MAXIMALE LÄNGE: Bei Makulawe Point erreichen die Männchen eine Gesamtlänge von etwa 13cm.
BIOTOP: *Ps.* sp. "tropheops membe" bevorzugt den tieferen, sedimentreichen Teil des Felsenbiotops, wird aber auch über der Übergangszone gefunden. An den meisten Stellen lebt er tiefer als 10m.
ERNÄHRUNG: Er frißt vom sedimentbedeckten Fels- und Sandsubstrat. Seine Nahrung besteht hauptsächlich aus lockeren Algensträngen, die vom Aufwuchs herausgezogen werden.
ABLAICHVERHALTEN: Das territoriale Verhalten der Männchen richtet sich vorwiegend gegen artgleiche Männchen. Ihr Revier befindet sich meist zwischen einigen Felsen und um eine Grube, in der abgelaicht wird. Die Weibchen leben gewöhnlich allein, jedoch kann man auch kleine Gruppen beobachten (Ribbink et al., 1983).
ÄHNLICHE ARTEN: *Ps.* sp. "tropheops membe" ist eine charakteristisch gefärbte Art, die keinem anderen bekannten Mitglied im *Ps. tropheops* Komplex ähnelt. Er könnte mit *Ps. gracilior* verwandt sein, mit dem er die längliche Körperform und die Biotoppräferenz teilt.

Pseudotropheus sp. "tropheops mumbo"

HANDELSNAMEN: Diese Art wurde noch nicht exportiert. Ribbink et al. (1983) erwähnen diese Art als Pseudotropheus zebra "mumbo".
VERBREITUNG: Sie ist an der Insel Mumbo endemisch.
VARIANTEN UND MORPHEN: Die Männchen aus den tieferen Schichten des Biotops, in etwa 25m Tiefe, zeigen mehr gelbes Pigment auf dem Körper als die in seichteren Bereichen. Manchmal findet man völlig gelb gefärbte Weibchen zusammen mit normal gefärbten Tieren.
MAXIMALE LÄNGE: Diese Art erreicht eine Gesamtlänge von etwa 10cm.
BIOTOP: *Ps.* sp. "tropheops mumbo" kommt vorwiegend in der Übergangszone vor. Häufig sieht man ihn in sedimentreichen Gegenden, sowohl in seichten als auch tieferen Regionen.
ERNÄHRUNG: Er frißt vom Fels- und Sandsubstrat, das

Pseudotropheus sp. „tropheops membe", Likoma, Männ.

Pseudotropheus sp. „tropheops membe", Mbweca, Männ.

Pseudotropheus sp. „tropheops membe", Likoma, Weib.

Pseudotropheus sp. „tropheops membe", Mbweca, Weib.

Pseudotropheus sp. „tropheops membe", Mara Point, Männ.

Pseudotropheus sp. „tropheops membe", Tumbi Point, Männ.

Pseudotropheus sp. „tropheops membe", Mara Point, Weib.

Pseudotropheus sp. „tropheops membe", Tumbi Point, Weib.

Pseudotropheus sp. „tropheops mumbo", Mumbo, Männ.

Pseudotropheus sp. „tropheops mumbo", Mumbo, Weib.

Pseudotropheus sp. „tropheops mumbo", Mumbo, Weibchen yellow

mit Sediment bedeckt ist. Seine Nahrung besteht vorwiegend aus lockeren Algensträngen, die er aus dem Aufwuchs herauskämmt.

ABLAICHVERHALTEN: Balzende Männchen verteidigen eine Höhle im Mittelpunkt ihres Revieres. Die Höhle liegt zwischen, unter Felsen oder im Sand. Abgelaicht wird in der Höhle. Die Weibchen sind normalerweise allein. Jungtiere bilden in der seichten Übergangszone kleine Gruppen.

ÄHNLICHE ARTEN: *Ps.* sp. "tropheops mumbo" hat ein charakteristisches Muster, das bei keinem anderen Mitglied des *Ps. tropheops* Komplexes vorkommt. Seine Färbung ähnelt oberflächlich betrachtet dem von *Gephyrochromis* sp. "zebroides" und *Labidochromis* sp. "zebra eastern". Diese drei Arten sind leicht an ihrer allgemeinen Morphologie zu unterscheiden. *Ps.* sp. "tropheops mumbo" könnte vielleicht mit *Ps.* sp. "tropheops boadzulu" verwechselt werden, unterscheidet sich aber durch seine schmaleren, senkrechten Bänder und seine hellere Farbe auf den Flanken (weiß gegenüber braun bei den Weibchen und gelb gegenüber rostbraun bei den Männchen).

Pseudotropheus **sp. "tropheops olive"**

HANDELSNAMEN: Pseudotropheus Olive, Ps. Lumbira.

VERBREITUNG: *Ps.* sp. "tropheops olive" kommt an der Nordwestküste zwischen der Insel Kande und Mdoka und an der Nordostküste zwischen Ikombe und dem Fluß Ruhuhu vor.

VARIANTEN UND MORPHEN: Unbekannt.

MAXIMALE LÄNGE: Er erreicht höchstens eine Größe von circa 11cm.

BIOTOP: *Ps.* sp. "tropheops olive" bevorzugt die oberen, wellenumspülten und sedimentfreien Zonen des Felsenbiotops. Man findet ihn selten tiefer als 5m.

ERNÄHRUNG: Er frißt vom sedimentfreien Aufwuchs, wo er Algenstränge von den Felsen abzupft oder abreißt.

ABLAICHVERHALTEN: Brütende Männchen sind territorial und verteidigen eine Stelle auf einem großen Felsen. Die meisten Männchen beanspruchen auch eine Höhle zum Ablaichen, aber einige laichen auch am Felsen entlang ab. Die Weibchen leben normalerweise allein; manchmal kann man aber auch kleine Gruppen sehen (Ribbink et al., 1983).

ÄHNLICHE ARTEN: *Ps.* sp. "tropheops olive" Weibchen sind an der weißen bis gelblichen Grundfarbe mit einem Muster aus senkrechten Bändern und zwei horizontalen Reihen kleiner Flecken zu erkennen. Sehr kennzeichnend sind die Punkte an der Basis der Rückenflosse. Dieses letztgenannte Merkmal prägt diese Art. Die Männchen gleichen jedoch *Ps. macrophthalmus* und sind nur schwer von diesen zu unterscheiden. Die Männchen der letztgenannten Art haben eine leuchtendgelbe Farbe, die sich von der messinggelben Farbe der *Ps.* sp. "tropheops olive" Männchen unterscheidet. Es ist natürlich einfacher, das Schreckmuster beider Arten zu vergleichen, da *Ps. macrophthalmus* Männchen dabei keine senkrechten Bänder und horizontalen Streifen zeigen wie die gestreßten *Ps.* sp. "tropheops olive" Männchen.

Pseudotropheus sp. „tropheops olive", Mdoka

Pseudotropheus sp. „tropheops olive", Cape Kaiser

Pseudotropheus sp. „tropheops olive", Chitande

Pseudotropheus sp. „tropheops olive", Charo, Weibchen

Pseudotropheus sp. „tropheops olive", Lion's Cove

Pseudotropheus sp. „tropheops olive", Lupingu, jung. Männ.

Pseudotropheus sp. "tropheops red cheek"

HANDELSNAMEN: Pseudotropheus Macrophthalmus Red Cheek, Ps. Big Eye, Ps. Tropheops Checkered, Ps. Tropheops Red head.

VERBREITUNG: Diese Art wird bei den Inseln Likoma und Chizumulu und entlang der Nordostufer, nördlich des Flusses Ruhuhu gefunden. Von Likoma aus wurde er bei der Insel Thumbi West eingeschleppt. Zwischen Zambo Point und Tsano Rock, nördlich von Monkey Bay, gibt es eine kleine Population, die in jeder Hinsicht mit denen an Likoma und Chizumulu identisch ist. Es ist nicht bekannt, ob diese Population eingeschleppt wurde, ein Beispiel von bemerkenswerter, paralleler Evolution darstellt, oder ob es der Rest einer Population einer einst weiter verbreiteten Art ist. Vorläufig gilt sie als artgleich

Pseudotropheus sp. „tropheops red cheek", Likoma, Männ.

Pseudotropheus sp. „tropheops red cheek", Ikombe, Weib.

Pseudotropheus sp. „tropheops red cheek", Likoma, Weib.

Pseudotropheus sp. „tropheops red cheek", Kirondo

Pseudotropheus sp. „tropheops red cheek", Tsano Rock

Pseudotropheus sp. „tropheops red cheek", Lupingu, Weib.

Pseudotropheus sp. „tropheops red cheek", Ikombe, Männ.

Pseudotropheus sp. „tropheops red cheek", Cape Kaiser

mit den Populationen aus der Nordhälfte des Sees.
VARIANTEN UND MORPHEN: Die Weibchen der nördlichsten Populationen haben eine silbrigbeige Grundfarbe, wogegen diese bei den Weibchen von Likoma, Chizumulu und Tsano Rock gelb ist. Das Ausmaß an oranger Farbe auf dem Kopf der Männchen variiert innerhalb einer einzigen Population.
MAXIMALE LÄNGE: Diese Art kann maximal auf eine Länge von etwa 12cm heranwachsen.
BIOTOP: *Ps.* sp. "tropheops red cheek" bevorzugt den oberen Teil des Felsenbiotops, der völlig frei von Sediment ist. Normalerweise findet man ihn in seichtem, weniger als 5m tiefem Wasser, und oft kommt er an exponierten Ufern vor.
ERNÄHRUNG: Wie die meisten Mitglieder im *Ps. tropheops* Komplex, zupft er Algenstränge am Felssubstrat. Diese Stränge werden mit ruckartigen Bewegungen des Kopfes vom Fels abgerissen.
ABLAICHVERHALTEN: Männchen in Brutfärbung sind territorial und verteidigen aggressiv Felsoberflächen als Laichplätze. Selten verteidigt ein Männchen eine Höhle als Laichplatz. Abgelaicht wird am Fels entlang. Die Weibchen sind Einzelgänger und zeigen manchmal auch gegenüber artgleichen Weibchen Aggression.
ÄHNLICHE ARTEN: Die leuchtendorangen Flecken auf dem Kopf und der Vorderseite des Körpers bilden einen lebhaften Kontrast zur blauen Grundfarbe der Männchen. Die Brutfärbung der Männchen enthält auch deutliche, senkrechte Bänder. Ein solches Farbmuster kommt bei keinem anderen Mitglied im *Ps. tropheops* Komplex vor. Die Weibchen haben ein Pigmentierungsmuster aus zwei horizontalen Punktreihen und sind kaum von den *Ps.* sp. "tropheops mauve" Weibchen zu unterscheiden.

Pseudotropheus sp. "tropheops red fin"

HANDELSNAMEN: Pseudotropheus Red Fin.
VERBREITUNG: Ps. sp. "tropheops red fin" ist an beiden Seiten des Sees weit verbreitet. Er kommt an der Nordwestküste zwischen Mara Rocks und Charo, und entlang der Ostküste zwischen Lumbaulo und Lundu vor.
VARIANTEN UND MORPHEN: Die Weibchen und Jungtiere sehen in allen Populationen identisch aus, die Männchen aber variieren in der Intensität der orangen Farbe. Die am stärksten orange gefärbten Männchen findet man bei Londo, die am stärksten gelb gefärbten bei der Insel Hongi. An mehreren anderen Stellen sind die Männchen mehr blau als orange, und an jeder Stelle gibt es beträchtliche Variation innerhalb einer einzigen Population.
MAXIMALE LÄNGE: *Ps.* sp. "tropheops red fin" kann maximal eine Größe von etwa 11cm erreichen.
BIOTOP: Er bevorzugt den sedimentreichen Felsenbiotop, normalerweise unter 10m Tiefe. Er kommt auch in übergangszonenähnlichen Bereichen des Biotops und auf Sand vor.
ERNÄHRUNG: Er frißt vom sedimentreichen Aufwuchs, dem er lockere Algenstränge und auch Wirbellose entnimmt.
ABLAICHVERHALTEN: Brütende Männchen sind territorial und verteidigen eine Stelle um eine Höhle. Befinden sich die Reviere über Sand, graben die Männchen auch Nester unter Felsen. Die Weibchen kommen in kleinen Gruppen oder allein vor. Abgelaicht wird in der Höhle der Männchen. Die Jungen gruppieren sich normalerweise im seichten Teil des Felsenbiotops in Schulen.
ÄHNLICHE ARTEN: Der längliche Körper und die charakteristische Farbe sind unverwechselbare Merkmale sowohl der Männchen als auch der Weibchen.

Pseudotropheus sp. „tropheops red fin", Hora Mhango, Männchen

Pseudotropheus sp. „tropheops red fin", Hora Mhango, Weibchen

Pseudotropheus sp. „tropheops red fin", Kakusa

Pseudotropheus sp. „tropheops red fin", Lundu, Weibchen

Pseudotropheus sp. „tropheops red fin", Mara Rocks, Männ.

Pseudotropheus sp. „tropheops red fin", Thumbi Pt., Männ.

Pseudotropheus sp. „tropheops red fin", Mara Rocks, Weib.

Pseudotropheus sp. „tropheops red fin", Thumbi Pt., Weib.

Pseudotropheus sp. „tropheops red fin", Lundu, Männchen

Pseudotropheus sp. „tropheops red fin", Puulu

Pseudotropheus sp. „tropheops red fin", Liuli

Pseudotropheus sp. „tropheops red fin", Wikihi, Weibchen

Pseudotropheus sp. „tropheops red fin", Hongi

Pseudotropheus sp. „tropheops red fin", Liutche

Pseudotropheus sp. „tropheops red fin", Mbamba Bay Is.

Pseudotropheus sp. „tropheops red fin", Londo

Pseudotropheus sp. „tropheops red fin", Wikihi Männchen

Pseudotropheus sp. „tropheops red fin", Lumbaulo

Pseudotropheus sp. "tropheops rust"

HANDELSNAMEN: Dieser Mbuna wurde noch nicht exportiert.
VERBREITUNG: Er kommt an der Nordwestküste zwischen Chizi Point und Cape Manulo vor, und an der Ostküste zwischen Manda und Lupingu.
VARIANTEN UND MORPHEN: Männchen bei Nkhata Bay haben ein leuchtenderes Farbmuster als die Männchen anderswo, jedoch ist geographische Variation minimal, selbst von einem Ufer zum gegenüberliegenden.
MAXIMALE LÄNGE: Dieser Mbuna kann eine Gesamtlänge von etwa 10cm erreichen.
BIOTOP: *Ps.* sp. "tropheops rust" bewohnt die Übergangszone und wird normalerweise in Gegenden mit sedimentreichen Felsen gefunden. Durchschnittlich kommt er in etwa 10m Tiefe vor.
ERNÄHRUNG: Wie die meisten anderen Mitglieder im *Ps. tropheops* Komplex, frißt er vom Aufwuchs, indem er Algenstränge zupft und abreißt.
ABLAICHVERHALTEN: Das territoriale Verhalten brütender Männchen richtet sich hauptsächlich gegen artgleiche Männchen. Sie verteidigen ein Revier, das um eine Höhle zwischen den Felsen zentriert ist. Die Weibchen leben in kleinen Gruppen und werden zum Ablaichen ins Nest des Männchens geführt.
ÄHNLICHE ARTEN: *Ps.* sp. "tropheops rust" ist durch ein Pigmentierungsmuster gekennzeichnet, das aus vielen auffälligen Bändern und einer rostbraun-orangen Farbe auf Kopf und Vorderseite besteht. Dieses Muster zusammen mit der purpurrot bis blauen Grundfarbe

Pseudotropheus sp. „tropheops rust", Manda

Pseudotropheus sp. „tropheops rust", Nkhata Bay, Männ.

Pseudotropheus sp. „tropheops rust", Cape Kaiser, Weib.

Pseudotropheus sp. „tropheops rust", Nkhata Bay, Weib.

Pseudotropheus sp. „tropheops rust", Lupingu

unterscheidet die Männchen von allen anderen Mitgliedern im *Ps. tropheops* Komplex. Die Weibchen haben eine beige Grundfarbe mit zwei horizontalen Punktreihen auf der Flanke.

Pseudotropheus sp. "tropheops sand"

HANDELSNAMEN: Pseudotropheus Tropheops Sand.
VERBREITUNG: Er wurde an der Ostküste des Sees zwischen dem Wikihi und Undu Reef gefunden.
VARIANTEN UND MORPHEN: Unbekannt.
MAXIMALE LÄNGE: *Ps.* sp. "tropheops sand" kann höchstens auf eine Größe von etwa 10cm heranwachsen. Die Weibchen bleiben etwa um ein Viertel kleiner.
BIOTOP: Er kommt über Sand in der Nähe von Felsenbiotopen vor, normalerweise in 10 bis 30m Tiefe.
ERNÄHRUNG: *Ps.* sp. "tropheops sand" pickt sein Futter aus der dünnen Sedimentschicht auf dem Sand auf. Seine Nahrung könnte hauptsächlich aus Kieselalgen bestehen.
ABLAICHVERHALTEN: Männchen in Brutfärbung sieht man häufig, aber territoriale Männchen sind selten. Einige wurden beobachtet, von denen jedes eine schüsselförmige Laichgrube verteidigte, die in den Sand nahe

Pseudotropheus sp. „tropheops sand", Undu, Männchen

Pseudotropheus sp. „tropheops sand", Undu, Weibchen

Pseudotropheus sp. „tropheops sand", Wikihi

den Felsen gegraben war. Die Weibchen leben in kleinen Gruppen, wenn sie auf Nahrungssuche sind. Darunter befinden sich auch maulbrütende Weibchen.
ÄHNLICHE ARTEN: *Ps.* sp. "tropheops sand" gleicht sehr *Ps.* sp. "tropheops sand blackfin", läßt sich aber dadurch unterscheiden, daß die Männchen der letztgenannten Art nur einen einzigen großen Eifleck auf der Afterflosse haben, während die *Ps.* sp. "tropheops sand" Männchen nur mehrere kleine Punkte zeigen. Auch die senkrechten Bänder auf der Flanke von *Ps.* sp. "tropheops sand" sind breiter und deutlicher als die von *Ps.* sp. "tropheops sand blackfin". Die Weibchen beider Arten sind leicht auseinanderzuhalten. Die von *Ps.* sp. "tropheops sand" haben breite, senkrechte Bänder und durchsichtige After- und Bauchflossen, während die Flossen der *Ps.* sp. "tropheops sand blackfin" Weibchen schwarz sind. Bei den *Ps.* sp. "tropheops sand blackfin" Weibchen fehlt die senkrechte Bänderung entweder völlig oder sie ist nur undeutlich zu erkennen.

Pseudotropheus sp. "tropheops sand blackfin"

HANDELSNAMEN: Pseudotropheus Tropheops Sand.
VERBREITUNG: Er kommt entlang der Ostküste zwischen Lundu und Ikombe vor.
VARIANTEN UND MORPHEN: Unbekannt.
MAXIMALE LÄNGE: Männchen können eine Gesamtlänge von etwa 10cm erreichen; die Weibchen bleiben um ein Fünftel kleiner.
BIOTOP: *Ps.* sp. "tropheops sand blackfin" wird über offenen Sandboden normalerweise nicht weit entfernt von Felsen, beobachtet. Sowohl die Männchen als auch die Weibchen suchen in Gruppen auf dem Sand nach Nahrung.
ERNÄHRUNG: *Ps.* sp. "tropheops sand blackfin" pickt sein Futter, wahrscheinlich Kieselalgen, aus dem Schlick, der den Sand bedeckt.
ABLAICHVERHALTEN: Territoriale Männchen verteidi-

Pseudotropheus sp. „tropheops sand blackfin", Makonde

Pseudotropheus sp. „tropheops sand blackfin", Msisi

Pseudotropheus sp. „tropheops sand blackfin", Lupingu

gen flache Vertiefungen im Sand als Laichplatz. Solche Nester befinden sich immer in der Nähe von Felsen. Einige Männchen wurden bei der Verteidigung eines gegrabenen Nestes unter kleinen Felsen beobachtet. Nicht alle Männchen in Brutfärbung sind territorial. Die maulbrütenden Weibchen schwimmen über offenen Sandboden.
ÄHNLICHE ARTEN: *Ps.* sp. "tropheops sand blackfin" gleicht *Ps.* sp. "tropheops sand", unterscheidet sich aber in der Zeichnung der Afterflosse: *Ps.* sp. "tropheops sand blackfin" Männchen haben einen einzigen großen Eifleck (manchmal zusammen mit einigen winzigen Punkten), während die "Tropheops Sand" Männchen mehrere kleine Punkte tragen. *Ps.* sp. "tropheops sand blackfin" Weibchen haben schwarze Bauch- und Afterflossen und zeigen nur schwache Bänderung, während die von *Ps.* sp. "tropheops sand" durchsichtige Flossen tragen und ein Muster aus deutlichen, senkrechten Bändern haben.

Pseudotropheus sp. "tropheops taiwan"

HANDELSNAMEN: Diese Art wurde noch nicht exportiert.

Pseudotropheus sp. „tropheops taiwan", Taiwan Reef, Männ.

Pseudotropheus sp. „tropheops taiwan", Taiwan Reef, Weib.

VERBREITUNG: Sie ist am Taiwan Reef, nördlich der Insel Chizumulu, endemisch. Es ist der einzige Vertreter des *Ps. tropheops* Komplexes an diesem Riff.
VARIANTEN UND MORPHEN: Unbekannt.
MAXIMALE LÄNGE: Er erreicht eine Gesamtlänge von etwa 14cm.
BIOTOP: *Ps.* sp. "tropheops taiwan" bewohnt den Felsenbiotop in durchschnittlich 15m Tiefe. Die Felsen am

Riff sind groß, und sind der bevorzugte Aufenhaltsort dieser Mbunas.
ERNÄHRUNG: Er zupft Algen vom Felssubstrat, ähnlich den anderen Mitgliedern aus der *Ps. tropheops* Gruppe.
ABLAICHVERHALTEN: Territoriale Männchen bewachen relativ große Bereiche auf der Oberfläche großer Felsbrocken. Der größte Teil ihrer Aggression richtet sich gegen artgleiche Männchen. Die Weibchen leben einzeln oder sammeln sich in kleinen Gruppen. Abgelaicht wird auf einem Felsen.
ÄHNLICHE ARTEN: *Ps.* sp. "tropheops taiwan" ist eine große, längliche Art, die sich durch breite Bänder und eine dunkle, purpurrot bis blaue Grundfarbe auszeichnet. Die Weibchen sind dunkelbraun. Auch die Gestalt ist charakteristisch. Eine andere Art von ähnlicher Gestalt aber anderer Färbung (blau bis hellblau) ist *Ps.* sp. "tropheops higga", die am Higga Reef und an der Insel Mbamba Bay vorkommt.

Pseudotropheus sp. "tropheops weed"

HANDELSNAMEN: Diese Art wurde noch nicht exportiert.
VERBREITUNG: Sie kommt an der Nordwestküste zwischen Ngara und der Insel Kande vor, sowie an der zentralen Ostküste zwischen der Insel Lundo und Mara Point.
VARIANTEN UND MORPHEN: Die Männchen der Chitimba Bay Population haben senkrechte Bänder, die bei den Männchen anderer Populationen weniger deutlich sind. Ferner fehlt diesen Männchen auch die blaue Farbe der Männchen an anderen Plätzen.
MAXIMALE LÄNGE: Diese Art erreicht maximal eine Größe von etwa 10cm.
BIOTOP: Ps. sp. "tropheops weed" lebt im seichten Wasser geschützter Buchten, an Stellen, an denen kleine Felsen in der Nähe von Vegetation vorkommen. Selten findet man ihn tiefer als 6m (Ribbink et al., 1983), außer in der Population in der Chitimba Bay.
ERNÄHRUNG: Er frißt vom Fels- und Sandsubstrat, wurde aber auch beim Abbürsten von Pflanzenblättern beobachtet (Ribbink et al., 1983).
ABLAICHVERHALTEN: Die Männchen verteidigen ein Revier zwischen kleinen Felsen im Biotop. Manchmal graben sie ein Tunnelnest zwischen die Felsen. Die Weibchen leben einzeln und werden durch zitterndes Balzen vom Männchen zum Nest gelockt. Abgelaicht wird in Abgeschiedenheit.
ÄHNLICHE ARTEN: *Ps.* sp. "tropheops weed" ist durch einen gelben Kopf, gelbe Schultern -manchmal auch über dem Rücken- geprägt. Außerdem weist der Körper ein Muster aus deutlichen, senkrechten Bändern auf, die oft unvollständig sind, d. h. nicht über die volle Höhe des Körpers reichen. Er kann mit *Ps. novemfasciatus* verwechselt werden, der ebenfalls unvollständige, senkrechte Bänder besitzt. Die letztgenannte Art hat jedoch ein auffälliges, submarginales Band im hartstrahligen Teil der Rückenflosse, während die meisten *Ps.* sp. "tropheops weed" nur einen schwachen Streifen oder überhaupt kein schwarzes Pigment zeigen.

Pseudotropheus sp. „tropheops weed", Chewere

Pseudotropheus sp. „tropheops weed", Chitimba Bay

Pseudotropheus sp. „tropheops weed", Chesese

Pseudotropheus sp. „tropheops weed", Kakusa

Pseudotropheus sp. „tropheops weed", Cóbué

Pseudotropheus sp. „tropheops weed", Kande

Pseudotropheus sp. „tropheops yellow chin", Likoma

Pseudotropheus sp. „tropheops weed", Undu

Pseudotropheus sp. „tropheops yellow chin", Chizumulu

Pseudotropheus sp. „tropheops weed", Ntumba

Pseudotropheus sp. „tropheops yellow chin", Mara Point, Männchen

Pseudotropheus sp. „tropheops yellow chin", Mara Point, Männchen

Pseudotropheus sp. „tropheops yellow chin", Mara Point, Weibchen

Pseudotropheus sp. „tropheops yellow chin", Liutche

Pseudotropheus sp. „tropheops yellow chin", Londo

Pseudotropheus sp. „tropheops yellow chin", Njambe

Pseudotropheus sp. „tropheops yellow chin", Lumbaulo

Pseudotropheus sp. „tropheops yellow chin", Hai Reef

Pseudotropheus sp. „tropheops yellow chin", Ntumba

Pseudotropheus sp. „Tropheops Yellow Gular", nördlich des Nsinje River.

Pseudotropheus sp. "tropheops yellow chin"

HANDELSNAMEN: Dieser Mbuna wurde nicht exportiert.
VERBREITUNG: Er kommt um die Inseln Likoma und Chizumulu, und entlang der Ostufer des Sees zwischen Mara Point und Njambe vor.
VARIANTEN UND MORPHEN: Der Anteil an gelbem Pigment bei den Männchen scheint manchmal mit dem Anteil an Sediment auf den Felsen und dem Sand des betreffenden Biotops korreliert zu sein. Er variiert deutlich von einer Stelle zur anderen.
MAXIMALE LÄNGE: Er erreicht eine Gesamtlänge von etwa 13cm.
BIOTOP: *Ps.* sp. "tropheops yellow chin" bevorzugt die Übergangszone und wird gewöhnlich in geschützten Buchten gefunden, vorwiegend in etwa 5m Tiefe. Auch an exponierten und niedrigen Ufern wird er gesehen (Ribbink et al., 1983).
ERNÄHRUNG: Er zupft und kämmt lockere Algenstränge aus dem mit Sediment bedeckten Aufwuchs. Seine Nahrung sucht er von Felsen und Sand, aber auch von den Blättern der Wasserpflanzen.
ABLAICHVERHALTEN: Die meisten Reviere werden auf Sandflecken, die an Felsen angrenzen, verteidigt. Die Männchen graben normalerweise Tunnelnester unter Felsen und verteidigen solche Laichplätze vor jedem Eindringling. Die Weibchen leben allein und werden zum Ablaichen ins Nest gelockt.
ÄHNLICHE ARTEN: *Ps.* sp. "tropheops yellow chin" Männchen haben eine Färbung, die der von *Ps.* sp. "tropheops maleri yellow" und *Ps.* sp. "tropheops mbenji yellow" ähnelt. Beide Arten haben ein deutliches, submarginales Band auf der Rückenflosse, das in der Rükkenflosse von *Ps.* sp. "tropheops yellow chin" nur schwach sichtbar ist. Die Weibchen dieser Arten sind nicht voneinander zu unterscheiden.

Pseudotropheus sp. "tropheops yellow gullar"

HANDELSNAMEN: Diese Art wurde noch nicht exportiert.
VERBREITUNG: Sie kommt an der Ostküste zwischen Tumbi Point (Mosambik) und Makanjila Point vor, sowie an den Felsriffen zwischen dem Festland und der Insel Chinyankwazi.
VARIANTEN UND MORPHEN: Es sind geographische Unterschiede in der männlichen Brutfärbung vorhanden. Die Farbmuster einiger Populationen sind auf den Abbildungen wiedergegeben.
MAXIMALE LÄNGE: Er erreicht maximal eine Größe von etwa 12cm.
BIOTOP: *Ps.* sp. "tropheops yellow gullar" bevorzugt seichtes Wasser und wird sowohl in reinen Felsenbiotopen als auch in der Übergangszone gefunden. Er scheint vor allem an Stellen, wo eine Sedimentschicht die Felsen bedeckt, häufig zu sein.
ERNÄHRUNG: Er frißt vom Aufwuchs der Felsen aber auch vom Sand. Primär sammelt er lockere Algenstränge.
ABLAICHVERHALTEN: Brütende Männchen sind territorial und verteidigen eine Stelle zwischen den Felsen. Ihre Reviere sind um eine Höhle zentriert, die manchmal auch ein Tunnelnest unter einem Fels ist.

Pseudotropheus sp. „tropheops yellow gular", Metangula

Pseudotropheus sp. „tropheops yellow gular", Eccles Reef

Pseudotropheus sp. „tropheops yellow gular", Ntekete

Die Weibchen sammeln sich zur Nahrungssuche in Gruppen und durchstreifen den Biotop. Sie werden von den zitternd balzenden Männchen angelockt und zum Nest geführt.

ÄHNLICHE ARTEN: Die meisten Männchen tragen ein submarginales Band auf der Rückenflosse, wodurch man sie von *Ps.* sp. "tropheops yellow chin" unterscheiden kann. Ausgewachsene Männchen kann man jedoch nicht von *Ps.* sp. "tropheops maleri yellow" und *Ps.* sp. "tropheops mbenji yellow" unterscheiden, aber die Jungen und einige Weibchen von *Ps.* sp. "tropheops yellow gullar" haben ein Muster aus vielen, senkrechten Bändern.

Pseudotropheus sp. „tropheops yellow gular", Nkhungu Pt.

Pseudotropheus sp. „tropheops yellow gular", Gome

Pseudotropheus sp. „tropheops yellow gular", Lumessi

Pseudotropheus sp. „tropheops yellow gular", Tumbi Pt.

Pseudotropheus tursiops

BURGESS & AXELROD, 1975
HANDELSNAMEN: Pseudotropheus Tursiops, Delphin Mbuna.
VERBREITUNG: Er ist an der Insel Chizumulu endemisch.
VARIANTEN UND MORPHEN: Unbekannt.
MAXIMALE LÄNGE: Er wächst auf maximal etwa 11cm heran.
BIOTOP: *Ps. tursiops* kommt im oberen Teil des sedimentfreien Felsenbiotops vor. Man findet ihn häufig an exponierten Felsufern. Gewöhnlich bevorzugt Tiefen von 5m.
ERNÄHRUNG: Er kämmt lockere Algenstränge aus dem Aufwuchs. Das spitze Maul erlaubt es dem Mbuna in schmale Spalten einzudringen. Er kann deshalb wahrscheinlich an Stellen fressen, die für andere Mbuna unzugänglich sind.
ABLAICHVERHALTEN: Brütende Männchen sind territorial und verteidigen ihre Reviere aggressiv. Da jeder Eindringling vertrieben wird, wird der Aufwuchs nur von lockeren Algen (-strängen und Kieselalgen) freigekämmt. Die festsitzenden Fadenalgen können aber zu einem dikken Teppich, einem sogenannten Algengarten, heranwachsen. Ribbink et al. (1983) berichten, daß im August Algengärten vorkommen. Ich konnte auch im Mai und Juni welche sehen. Territoriale Männchen sieht man das ganze Jahr über, weshalb wahrscheinlich auch diese Gärten das ganze Jahr über vorhanden sind. Einige Weibchen sind ebenfalls territorial; andere leben allein. Abgelaicht wird im Nest des Männchens, das normalerweise ein Unterschlupf zwischen den Felsen ist.
ÄHNLICHE ARTEN: *Ps. tursiops* ist leicht an der länglichen Kopfform zu erkennen. Dieses Merkmal teilt er mit *Labidochromis* Arten und mit zwei anderen Arten aus derselben Gattung, d. h. mit *Ps.* sp. "tursiops mbenji" und *Ps.* sp. "tursiops chitande". Adulte *Labidochromis* sind kleiner als adulte *Ps. tursiops* und haben normalerweise einspitzige Zähne. *Ps.* sp. "tursiops mbenji" ist stark gebändert, im Gegensatz zu *Ps. tursiops.* Der Unterschied zwischen Ps. tursiops und *Ps.* sp. "tursiops chitande" liegt in der Maulstruktur. Bei Ps. sp. "tursiops chitande" ist es seitlich stärker komprimiert als bei *Ps.* tursiops. Der Unterkiefer der letztgenannten Art steht viel stärker vor als bei *Ps.* sp. "tursiops chitande". Beide Arten haben ein Grundfarbmuster aus zwei horizontalen Reihen schwarzer Punkte, aber *Ps.* sp. "tursiops chitande" Weibchen haben eine weiße Körperfarbe, während *Ps. tursiops* Weibchen dunkelbraun sind.

Pseudotropheus tursiops, Chizumulu, Männchen

Pseudotropheus tursiops, Chizumulu, Weibchen

Pseudotropheus sp. "tursiops chitande"

HANDELSNAMEN: Pseudotropheus Tursiops. Dieser Mbuna wurde sporadisch exportiert.
VERBREITUNG: Er kommt an der nördlichsten Felsküste zwischen der Insel Chitande, einschließlich dieser Insel, und Ngara, sowie zwischen dem Fluß Ruhuhu und Ikombe vor.
VARIANTEN UND MORPHEN: Unbekannt.
MAXIMALE LÄNGE: Er erreicht höchstens etwa 13cm.
BIOTOP: Er wird im oberen Teil des Felsenbiotops angetroffen, ist aber auch in der Übergangszone zu sehen. Niemals befand er sich jedoch tiefer als 6m.
ERNÄHRUNG: Ein untersuchtes Tier, das in der Übergangszone gefangen wurde, hatte in seinem Magen einige Wirbellose. Wahrscheinlich frißt er wie die anderen beiden Arten (*Ps.* sp. "tursiops mbenji" und *Ps. tursiops)* primär Algen.
ABLAICHVERHALTEN: Brütende Männchen verteidigen aggressiv ein Revier. Auch einige Weibchen wurden bei der Verteidigung einer Stelle beobachtet, jedoch sind die meisten nicht territorial und leben allein. Algengärten wurden keine in den Revieren der Männchen gesehen (Beobachtungen im Mai). Das Zentrum des Reviers des Männchens ist eine Höhle zwischen den Felsen, in der abgelaicht wird.

Pseudotropheus sp. „tursiops chitande", Chitande, Männ.

Pseudotropheus sp. „tursiops chitande", Makonde, Weib.

Pseudotropheus sp. „tursiops chitande", Chitande, Weib.

Pseudotropheus sp. „tursiops chitande", Manda

ÄHNLICHE ARTEN: *Ps.* sp. "tursiops chitande" ist durch einen langen Kopf, große, zweispitzige Zähne und einen vorstehenden Unterkiefer bei ausgewachsenen Tieren charakterisiert. Er gleicht *Ps. tursiops* von der Insel Chizumulu, hat aber ein schmaleres Maul, und der Unterkiefer steht stärker vor als bei der letztgenannten Art. Die Weibchen haben eine fast weiße Grundfarbe, während die *Ps. tursiops* Weibchen dunkelbraun sind.

Pseudotropheus sp. "tursiops mbenji"

HANDELSNAMEN: Diese Art wurde noch nicht exportiert.
VERBREITUNG: Man kennt sie nur von der Insel Mbenji.
VARIANTEN UND MORPHEN: Unbekannt.
MAXIMALE LÄNGE: Diese Art erreicht eine Gesamtlänge von maximal etwa 12,5cm.
BIOTOP: Sie lebt im seichten Felsenbiotop, vor allem im sedimentfreien Teil. Häufig findet man sie in wellenumspülten Regionen exponierter Küsten; im Durchschnitt kommt sie in 3m Tiefe vor.
ERNÄHRUNG: Wie *Ps. tursiops* frißt sie im rechten Winkel zum Substrat. Sie kämmt lockeres Material aus dem Aufwuchs, wie etwa Algenstränge und Kieselalgen.
ABLAICHVERHALTEN: Brütende Männchen sind bei der Revierverteidigung recht aggressiv, was manchmal zu sog. Algengärten führen kann. Die Weibchen verteidigen manchmal ebenfalls ein Revier, werden aber gewöhnlich allein auf Nahrungssuche angetroffen. Abgelaicht wird in der Höhle des Männchens.
ÄHNLICHE ARTEN: *Ps.* sp. "tursiops mbenji" ist an dem spitzen Maul und der starken Bänderung der Männchen

Pseudotropheus sp. „tursiops mbenji", Männchen, Is. Mbenji

und Weibchen zu erkennen. *Ps.* sp. "tursiops chitande" und Ps. tursiops zeigen keine deutliche Bänderung.

Pseudotropheus sp. "variable eastern"

HANDELSNAMEN: Diese Art wurde noch nicht exportiert.
VERBREITUNG: Sie wurde in Malawi nur nördlich des Flusses Nsinje, unmittelbar südlich der Grenze zu Mosambik, gefunden.
VARIANTEN UND MORPHEN: Unbekannt.
MAXIMALE LÄNGE: Diese Art erreicht eine Gesamtlänge von etwa 7,5cm.
BIOTOP: *Ps.* sp. "variable eastern" lebt in der Übergangszone in etwa 10m Tiefe. Er ist stark auf Felsen angewiesen, von denen er sich niemals weiter als 50cm weg bewegt.
ERNÄHRUNG: Er frißt vom Aufwuchs der Felsen, normalerweise an den senkrechten Flächen, die frei von Sediment sind.
ABLAICHVERHALTEN: Brütende Männchen verteidigen ihre Reviere heftig vor jedem Eindringling. Die Weibchen sind gewöhnlich allein, manchmal aber auch zu dritt oder viert zu sehen. Abgelaicht wird in der Abgeschiedenheit einer Höhle zwischen den Felsen.

Pseudotropheus sp. „variable eastern", Masinje, Männchen

Pseudotropheus sp. „variable eastern", Weibchen, Aquarium

ÄHNLICHE ARTEN: *Ps.* sp. "variable eastern" Männchen erkennt man an dem gelborangen Kinn, der kleinen Körpergröße der adulten Tiere und der Maulstruktur. Die Zähne stehen dicht nebeneinander am äußeren Rand der Kiefer und sind ständig sichtbar, auch wenn das Maul geschlossen ist. Die Weibchen sind braun und gleichen den *Ps.* sp. "variable kande" Weibchen. *Ps.* sp. "variable eastern" ist mit *Ps.* sp. "minutus mozambique" nahe verwandt.

Pseudotropheus sp. "variable kande"

HANDELSNAMEN: Diese Art wurde noch nicht exportiert.
VERBREITUNG: Sie kommt an den Inseln Kande und Mphandikucha vor.
VARIANTEN UND MORPHEN: Unbekannt.
MAXIMALE LÄNGE: Diese Art kann ungefähr 9cm groß werden.
BIOTOP: *Ps.* sp. "variable kande" bevorzugt den seichten Felsenbiotop, wo er zwischen kleinen bis mittelgroßen Felsen lebt. Er wird von der Wasseroberfläche bis in etwa 8m Tiefe gefunden.
ERNÄHRUNG: Er frißt vom Aufwuchs der Felsen, aus dem er lockeres Material entnimmt.
ABLAICHVERHALTEN: Brütende Männchen sind territorial und verteidigen eine Stelle um einen Laichplatz. Algengärten wurden keine gesehen. Die Weibchen leben allein und schwimmen ins Nest des Männchens, um abzulaichen.
ÄHNLICHE ARTEN: Ps. sp. "variable kande" gleicht *Ps. perspicax* in Form und Verhalten. Die Männchen sind jedoch auf Brust und Bauch gelblich. *Ps. perspicax* Männchen und die verwandten Formen aller bekannten Populationen sind auf dem Bauch blau oder weißblau. *Ps.* sp. "variable kande" Weibchen fehlen die senkrechten Querbinden auf dem Körper, die bei den *Ps. perspicax* häufig zu sehen sind.

Pseudotropheus sp. „variable kande", Kande Is.

Pseudotropheus williamsi

(GÜNTHER, 1893)

HANDELSNAMEN: Diese Art wurde noch nicht exportiert. Ribbink et al. (1983) beziehen sich auf diese Art mit verschiedenen Namen, Ps. williamsi "maingano", Ps. williamsi "khuyu" und Ps. williamsi "chizumulu", die hier als geographische Varianten des echten Ps. williamsi gelten. Die Typuslokalität ist nicht genau bekannt, ist aber wahrscheinlich die Insel Likoma.

VERBREITUNG: Sie kommt um die Inseln Likoma und Chizumulu vor.

VARIANTEN UND MORPHEN: An der Insel Chizumulu sind manche Männchen auf Kinn und Brust orange gefärbt. Tiere bei Maingano, der angenommenen Typuslokalität dieser Art, haben eine ganz blaue Grundfarbe, und Tiere bei Khuyu Bay, an der Ostküste von Likoma, haben eine Zwischenfarbe zwischen der Maingano und der Chizumulu Variante.

MAXIMALE LÄNGE: Diese Art erreicht eine Gesamtlänge von etwa 17cm.

BIOTOP: *Ps. williamsi* lebt im sehr seichten Felsenbiotop, normalerweise an exponierten Stellen. Die meisten Tiere sieht man in den oberen 2m. Obwohl manchmal recht große Gruppen vorkommen, ist es eine scheue Art, die sich sofort versteckt, wenn sie gestört wird.

ERNÄHRUNG: Er frißt vorwiegend aus dem freien Wasser. Ist Plankton vorhanden, stellt dies den größten Teil seiner Nahrung dar. Insektenlarven und andere Wirbellose, die ins Wasser gespült werden, sind leicht zu erbeuten. Er wurde auch beim Fressen vom Aufwuchs der Felsen beobachtet. Ribbink et al. (1983) berichten, daß einige Tiere lockeres Material vom Aufwuchs in ihren Mägen hatten.

ABLAICHVERHALTEN: Männchen in Brutfärbung verteidigen ein großes Revier nur vor artgleichen Männchen. Man sieht sie selten fressen. Meistens schweben sie über den Felsen in ihrem Revier, und hin und wieder vertreiben sie ein anderes Männchen oder balzen ein vorbeischwimmendes Weibchen an. Jedes Männchen hat seine eigene Höhle, in die es sich oft zurückzieht, weil es sich leicht gestört fühlt. Abgelaicht wird im Nest des Männchens.

ÄHNLICHE ARTEN: Ribbink et al. (1983) erkennen acht verschiedene Arten im *Ps. williamsi* Komplex an. Ich halte einige dieser Formen jedoch für geographische Varianten. Vorläufig soll der Komplex auf vier "Arten" eingeengt werden, die deutliche Unterschiede in der Brutfärbung der Männchen und in ihrer Verbreitung aufweisen. Das Grundfarbmuster des *Ps. williamsi* ist für Malawicichliden recht selten und nur bei *Ps.* sp. "tursiops chitande" zu finden, d. h. zwei horizontale Reihen schwarzer Punkte. *Ps. williamsi* unterscheidet sich von *Ps.* sp. "williamsi makanjila" und *Ps.* sp. "williamsi maleri" durch ein breites, schwarzes, submarginales Band auf Rücken- und Afterflossen, und von *Ps.* sp. "williamsi nkudzi" durch einen blauen Kopf, der bei der letztgenannten Art gelborange ist.

Pseudotropheus williamsi, Likoma, Männchen

Pseudotropheus williamsi, Likoma, Weibchen

Pseudotropheus williamsi, Chizumulu, Männchen

Pseudotropheus sp. "williamsi makanjila"

HANDELSNAMEN: Dieser Mbuna wurde nie exportiert.
VERBREITUNG: Er wurde an den Riffen um Makanjila Point und bei Masinje gesehen. Ferner kommt er bei Liuli in Tansania und entlang der Küste Mosambiks zwischen Tumbi Point und Lumessi vor.
VARIANTEN UND MORPHEN: Ribbink et al. (1983) berichten, daß Lewis eine Population mit einer roten Rückenflosse und einem durchgehenden, submarginalen Band an den Riffen in der Nähe von Makanjila gefunden hatte. Ein solches Farbmuster kommt bei Ps. sp. "williamsi maleri" vor. Da den anderen Populationen entlang der Ostufer des Sees ein schwarzes, submarginales Band fehlt und sie auch keine rote Rückenflosse haben, könnte die Form mit der roten Rückenflosse, die Lewis gefunden hatte, eine Variante von Ps. sp. "williamsi maleri" sein. Ich sah keine der Formen bei Makanjila und ordne daher die Varianten, die kein schwarzes, submarginales Band in der Rückenflosse haben, *Ps.* sp. "williamsi makanjila" zu.

Pseudotropheus sp. „williamsi makanjila", Tumbi Pt.

Pseudotropheus sp. „williamsi makanjila", Lumessi

MAXIMALE LÄNGE: Seine maximale Länge wird auf 16cm geschätzt.
BIOTOP: *Ps.* sp. "williamsi makanjila" bewohnt die oberen Regionen im Felsenbiotop und der Übergangszone. Oft wird er in der Nähe eines großen Felsens gefunden, wo das Männchen Unterschlupf finden kann.
ERNÄHRUNG: Ribbink et al. (1983) berichten, daß einige Tiere Sediment aufgenommen hatten, das sich zwischen den Felsen angehäuft hatte. Von Beobachtungen im See ist bekannt, daß die meisten Tiere ihr Futter aus dem freien Wasser aufnehmen und nur selten am Aufwuchs grasen.
ABLAICHVERHALTEN: Brütende Männchen halten große Stellen als ihr Revier besetzt, erlauben aber den meisten Eindringlingen, ihr Gebiet zu betreten. Die Reviere befinden sich normalerweise zwischen großen Felsen, die große Höhlen formen, in die sich die Männchen bei Gefahr zurückziehen können. Revierverteidigende Männchen sehen lethargisch aus, da sie faul über ihrem Revier schweben. Hin und wieder geraten sie in Aktivität, wenn ein anderes Männchen in ihren "Bereich" eindringt.
ÄHNLICHE ARTEN: *Ps.* sp. "williamsi makanjila" ist durch eine blaue oder weiß-blaue Rückenflosse ohne ein deutliches, submarginales Band gekennzeichnet. Die Weibchen aller Populationen im *Ps. williamsi* Komplex sind nicht voneinander zu unterscheiden.

Pseudotropheus sp. "williamsi maleri"

HANDELSNAMEN: Red Top Brevis, Williamsi Namalenje.
VERBREITUNG: Er kommt an allen drei Maleri Inseln, bei Namalenje und an der Insel Mbenji vor.
VARIANTEN UND MORPHEN: An der Insel Mbenji kommt ein ähnlich aussehender Mbuna, *Ps.* sp. "red dorsal", sympatrisch mit *Ps.* sp. "williamsi maleri" vor. Es ist noch nicht klar, ob die Namalenje Form zum *Ps. williamsi* Komplex gehört oder eine *Ps.* sp. "red dorsal" Variante darstellt. Vorerst wird er als *Ps.* sp. "williamsi maleri" behandelt.
MAXIMALE LÄNGE: Er erreicht maximal eine Gesamtlänge von etwa 16cm.
BIOTOP: Wie alle anderen Mitglieder in diesem Komplex, kommt er in den oberen Bereichen des Felsenbiotops vor. In seichten Regionen kann man ihn auch in der Übergangszone sehen. Die meisten Tiere leben an Stellen, die dem regulären Wellengang ausgesetzt sind, und zwar in durchschnittlich etwa 1,5m Tiefe.
ERNÄHRUNG: *Ps.* sp. "williamsi maleri" frißt in erster Linie aus dem offenen Wasser. Driftende Partikel, Plankton und Wirbellose machen den größten Teil seiner Nahrung aus.

ABLAICHVERHALTEN: Brütende Männchen verteidigen ein Revier, das um eine Höhle zwischen großen Felsen zentriert ist. Die Reviere sind recht groß, manchmal mehr als 3m im Durchmesser, da die Männchen weit verstreut leben. Die Weibchen bilden kleine Gruppen.
ÄHNLICHE ARTEN: *Ps.* sp. "williamsi maleri" ist durch eine rote Rückenflosse ausgezeichnet. Dieses Merkmal und seine Gestalt ähneln nur noch *Ps.* sp. "red dorsal". Jedoch zeigt diese Art senkrechte Bänder und es fehlen ihr zwei horizontale Punktreihen auf dem Körper. Wie bereits erwähnt, gleicht die Population an der Insel Namalenje sehr *Ps.* sp. "red dorsal", wird hier aber zum *Ps. williamsi* Komplex gerechnet.

Pseudotropheus sp. „williamsi maleri", Nakantenga

Pseudotropheus sp. „williamsi maleri", Mbenji, Aquarium

Pseudotropheus sp. „williamsi maleri", Namalenje

Pseudotropheus sp. "williamsi nkudzi"

HANDELSNAMEN: Diese Art wurde noch nicht exportiert.
VERBREITUNG: Sie kommt an der Küste zwischen Monkey Bay und Nkudzi vor, aber auch an der Insel Boadzulu. Ribbink et al. (1983) berichten über zwei Tiere, die bei Nkhata Bay gesehen wurden, und die sie für artgleich mit *Ps.* sp. "williamsi nkudzi" halten. Ich fand ebenfalls Weibchen und nichtbrütende Männchen eines *Ps. williamsi*-ähnlichen Mbuna bei Nkhata Bay. Da aber alle ähnlich aussehen, war keine Identifizierung möglich. Im Hinblick auf das Verbreitungsmuster der vier Arten in diesem Komplex, ist es kaum möglich, daß die Form bei Nkhata Bay zu *Ps.* sp. "williamsi nkudzi" gehört.
VARIANTEN UND MORPHEN: Unbekannt.
MAXIMALE LÄNGE: Er erreicht maximal eine Größe von etwa 16cm.
BIOTOP: *Ps.* sp. "williamsi nkudzi" lebt in den oberen 2m des Felsenbiotops. Normalerweise findet man ihn in Bereichen, die dem Wellenschlag ausgesetzt sind.
ERNÄHRUNG: Wie alle Mitglieder im *Ps. williamsi* Komplex frißt auch *Ps.* sp. "williamsi nkudzi" aus dem offenen Wasser und gelegentlich vom Aufwuchs der Felsen. Seine Nahrung besteht aus Wirbellosen, Plankton und driftenden Partikeln.
ABLAICHVERHALTEN: Männchen in Brutfärbung verteidigen ein großes Revier, hauptsächlich vor artgleichen Männchen. Die Weibchen sammeln sich bei der Nahrungssuche in Gruppen und durchstreifen den Biotop. Territoriale Männchen balzen reife Weibchen heftig an und versuchen sie ins Nest zu locken, wo in aller Abgeschiedenheit abgelaicht wird.
ÄHNLICHE ARTEN: *Ps.* sp. "williamsi nkudzi" Männchen erkennt man an der gelborangen Färbung auf Kopf, Brust und hinter den Brustflossen. Die Rückenflosse hat ein schwarzes, submarginales Band. Die Weibchen tragen zwei horizontale Reihen schwarzer Punkte auf dem Körper und sind von denen der anderen Mitglieder dieses Komplexes nicht zu unterscheiden.

Pseudotropheus sp. „williamsi nkudzi", Boadzulu, Männ.

Pseudotropheus sp. „williamsi nkudzi", Boadzulu, Weib.

Pseudotropheus xanstomachus

STAUFFER, 1989
HANDELSNAMEN: Pseudotropheus Yellow Chin. Diese Art wurde als Pseudotropheus zebra "yellow throat" von Ribbink et al. (1983) erwähnt.

Pseudotropheus xanstomachus, Maleri

Pseudotropheus xanstomachus, Nakantenga

VERBREITUNG: Sie kommt um alle drei Maleri Inseln vor.
VARIANTEN UND MORPHEN: An der Insel Nakantenga sind die Männchen hellblauer gefärbt als an den beiden anderen Maleri Inseln.
MAXIMALE LÄNGE: Diese Art erreicht eine Gesamtlänge von etwa 12,5cm
BIOTOP: *Ps. xanstomachus* bevorzugt den seichten, sedimentfreien Felsenbiotop, normalerweise an exponierten Stellen.
ERNÄHRUNG: Er frißt vom Aufwuchs der Felsen. Wie alle anderen Mitglieder im *Ps. zebra* Komplex kämmt er lockeres Material aus dem Aufwuchs.
ABLAICHVERHALTEN: Die Männchen sind territorial. Sie verteidigen eine Höhle zwischen den Felsen als Laichplatz. Ihre Revieraggression richtet sich vorwiegend gegen artgleiche Männchen. Die Reviere liegen in den dichtesten Populationen etwa 2m auseinander. Die Weibchen leben in kleinen Gruppen oder allein.
ÄHNLICHE ARTEN: Sowohl die *Ps. xanstomachus* Männchen als auch die Weibchen erkennt man am gelben Pigment auf Kinn und Brust. In ihrer Gestalt und Färbung gleichen sie sehr einer noch nicht beschriebenen Art bei Mara Rocks, die zur Zeit als Ps. sp. "zebra chilumba" geführt wird. Es ist zur Zeit noch unklar, ob beide Mbuna artgleich sind oder zwei unterschiedliche Arten.

Pseudotropheus zebra

(BOULENGER, 1899)
HANDELSNAMEN: Pseudotropheus Zebra. Zebra Red Top. Die Populationen, die früher Pseudotropheus zebra "mazinzi", Ps. zebra "red dorsal" und Ps. zebra "mpanga" (Ribbink et al., 1983) hießen, werden jetzt als geographische Varianten von Ps. zebra angesehen.
VERBREITUNG: *Ps. zebra* kommt an fast jeder Felsküsten des Sees vor. Nicht gefunden wird er entlang der Nordwestküste zwischen Ngara und Mara Rocks, abgesehen von den Populationen bei Mpanga Rocks. Auch an den Inseln Chinyankwazi und Chinyamwezi kommt er nicht vor, dafür aber am Taiwan Reef.
VARIANTEN UND MORPHEN: Die begleitenden Abbildungen zeigen alle bekannten geographischen Varianten. Es scheint, daß die charakteristisch blauschwarz gebänderten Tiere (BB Zebra) an ausgedehnten, sedimentfreien Felsküsten vorkommen, während bei Tieren, die in sedimentreicher Umgebung leben, die Bänder nur schwach sichtbar sind. Es besteht beträchtliche Variation im Pigmentierungsmuster, und alle Populationen zeigen auch Polychromatismus, d. h. orange und orangegefleckte Tiere (O- und OB-Morphe) leben zusammen mit normalgefärbten.
MAXIMALE LÄNGE: Diese Art erreicht eine Gesamtlänge von etwa 13,5cm. Diese großen Tiere findet man bei Makulawe Point, an der Insel Likoma.
BIOTOP: *Ps. zebra* ist strikt auf Felsen angewiesen. Diese können frei von Sediment sein und sich in seichtem Wasser befinden. Er wird jedoch auch in sedimentreichen Felsenbiotopen in etwas tieferen Wasserschichten gefunden. Er ist jedoch in Gegenden, in denen Felsen über dem Sandboden verstreut liegen, selten. Der Felsenbiotop muß Unterschlupfmöglichkeiten bieten, in die sich *Ps. zebra* zurückziehen und ablaichen kann.
ERNÄHRUNG: Wie alle Mitglieder im *Ps. zebra* Komplex frißt er im rechten Winkel zum Substrat. Er kämmt lockeres Material aus dem Aufwuchs. Oft wird er in großen Schulen beim Planktonfressen im offenen Wasser gesehen. Seine Nahrung besteht vor allem aus Algensträngen, Kieselalgen und Plankton.
ABLAICHVERHALTEN: Männchen in Brutfärbung verteidigen ein Revier um eine Höhle zwischen den Felsen. Die Reviere grenzen normalerweise aneinander und die brütenden Männchen sind nur 75cm voneinander entfernt. Die Weibchen bilden in der Regel große Schulen, wenn sie auf Nahrungssuche gehen, sind aber auch regelmäßig einzeln zu beobachten. Abgelaicht wird in der Höhle des Männchens.
ÄHNLICHE ARTEN: Wie bereits erwähnt scheint *Ps. zebra* eine vielseitige Art zu sein, die sich leicht an ihre Umgebung anpaßt. Deshalb ist es manchmal unmöglich, ihre Verwandschaft zu Populationen ähnlicher Formen festzustellen. *Ps. fainzilberi* unterscheidet sich von Ps. zebra durch die gelbe Farbe auf dem Kinn, die auch bei den Weibchen vorkommt, sowie durch die gelb(liche) Farbe an der Basis der Brustflossen. *Ps. callainos* unterscheidet sich von den schwachgebänderten *Ps. zebra* Populationen dadurch, daß ihm jegliche Spur vertikaler Bänder fehlt. Ferner sind die Weibchen auch blau gefärbt. *Ps. zebra* Weibchen sind niemals blau gefärbt, zeigen aber alle Schattierungen von beige bis braun. *Ps.* sp. "zebra blue" an der Insel Maleri zeigt im adulten Alter keine vertikalen Bänder, aber als Jungtiere. Die Weibchen der letztgenannten Art sind braun. Sie könnte eine Variante von *Ps. zebra* sein, wird aber vorläufig als andere Art behandelt.

Pseudotropheus zebra, Mpanga Rocks

Pseudotropheus zebra, Nkhata Bay, Weibchen, Aquarium

Pseudotropheus zebra, Kawanga, Männchen

Pseudotropheus zebra, Nkhata Bay, OB-Weibchen

Pseudotropheus zebra, Kawanga O, Weibchen

Pseudotropheus zebra, Nkhata Bay, OB-Männchen

Pseudotropheus zebra, Nkhata Bay, Männchen

Pseudotropheus zebra, Kande Is.

Pseudotropheus zebra, Taiwan Reef

Pseudotropheus zebra, Chizumulu/Same Bay

Pseudotropheus zebra, Likoma

Pseudotropheus zebra, Chizumulu/Membe Is.

Pseudotropheus zebra, Likoma, OB-Männchen

Pseudotropheus zebra, Jalo Reef

Pseudotropheus zebra, Chizumulu Nord

Pseudotropheus zebra, Namalenje

Pseudotropheus zebra, Otter Pt.

Pseudotropheus zebra, Thumbi West

Pseudotropheus zebra, Zimbawe Rock

Pseudotropheus zebra, Mazinzi Reef

Pseudotropheus zebra, Mumbo

Pseudotropheus zebra, Nakantenga, Männchen

Pseudotropheus zebra, Domwe

Pseudotropheus zebra, Nakantenga, Weibchen, Aquarium

Pseudotropheus zebra, Nkantenga Reef, O-Männchen

Pseudotropheus zebra, Eccles Reef

Pseudotropheus zebra, Nankantenga Reef, O-Weibchen

Pseudotropheus zebra, Makanjila Pt.

Pseudotropheus zebra, Nkhudzi

Pseudotropheus zebra, Narungu

Pseudotropheus zebra, Boadzulu

Pseudotropheus zebra, Masinje, Männchen

Pseudotropheus zebra, Masinje, OB-Weibchen

Pseudotropheus zebra, Kirondo, OB-Männchen

Pseudotropheus zebra, Nkanda, Männchen

Pseudotropheus zebra, Lundu, Männchen

Pseudotropheus zebra, Nkanda, OB-Weibchen

Pseudotropheus zebra, Lundu, O-Weibchen

Pseudotropheus zebra, Pombo

Pseudotropheus zebra, Thumbi Pt.

Pseudotropheus zebra, Liuli

Pseudotropheus zebra, Undu, Männchen

Pseudotropheus zebra, Makonde

Pseudotropheus zebra, Undu, OB-Weibchen

Pseudotropheus zebra, Lutara

Pseudotropheus zebra, Chiwindi

Pseudotropheus zebra, Kirondo, Männchen

Pseudotropheus zebra, Londo, Männchen

Pseudotropheus zebra, Londo, Weibchen

Pseudotropheus zebra, Cóbué, Männchen

Pseudotropheus zebra, Londo, OB-Weibchen

Pseudotropheus zebra, Cóbué, OB-Weibchen

Pseudotropheus zebra, Lumbaulo, Männchen

Pseudotropheus zebra, Cóbué, OB-Männchen

Pseudotropheus zebra, Lumbaulo, O-Männchen

Pseudotropheus zebra, Mara Point

Pseudotropheus zebra, Mbweca

Pseudotropheus zebra, Tumbi Pt. Mosambik

Pseudotropheus zebra, Chuanga, Männchen

Pseudotropheus zebra, Chuanga, OB-Männchen

Pseudotropheus zebra, Metangula, Männchen

Pseudotropheus zebra, Metangula, OB-Weibchen

Pseudotropheus zebra, N´kolongwe

Pseudotropheus zebra, Chilucha Reef, Männchen

Pseudotropheus zebra, Minos, Männchen

Pseudotropheus zebra, Nkhungu Pt., O-Weibchen

Pseudotropheus zebra, Minos, Weibchen

Pseudotropheus zebra, Thundu

Pseudotropheus zebra, Nkhungu Reef

Pseudotropheus zebra, Lumessi Nord

Pseudotropheus zebra, Nkhungu Pt., Männchen

Pseudotropheus zebra, Lumessi Süd

Pseudotropheus sp. "zebra benga"

HANDELSNAMEN: Diese Art wurde noch nicht exportiert.
VERBREITUNG: Sie kommt an der Küste und an Riffen zwischen Chia Lagoon und Benga vor. Eine Population bei Chidunga Rocks könnte auch zu dieser Art gehören.
VARIANTEN UND MORPHEN: Drei verschiedene, geographische Varianten sind bekannt, die in den Abbildungen gezeigt werden.
MAXIMALE LÄNGE: Die größten Tiere wurden in der Nähe von Chia Lagoon gefunden. Sie maßen etwa 11cm Gesamtlänge.
BIOTOP: Sein bevorzugter Biotop sind Übergangszonen, wo Felsen auf dem Sandboden liegen. Er wurde sogar in Wasser mit nur 1m Tiefe gesehen, aber auch in etwa 20m Tiefe, z. B. am Nkhomo Reef.
ERNÄHRUNG: Er frißt vom Aufwuchs der Felsen, wurde aber auch beim Planktonfressen im offenen Wasser beobachtet. Tiere am Nkhomo Reef fressen sehr oft Phytoplankton.
ABLAICHVERHALTEN: Brütende Männchen verteidigen einen Laichplatz gegenüber artgleichen Männchen. Die Reviere liegen weit auseinander, da diese Art Höhlen zwischen und unter Felsen benötigt, die Felsen aber dünn über den Biotop verteilt sind. Die Weibchen leben allein oder sammeln sich bei der Nahrungssuche in kleinen Gruppen.
ÄHNLICHE ARTEN: *Ps.* sp. "zebra benga" ist durch ein schwarzes Band im hartstrahligen Teil der Rückenflosse charakterisiert. Er gleicht *Ps.* sp. "zebra chilumba" und *Ps. fainzilberi,* es fehlt ihm aber das gelbe Kinn.

Pseudotropheus sp. „zebra benga", Nkhomo Reef

Pseudotropheus sp. „zebra benga", Chidunga

Pseudotropheus sp. „zebra benga", Chia Lagoon

Pseudotropheus sp. "zebra bevous"

HANDELSNAMEN: Diese Art wurde noch nicht exportiert.
VERBREITUNG: Sie kommt an den Inseln Likoma und Chizumulu vor.
VARIANTEN UND MORPHEN: Die Variante an der Insel Likoma habe ich noch nicht gesehen. Sie soll ganz anders als die Variante bei Chizumulu gefärbt sein (Ribbink et al., 1983). Bei Likoma sind die Männchen dunkelblau, es fehlt ihnen die gelbe Farbe im hartstrahligen Teil der Rückenflosse und sie haben deutliche, senkrechte Bänder auf dem Körper.
MAXIMALE LÄNGE: Ihre Gesamtlänge liegt bei etwa 11cm.
BIOTOP: *Ps.* sp. "zebra bevous" kommt in der Übergangszone vor, vor allem an Stellen, an denen das Substrat mit einer Sedimentschicht bedeckt ist. Obwohl man ihn manchmal über Sandflecken im Biotop sieht, ist er doch auf Felsen angewiesen. Er kommt in etwa 5 bis 30m Tiefe vor, am häufigsten aber in etwa 12m Tiefe.
ERNÄHRUNG: Er frißt vom Aufwuchs, der mit Sediment bedeckt ist, und kämmt lockeres Material heraus. Er frißt aber auch Plankton.
ABLAICHVERHALTEN: Die Männchen graben Nester unter kleine Steinhügel, die hier und da auf dem Sand herumliegen. Sie halten sich immer nahe bei ihrem Revier auf und schweben bisweilen über ihrem Nest, wenn sie Plankton fressen. Die Weibchen leben einzeln oder in kleinen Gruppen.
ÄHNLICHE ARTEN: *Ps.* sp. "zebra bevous" erkennt man an dem schwarzen oberen und unteren Band auf der Schwanzflosse. Dies ist ein ungewöhnliches Merkmal bei Mitgliedern im *Ps. zebra* Komplex, und nur bei einigen anderen tieflebenden Arten, wie z. B. *Ps.* sp. "black dorsal heteropictus" und *Ps.* sp. "zebra black dorsal" zu finden. Diese beiden letztgenannten Arten sind stark gebändert und haben ein schwarzes, submarginales Band auf der Rückenflosse. Beide Merkmale kommen bei *Ps.* sp. "zebra bevous" nicht vor.

Pseudotropheus sp "zebra black dorsal"

HANDELSNAMEN: Pseudotropheus New Fuscoides.
VERBREITUNG: Er kommt an allen drei Maleri Inseln und bei Chidunga Rocks vor.
VARIANTEN UND MORPHEN: Bei Nakantenga fehlt den Männchen der größte Teil der rostbraun-orangen Farbe auf den Wangen, die bei den Populationen an den Inseln Maleri und Nankoma zu sehen ist.

Pseudotropheus sp. „zebra bevous", Chizumulu, Männ.

Pseudotropheus sp. „zebra black dorsal", Maleri, Männ.

Pseudotropheus sp. „zebra bevous", Chizumulu Is., Weib.

Pseudotropheus sp. „zebra black dorsal", Maleri, Weib.

MAXIMALE LÄNGE: *Ps.* sp. "zebra black dorsal" erreicht eine Gesamtlänge von etwa 11cm.
BIOTOP: Er lebt in den tieferen und sedimentreichen Bereichen der Felsenbiotope und Übergangszonen. Normalerweise findet man ihn unter 10m Tiefe.
ERNÄHRUNG: Er frißt vom Aufwuchs, aus dem er lockeres Material aufnimmt. Seine Nahrung besteht hauptsächlich aus Algensträngen, Kieselalgen, Plankton und Wirbellosen.
ABLAICHVERHALTEN: Die Männchen verteidigen ihre Reviere aggressiv. Die meisten Reviere befinden sich über Felsen, in der Nähe von Sand, aber recht häufig graben die Männchen ihre Laichplätze unter die Felsen, von denen sie jeden Eindringling fernhalten. Die Weibchen leben allein und zeigen manchmal auch an Freßstellen Aggression gegenüber artgleichen Weibchen. Abgelaicht wird im Nest des Männchens.
ÄHNLICHE ARTEN: *Ps.* sp. "zebra black dorsal" ist stark gebändert und hat dunkelblaue bis schwarze Flossen. Er ist kaum von *Ps.* sp. "black dorsal heteropictus" Männchen zu unterscheiden und könnte zu dieser Art gehören. Der einzige auffällige Unterschied zwischen diesen beiden Mbuna ist die Zahl und Größe der Eiflecken auf den Afterflossen. Diese Flecken sind kleiner und zahlreicher (3 bis 9) bei *Ps.* sp. "black dorsal heteropictus" als bei *Ps.* sp. "zebra black dorsal", der 1 bis 3 große Flecke trägt. *Ps.* sp. "black dorsal heteropictus" Weibchen sind hellbeige gefärbt, während *Ps.* sp. "zebra black dorsal" Weibchen gelb sind.

Pseudotropheus sp. "zebra blue"

HANDELSNAMEN: Pseudotropheus Bright Blue.
VERBREITUNG: Er kommt an den Inseln Maleri und Nankoma, sowie bei Chidunga Rocks vor, fehlt jedoch an der Insel Nakantenga.
VARIANTEN UND MORPHEN: Unbekannt.
MAXIMALE LÄNGE: Er wird maximal etwa 9,5cm lang.

Pseudotropheus sp. „zebra blue", Maleri

BIOTOP: Ps. sp. "zebra blue" lebt im Felsenbiotop in Regionen, die wenig Wellenschlag erhalten. Auch in sedimentreichen Bereichen kommt er vor.
ERNÄHRUNG: Territoriale Tiere fressen hauptsächlich vom Aufwuchs der Felsen, aber nichtterritoriale Tiere meistens Plankton.
ABLAICHVERHALTEN: Brütende Männchen sind territorial. Sie verteidigen eine Höhle zwischen Felsen, bei Chi-

Pseudotropheus sp. „zebra blue", Maleri, Männchen

Pseudotropheus sp. „zebra blue", Maleri, Weibchen

Pseudotropheus sp. „zebra blue", Maleri, OB-Männchen

dunga Rocks wurden Männchen aber auch beim Graben von Tunnelnestern unter Felsen beobachtet. Ihre Aggression richtet sich vor allem gegen artgleiche Männchen. *Ps. xanstomachus* Männchen, die manchmal zusammen mit *Ps.* sp. "zebra blue" vorkommen, werden nicht aggressiv behandelt.
ÄHNLICHE ARTEN: *Ps.* sp. "zebra blue" Männchen sind durch eine ganz helle, puderblaue Farbe gekennzeichnet. Nur Jungtiere zeigen etwas senkrechte Bänderung auf dem Körper, obwohl die Bänder bei aufgeregten Männchen kaum sichtbar sind. Die Färbung des *Ps. callainos* ist leuchtender und tiefer blau. Der Fisch zeigt aber nie ein Bänderungsmuster.

Pseudotropheus sp. "zebra charo"

HANDELSNAMEN: Diese Art wurde hin und wieder exportiert, jedoch ist kein Handelsname bekannt. Sie wurde als geographische Variante von Ps. zebra (Konings, 1989) erwähnt, die sie jedoch nicht darstellt.
VERBREITUNG: Sie wurde nur an der Küste zwischen Charo und Kakusa gefunden.

Pseudotropheus sp. „zebra charo", Charo

VARIANTEN UND MORPHEN: Bei Charo sind die Männchen im weichstrahligen Teil der Rückenflosse orangegelbe gefärbt.
MAXIMALE LÄNGE: Diese Art erreicht eine Gesamtlänge von etwa 11cm.
BIOTOP: *Ps.* sp. "zebra charo" kommt im sedimentfreien Felsenbiotop vor. Normalerweise findet man sie in 5 bis 10m Tiefe.
ERNÄHRUNG: Er frißt vom Aufwuchs, aus dem er lockeres Material herauskämmt. Nichtterritoriale Tiere sammeln sich normalerweise im offenen Wasser und fressen Plankton.
ABLAICHVERHALTEN: Brütende Männchen sind territorial. Sie verteidigen eine Stelle um eine Höhle, in die sie sich bei jeder Störung zurückziehen und in der auch abgelaicht wird. Die Weibchen sammeln sich in Gruppen und schwimmen durch den Biotop.
ÄHNLICHE ARTEN: *Ps.* sp. "zebra charo" ist mit *Ps.* sp. "aggressive bars" und *Ps.* sp. "chinyankwazi" nahe verwandt und unterscheidet sich von diesen beiden Arten durch eine orangegelbe Farbe im weichstrahligen Teil der Rückenflosse (zumindest bei den Männchen bei Charo). *Ps.* sp. "zebra charo" von Kakusa fehlt diese orange Farbe, weshalb er nicht eindeutig von den beiden anderen Arten zu unterscheiden ist.

Pseudotropheus sp. "zebra chilumba"

HANDELSNAMEN: Yellow Chin Chilumba, Pseudotropheus Chilumba Zebra, Ps. Zebra Mara.
VERBREITUNG: Er kommt an der Nordwestküste zwischen Ngara und der Insel Chirwa, sowie an der Insel Mbowe und bei Mara Rocks vor.
VARIANTEN UND MORPHEN: Geographische Variation zeigt sich in der Intensität der gelben Farbe auf Kinn und Brust. Am intensivsten ist die gelbe Farbe in der Population am Mpanga Reef. Das Pigmentierungsmuster variiert ebenfalls; Tiere von der Insel Mbowe haben dünne Bänder, während den Tieren bei Mara Rocks die Bänder völlig fehlen. Es ist nicht sicher, ob die Formen bei Mara Point und an der Insel Mbowe zu *Ps.* sp. "zebra chilumba" gehören, wie Ribbink et al. (1983) vorschlugen, oder ob es geographische Varianten von *Ps. fainzilberi* sind oder sogar eine andere Art.
MAXIMALE LÄNGE: Er erreicht eine Gesamtlänge von etwa 13cm.
BIOTOP: *Ps.* sp. "zebra chilumba" lebt im sedimentfreien, aber auch sedimentreichen Felsenbiotop. Obwohl er manchmal über Sandflecken der Übergangszone vorkommt, benötigt er dennoch einen Biotop, der auch Steinhaufen beeinhaltet.
ERNÄHRUNG: Wie alle Mitglieder im *Ps. zebra* Komplex kämmt auch er lockeres Material aus dem Aufwuchs der Felsen. Seine Nahrung besteht aus Algen, aber auch Plankton, das er aus dem offenen Wasser entnimmt.
ABLAICHVERHALTEN: Die Männchen verteidigen ihre Reviere hauptsächlich vor artgleichen Männchen. Ihre Reviere sind um eine Höhle zwischen den Felsen zentriert. Die Weibchen leben in kleinen Gruppen. Beim Anbalzen spreizt der männliche Mbuna seine Mundhöhle ab; wahrscheinlich funktioniert die gelbe Farbe dieses Teils bei *Ps.* sp. "zebra chilumba" als Erkennungssignal oder als Lockmittel, um das Weibchen zum Laichplatz zu führen.
ÄHNLICHE ARTEN: Einige *Ps.* sp. "zebra chilumba" Männchen sind durch ein schwarzes Band auf der Rükkenflosse gekennzeichnet. Ein ähnliches Pigmentierungsmuster findet man auch bei *Ps.* sp. "zebra benga". Der letztgenannten Art fehlt jedoch völlig die gelbe Fär-

Pseudotropheus sp. „zebra chilumba", Mdoka

Pseudotropheus sp. „zebra chilumba", Mara Rocks

Pseudotropheus sp. „zebra chilumba", Chitande, Männ.

Pseudotropheus sp. „zebra chilumba", Chirwa

Pseudotropheus sp. „zebra chilumba", Chitande, OB-Weibchen

Pseudotropheus sp. „zebra chilumba", Mbowe

Pseudotropheus sp. „zebra chilumba", Katale, Weibchen, Aquarium

Pseudotropheus sp. „zebra chilumba", Katale, Weibchen, Aquarium

Pseudotropheus sp. „zebra gold", Charo

Pseudotropheus sp. „zebra gold", Lion´s Cove OB-Männchen

Pseudotropheus sp. „zebra gold", Kakusa, Männchen

Pseudotropheus sp. „zebra gold", Kawanga

Pseudotropheus sp. „zebra gold", Kakusa, OB-Männchen

Pseudotropheus sp. „zebra gold", Nkhata Bay

Pseudotropheus sp. „zebra gold", Mara Rocks

Pseudotropheus sp. „zebra gold", Mundola

bung auf dem Kinn. *Ps.* sp. "zebra chilumba" Weibchen sind schwer von den Weibchen einiger anderer Mitglieder im *Ps. zebra* Komplex zu unterscheiden, weil sie normalerweise kein Band in der Rückenflosse zeigen. Den *Ps.* sp. "zebra chilumba" Männchen bei Mara Rocks fehlt das schwarze Band in der Rückenflosse, weshalb sie *Ps. xanstomachus* gleichen, von dem sie eigentlich nicht zu unterscheiden sind.

Pseudotropheus sp. "zebra gold"

HANDELSNAMEN: Pseudotropheus Mustardi.
VERBREITUNG: Er kommt an den Nordwestufern zwischen Charo und Chirombo Point vor. Auch bei Mara Rocks und an der Insel Mbowe ist er vorhanden.
VARIANTEN UND MORPHEN: Es gibt geographische Variation bezüglich der Brutfärbung des Männchens. Die begleitenden Fotos zeigen die verschiedenen, bekannten Varianten.
MAXIMALE LÄNGE: Ps. sp. "zebra gold" kann maximal auf eine Gesamtlänge von etwa 12cm heranwachsen.
BIOTOP: Er lebt in den tieferen Bereichen des Felsenbiotops, wo die Felsen mit einer Sedimentschicht bedeckt sind. Manchmal wagt er sich auf den Sand in Übergangszonen. Am häufigsten findet man ihn in etwa 15m Tiefe.
ERNÄHRUNG: Er frißt im rechten Winkel vom Felssubstrat, wenn er lockeres Material aus dem Aufwuchs kämmt, aber er nimmt auch Plankton aus der Wassersäule auf.
ABLAICHVERHALTEN: Männchen in Brutfärbung sind territorial. Befindet sich das Revier über Sand, gräbt das Männchen eine Grube unter einen Fels. Im Felsenbiotop liegt der Laichplatz, wie man es gewöhnlich beobachten kann, in einer Spalte zwischen den Felsen. Die Weibchen leben normalerweise allein. Ribbink et al. (1983) berichten, daß sie gelegentlich Gruppen von bis zu 15 Tieren bilden können.
ÄHNLICHE ARTEN: Die gelbe Farbe der Männchen und die dunkle gelbbraune Farbe der Weibchen sind einzigartig unter den Mitgliedern im *Ps. zebra* Komplex.

Pseudotropheus sp. "zebra long pelvic"

HANDELSNAMEN: Diese Art wurde gelegentlich exportiert, aber ein Handelsname ist nicht bekannt.
VERBREITUNG: Sie kommt zwischen Ngara und Chesese vor.
VARIANTEN UND MORPHEN: Bei Ngara haben die Männchen eine leuchtendorange gefärbte Rückenflosse, während sie bei den Männchen der anderen Populationen hellblau ist.
MAXIMALE LÄNGE: Diese Art kann eine Gesamtlänge von etwa 9cm erreichen.
BIOTOP: *Ps.* sp. "zebra long pelvic" lebt in der Übergangszone in 5 bis 20m Tiefe. Er ist auf Felsen angewiesen und wagt sich selten weit von diesen weg.
ERNÄHRUNG: Er wurde beim Fressen vom Aufwuchs der Felsen beobachtet, meistens frißt er jedoch Plankton aus dem offenen Wasser.
ABLAICHVERHALTEN: Brütende Männchen verteidigen Laichplätze an Felsen entlang oder graben Nester darunter. Die Weibchen leben in kleinen Gruppen und schwimmen durch den Biotop.
ÄHNLICHE ARTEN: *Ps.* sp. "zebra long pelvic" ist durch seine längliche Form gekennzeichnet. Er ist wahrscheinlich nahe mit *Ps.* sp. "zebra ruarwe" und *Ps.* sp. "zebra mbowe" verwandt. Diese Arten wurden zum Ps. zebra Komplex gerechnet, jedoch ist ihre Verwandtschaft zu den anderen Mitgliedern noch unklar. Alle bekannten Arten im *Ps. elongatus* Komplex tragen ein deutliches, submarginales Band auf der Rückenflosse. Ein solches Band ist bei diesen drei Mbuna nicht vorhanden. Sie könnten die Westküstenform einer anderen Gruppe kleiner Mbuna, die die "Kingsizei" Gruppe genannt wurde, darstellen (Konings, 1995). *Ps.* sp. "zebra long pelvic" gleicht sehr Ps. sp. "zebra mbowe" von der Insel Mbowe und könnte mit diesem sogar artgleich sein, aber die letztgenannte Art hat keine schwarzen Streifen auf der Rückenflosse, die Ausläufer von senkrechten Bändern auf den Flanken sind. Die Weibchen beider Formen sind nicht zu unterscheiden.

Pseudotropheus sp. „zebra long pelvic", Mdoka

Pseudotropheus sp. „zebra long pelvic", Chesese

Pseudotropheus sp. "zebra masinje"

HANDELSNAMEN: Pseudotropheus Aurora East Coast, Masinje Zebra.
VERBREITUNG: Dieser Mbuna kommt an der Ostküste zwischen Fort Maguire und dem Fluß Nsinje vor.
VARIANTEN UND MORPHEN: Das Ausmaß der gelborangen Farbe auf Maul und Kinn variiert bei den Männchen ein und derselben Population.
MAXIMALE LÄNGE: Es wird eine Gesamtlänge von etwa 10cm erreicht.
BIOTOP: *Ps.* sp. "zebra masinje" lebt in der Übergangszone und wird regelmäßig über Sand gesehen. Meistens findet man ihn in 5 bis 10m Tiefe.
ERNÄHRUNG: Er frißt im rechten Winkel zum Substrat. Seine Nahrung besteht aus Algen und Plankton.
ABLAICHVERHALTEN: Brütende Männchen sind territorial. An einigen Stellen grenzen die Reviere aneinander und haben einen Durchmesser von etwa 1m. Die meisten Männchen graben Tunnelnester, aber einige andere verteidigen Höhlen zwischen den Felsen. Die Weibchen sammeln sich bei der Futtersuche in Schulen und werden manchmal im offenen Wasser beim Planktonfressen beobachtet.
ÄHNLICHE ARTEN: Ps. sp. "zebra masinje" gleicht *Ps. aurora* von der Insel Likoma, hat aber relativ kleinere Augen. Beide Arten sind an der goldgelben Farbe auf der unteren Hälfte des Kopfes und der Brust zu erkennen. Bei *Ps. aurora* erstreckt sich die gelbe Farbe normalerweise bis zum Bauch. *Ps.* sp. "zebra masinje" gleicht sehr *Ps.* sp. "aurora blue" bei Cóbuè, hat aber eine hellblauere Farbe und eine größere, gelbgefärbte Stelle auf dem Kopf.

Pseudotropheus sp. "zebra mbenji"

HANDELSNAMEN: Red Top Cobalt.
VERBREITUNG: Er ist an der Insel Mbenji endemisch.
VARIANTEN UND MORPHEN: Ein relativ hoher Prozentsatz der Weibchen sind OB-Morphen.
MAXIMALE LÄNGE: *Ps.* sp. "zebra mbenji" wächst maximal auf etwa 13cm heran.
BIOTOP: Dieses Mitglied im *Ps. zebra* Komplex lebt im Felsenbiotop. Er scheint sowohl in sedimentfreien als auch in von Sediment bedeckten Regionen vorzukommen. Am häufigsten ist er an Stellen zu sehen, die dem Wellenschlag ausgesetzt sind.
ERNÄHRUNG: Er frißt an Felsen und kämmt lockere

Pseudotropheus sp. „zebra masinje", Ntekete, Männchen

Pseudotropheus sp. „zebra mbenji", Mbenji, Männchen

Pseudotropheus sp. „zebra masinje", Ntekete, Weibchen

Pseudotropheus sp. „zebra mbenji", Mbenji, Weibchen

Pseudotropheus sp. „zebra mbenji", Mbenji, OB-Männchen

Algen vom Aufwuchs. Große Schulen kann man häufig im offenen Wasser Plankton fressen sehen.
ABLAICHVERHALTEN: Die Männchen sind territorial und verteidigen ihre Reviere über Felsen. Laichplätze sind Höhlen zwischen den Felsen im Biotop. Die Weibchen sammeln sich in großen Schulen und verbringen die meiste Zeit im offenen Wasser. Die Revieraggression der Männchen richtet sich hauptsächlich gegen artgleiche Männchen.
ÄHNLICHE ARTEN: *Ps.* sp. "zebra mbenji" Männchen sind leicht an ihrer ganz kobaltblauen Färbung und den leuchtendorangerot gefärbten Rückenflossen zu erkennen. Die Weibchen sind braunbeige und haben eine orange Rückenflosse. Es fehlen ihnen senkrechte Bänder auf dem Körper. Sie können mit *Ps. greshakei* Weibchen verwechselt werden, die aber deutlich kleiner sind. Die untere Schwanzhälfte der Ps. greshakei Männchen ist orangerot, bei *Ps.* sp. "zebra mbenji" Männchen ist die obere Hälfte blau-orange gefärbt. *Ps.* sp. "zebra mbenji" ist mit *Ps.* sp. "zebra benga" nahe verwandt.

Pseudotropheus sp. "zebra mbowe"

HANDELSNAMEN: Diese Art wurde noch nicht exportiert.
VERBREITUNG: Sie ist an der Insel Mbowe endemisch.
VARIANTEN UND MORPHEN: Unbekannt. Sie ist mit *Ps.* sp. "zebra long pelvic" und *Ps.* sp. "zebra ruarwe" verwandt, und die drei Formen könnten geographische Varianten einer einzigen Art sein.
MAXIMALE LÄNGE: Diese Art kann maximal etwa 12cm lang werden.
BIOTOP: *Ps.* sp. "zebra mbowe" lebt in der sedimentreichen Übergangszone. Er kommt in Schichten zwischen 10 und 25m Tiefe vor. Er ist auf Felsen angewiesen, wird aber oft dazwischen auf Sandflecken gesehen. Schulen auf Nahrungssuche schwimmen etwa 1-2m über dem Substrat.
ERNÄHRUNG: Er frißt Plankton aus dem offenen Wasser, und Schulen auf Nahrungssuche sind oft zu sehen. Territoriale Männchen fressen innerhalb der Grenzen ihrer Reviere. Sie kämmen lockere Algen von den Felsen.
ABLAICHVERHALTEN: Territoriale Männchen graben Nester unter Felsen in ihrem Revier. Weibchen und nichtterritoriale Männchen sammeln sich in großen Schulen, können aber auch in kleinen Gruppen oder einzeln angetroffen werden.

Pseudotropheus sp. „zebra mbowe", Mbowe, Männchen

Pseudotropheus sp. „zebra mozambique", Gome, Männ.

Pseudotropheus sp. „zebra mbowe", Mbowe, Weibchen

Pseudotropheus sp. „zebra mozambique", Gome, Weib.

ÄHNLICHE ARTEN: *Ps.* sp. "zebra mbowe" ist kein charakteristisches Mitglied im *Ps. zebra* Komplex. *Ps.* sp. "zebra mbowe" lebt in derselben Nische in der Übergangszone wie *Ps.* sp. "elongatus chailosi" und *Ps.* sp. "elongatus bee", mit denen er jedoch nicht sympatrisch vorkommt. Er gleicht *Ps.* sp. "zebra long pelvic", mit dem er artgleich sein könnte. *Ps.* sp. "zebra long pelvic" unterscheidet sich von Ps. sp. "zebra mbowe" durch die langen Bauchflossen und die schwarzen Ausläufer der Bänder auf der Rückenflosse.

Pseudotropheus sp. "zebra mozambique"

HANDELSNAMEN: Dieser Mbuna wurde noch nicht exportiert.
VERBREITUNG: Er kommt an der Ostküste zwischen dem Fluß Nsinje und der Grenze zu Mosambik vor.
VARIANTEN UND MORPHEN: Unbekannt.
MAXIMALE LÄNGE: Er kann eine Gesamtlänge von etwa 10cm erreichen.
BIOTOP: *Ps.* sp. "zebra mozambique" lebt in der Übergangszone und wird regelmäßig über Sand gefunden. Er kommt in sehr seichtem Wasser vor, aber auch in tiefen Schichten und ist noch in 30m Tiefe häufig zu sehen.
ERNÄHRUNG: Er frißt im rechten Winkel zum Substrat. Seine Nahrung besteht aus Algen und Plankton.
ABLAICHVERHALTEN: Brütende Männchen sind territorial. Die meisten Männchen graben Nester, einige verteidigen jedoch eine Höhle zwischen den Felsen. Die Weibchen sammeln sich bei der Nahrungssuche in Schulen und können manchmal im offenen Wasser beim Planktonfressen gesehen werden. Sie kommen auch einzeln vor.
ÄHNLICHE ARTEN: *Ps.* sp. "zebra mozambique" ist nahe mit *Ps.* sp. "zebra masinje" verwandt und könnte eine geographische Variante dieser Art sein. Die *Ps.* sp. "zebra mozambique" Weibchen sind silbrig und haben gelb(liche) Flossen; die *Ps.* sp. "zebra masinje" Weibchen sind braun mit durchsichtigen Flossen. *Ps.* sp. "zebra mozambique" Männchen können mit den *Ps. callainos* Männchen und *Ps.* sp. "zebra blue" Männchen leicht verwechselt werden, lassen sich aber von diesen beiden Arten an dem kleineren Maul und der hellblauen Farbe unterscheiden. *Ps.* sp. "zebra mozambique" Männchen sind nicht von den *Ps.* sp. "blue reef" Männchen zu unterscheiden. Die Weibchen der letztgenannten Art sind blau wie die Männchen.

Pseudotropheus sp. "zebra patricki"

HANDELSNAMEN: Pseudotropheus Patricki.
VERBREITUNG: Er kommt am Jalo Reef, Nkhomo Reef, an der Insel Mbenji, bei Namalenje, den drei Maleri Inseln und bei Chidunga Rocks vor.
VARIANTEN UND MORPHEN: Die Brutfarbe der Männchen variiert leicht im Verlauf seines Verbreitungsgebiets und ist beim Vergleich der Abbildungen leicht abzuschätzen.
MAXIMALE LÄNGE: Diese Art erreicht eine Gesamtlänge von etwa 11cm.
BIOTOP: Dieser Mbuna wird am häufigsten über Sand in der Übergangszone gesehen. Er lebt in 3 bis 25m Tiefe. Das Substrat seines Biotops ist normalerweise mit einer Schicht Sediment bedeckt.
ERNÄHRUNG: *Ps.* sp. "zebra patricki" frißt vom sedimentreichen Aufwuchs auf den Felsen und dem Sand. Von den Felsen frißt er im rechten Winkel, vom Sand wird jedoch Material von der Oberfläche abgeschaufelt. Er frißt auch Plankton.
ABLAICHVERHALTEN: Die Revierverteidigung der Männchen richtet sich vorwiegend gegen Artgenossen. Das Revier des Männchens liegt auf dem Sand um einen kleinen Fels oder eine Steingruppe. Sein Nest wird unter solche Steine gegraben. Ribbink et al. (1983) berichten, daß die Männchen auch schüsselförmige Nester auf Sand, weit weg von Felsen, bauen.
ÄHNLICHE ARTEN: Oberflächlich betrachtet gleicht Ps. sp. "zebra patricki" dem *Ps.* sp. "acei", vor allem der Variante, die in Senga Bay vorkommt. Die letztgenannte Art hat jedoch ein breites Band dichtsitzender Zähne auf dem Ober- und Unterkiefer. Die Bänderung ist bei *Ps.* sp. "zebra patricki" viel deutlicher als bei *Ps.* sp. "acei".

Pseudotropheus sp. "zebra ruarwe"

HANDELSNAMEN: Diese Art wurde noch nicht exportiert.
VERBREITUNG: Sie kommt an der Nordwestküste zwischen Mpanga Rocks und Ruarwe vor.
VARIANTEN UND MORPHEN: Die Männchen bei Mpanga Rocks haben eine schwarze Rückenflosse, während die Männchen der anderen Populationen nur auf dem weichstrahligen Teil schwarzes Pigment tragen.
MAXIMALE LÄNGE: Er kann maximal auf eine Größe von etwa 10cm heranwachsen.

Pseudotropheus sp. „zebra patricki", Jalo Reef

Pseudotropheus sp. „zebra patricki", Mbenji, Männchen

Pseudotropheus sp. „zebra patricki", Nkhomo

Pseudotropheus sp. „zebra patricki", Mbenji, Weibchen

BIOTOP: *Ps.* sp. "zebra ruarwe" lebt im sedimentreichen Teil der Übergangszone. Er kommt in 5 bis 40m Tiefe vor. Obwohl er regelmäßig über Sandflecken im Biotop vorkommt, ist er doch auf Felsen angewiesen. Schulen auf Nahrungssuche halten sich etwa 50 bis 100cm über Felssubstrat auf.
ERNÄHRUNG: Schulen auf Nahrungssuche kann man häufig im offenen Wasser beim Planktonfressen begegnen. Territoriale Männchen fressen innerhalb ihrer Reviere. Sie kämmen lockere Algen vom Aufwuchs.
ABLAICHVERHALTEN: Territoriale Männchen graben Tunnelnester unter die Felsen ihrer Umgebung. Die Reviere befinden sich gewöhnlich in der Nähe von Sandregionen. Die Weibchen und unreifen Männchen sammeln sich in großen Schulen, können aber auch in kleinen Gruppen oder einzeln vorkommen.
ÄHNLICHE ARTEN: *Ps.* sp. "zebra ruarwe" ist kein charakteristisches Mitglied im *Ps. zebra* Komplex. *Ps.* sp. "zebra ruarwe" gleicht *Ps.* sp. "zebra long pelvic" und *Ps.* sp. "zebra mbowe", mit denen er artgleich sein könnte. Er unterscheidet sich von diesen beiden Arten durch das Fehlen der orange bis rostbraunen Farbe auf Kopf, Brust und Bauch.

Pseudotropheus sp. „zebra ruarwe", Mpanga Rocks

Pseudotropheus sp. „zebra ruarwe", Selewa, Männchen

Pseudotropheus sp. „zebra ruarwe", Selewa, Weibchen

Pseudotropheus sp. "zebra slim"

HANDELSNAMEN: Pseudotropheus Zebra Slim, Ps. Zebra Mbamba Bay Kompakt, Ps. Elongate Zebra.
VERBREITUNG: *Ps.* sp. "zebra slim" kommt am Higga Reef, an der Insel Mbamba Bay und entlang der Küste unmittelbar südlich von Mbamba Bay (Chuwa) vor.
VARIANTEN UND MORPHEN: *Ps.* sp. "zebra slim" ist polymorph, d. h. es leben O- und OB-Morphe mit normal gefärbten Tieren zusammen. Geographische Variation ist keine erkennbar.
MAXIMALE LÄNGE: Er kann maximal eine Gesamtlänge von etwa 13cm erreichen.
BIOTOP: Er bevorzugt den sedimentfreien Felsenbiotop und wird manchmal auch in tieferen Felsbiotopregionen gefunden, wo die Felsen von einer Sedimentschicht bedeckt sind.
ERNÄHRUNG: *Ps.* sp. "zebra slim" frißt Plankton und Algen, die er aus dem Aufwuchs der Felsen herauskämmt. Die Weibchen und nichtbrütenden Männchen bilden bei der Nahrungssuche Schulen im offenen Wasser.
ABLAICHVERHALTEN: Brütende Männchen sind territorial

Pseudotropheus sp. „zebra slim", Higga, Männchen

Pseudotropheus sp. „zebra slim", Higga, Weibchen

Pseudotropheus sp. „zebra slim", Higga OB-Weibchen

und verteidigen ihren Laichplatz, normalerweise eine Höhle im reinen Felsenbiotop, primär gegen artgleiche Männchen. Die maulbrütenden Weibchen sammeln sich manchmal in Gruppen, bleiben aber in der Nähe des Substrats.
ÄHNLICHE ARTEN: *Ps.* sp. "zebra slim" ist eine bemerkenswerte Art, weil sie eine ähnliche Färbung (einschließlich des Polychromatismus) wie *Ps. zebra* hat, aber sichtlich schlanker gebaut ist. Er kann deshalb nicht leicht mit anderen Arten im *Ps. zebra* Komplex verwechselt werden.

Pseudotropheus sp. "zebra yellow tail"

HANDELSNAMEN: Pseudotropheus Zebra Yellow Tail.
VERBREITUNG: Er wird entlang der Nordostufer zwischen Lupingu und Manda gefunden.
VARIANTEN UND MORPHEN: Unbekannt.
MAXIMALE LÄNGE: Die Größe adulter Tiere wird auf höchstens 13cm geschätzt.
BIOTOP: Er wurde im sedimentreichen Felsenbiotop, aber auch in Übergangszonen gefunden, ist aber stark auf Felsen angewiesen. Normalerweise wird er unter 10m Tiefe angetroffen.
ERNÄHRUNG: Die Männchen fressen vom Aufwuchs der Felsen, aber die Weibchen wurden auch beim Planktonfressen gesehen, wenn sie sich auch nie weit von den Felsen wegbewegten.

Pseudotropheus sp. „zebra yellow tail", Lupingu, Männ.

Pseudotropheus sp. „zebra yellow tail", Lupingu, Weib.

Pseudotropheus sp. „zebra yellow tail", Cape Kaiser

ABLAICHVERHALTEN: Brütende Männchen sind territorial und verteidigen Höhlen im Felsenbiotop vor jedem Eindringling, vor allem aber vor artgleichen Männchen. Die Weibchen leben einzeln und bleiben in der Nähe der Felsen.
ÄHNLICHE ARTEN: *Ps.* sp. "zebra yellow tail" ist an dem länglichen Körper, einem gelben Schwanz und einem schwarzen Band in der Rückenflosse zu erkennen. Sein Körper ist hochrückiger als bei den anderen bekannten Mitgliedern im *Ps. elongatus* Komplex, mit denen er verwechselt werden könnte.

Rhamphochromis brevis

TREWAVAS, 1935
HANDELSNAMEN: Diese Art wurde noch nicht exportiert.
VERBREITUNG: Sie kommt überall im See vor.
VARIANTEN UND MORPHEN: Unbekannt.
MAXIMALE LÄNGE: Maximal wurde eine Gesamtlänge von 38cm gemessen.
BIOTOP: Die wenigen bekannten Tiere wurden in der Nähe von Felsküsten gefangen (Eccles & Trewavas, 1989).
ERNÄHRUNG: R. brevis ist ein Fischfresser.
ABLAICHVERHALTEN: Unbekannt.
ÄHNLICHE ARTEN: Alle Arten in Rhamphochromis gleichen einander und sind sehr schwer zu identifizieren. *R. brevis* ist an der hohen Form zu erkennen. Seine Länge ist weniger als viermal seine Höhe, während die Länge der anderen Arten viermal und mehr ihre Höhe ist. Auch hat er relativ große Augen, ein Merkmal, das er mit *R. macrophthalmus* teilt.

Rhamphochromis esox

(BOULENGER, 1908)
HANDELSNAMEN: Diese Art wurde noch nicht exportiert.
VERBREITUNG: Sie ist über den ganzen See verbreitet.
VARIANTEN UND MORPHEN: Unbekannt.
MAXIMALE LÄNGE: Sie wird etwa 38cm lang.
BIOTOP: Wie alle Rhamphochromis lebt sie im offenen Wasser. Große Tiere sieht man regelmäßig in der Nähe von Sandufern, wo sie in den oberen Schichten der Wassersäule jagen.
ERNÄHRUNG: *R. esox* ist ein Fischfresser, der auf kleine Utaka und die Seesardine, Usipa (Engraulicypris sardella), Jagd macht.

Rhamphochromis esox, Otter Pt.

ABLAICHVERHALTEN: Unbekannt.
ÄHNLICHE ARTEN: *R. esox* ist durch seinen zylindrischen Körperbau und die deutliche Horizontallinie gekennzeichnet. Er trägt über 40 Schuppen in einer horizontalen Reihe, ein Merkmal, das er nur mit *R. leptosoma* teilt. Auch die letztgenannte Art hat eine deutliche Horizontallinie, unterscheidet sich aber durch das hakenförmige Aussehen des Unterkiefers.

Rhamphochromis ferox

REGAN, 1922
HANDELSNAMEN: Diese Art wurde noch nicht exportiert.
VERBREITUNG: Sie kommt überall im See vor.
VARIANTEN UND MORPHEN: Unbekannt.
MAXIMALE LÄNGE: Maximal wird eine Länge von etwa 45cm erreicht.
BIOTOP: Diese Art lebt im offenen Wasser, wahrscheinlich in recht tiefen Bereichen.
ERNAHRUNG: *R. ferox* ist ein Fischfresser.
ABLAICHVERHALTEN: Nicht bekannt.
ÄHNLICHE ARTEN: Drei Rhamphochromis Arten sind nur schwer auseinanderzuhalten. Es sind *R. woodi, R. lucius* und *R. ferox*. Die sehr kleinen Augen von *R. lucius* stehen hoch am Kopf, dessen oberes Profil gerade ist. Der Oberkiefer von *R. woodi* kann deutlich weiter als der von R. ferox vorstehen. Sein prämaxillarer Pedicel, die Verlängerung des Oberkiefers, die entlang der Schnauze gleitet, paßt etwa 3,25 bis 3,75mal in die Kopflänge. Er ist kürzer bei *R. ferox,* bei dem er 4 bis 4,5mal in die Kopflänge paßt. *R. ferox* fehlt der Seitenstreifen, der bei *R. macrophthalmus, R. esox* und *R. leptosoma* vorkommt. Er hat weniger als 40 Zähne auf dem Oberkiefer, worin er sich von *L. longiceps* unterscheidet, und hat relativ kleinere Augen (6 bis 8mal in der Kopflänge) und einen niedrigeren Körper (4mal in der Standardlänge) als *L. brevis.*

Rhamphochromis cf. ferox, Chizumulu

Rhamphochromis leptosoma

REGAN, 1922
HANDELSNAMEN: Dieser Cichlide wurde noch nicht exportiert.
VERBREITUNG: Er kommt überall im See vor.
VARIANTEN UND MORPHEN: Unbekannt.
MAXIMALE LÄNGE: *R. leptosoma* wird höchstens etwa 40cm lang.
BIOTOP: Er lebt im offenen Wasser des Sees. Adulte Tiere trifft man regelmäßig an seichten Stellen, in der Nähe von Sandstränden.

Rhamphochromis leptosoma, Otter Pt.

ERNÄHRUNG: *R. leptosoma* ist ein Fischfresser, der auf kleine Utaka und Usipa (Engraulicypris sardella) Jagd macht.
ABLAICHVERHALTEN: Unbekannt.
ÄHNLICHE ARTEN: *R. leptosoma* ist durch einen länglichen Körper mit einem deutlichen Seitenstreifen und durch über 40 Schuppen in einer horizontalen Reihe gekennzeichnet. Er gleicht sehr *R. esox,* von dem er sich durch das hakenförmige Aussehen des Unterkiefers unterscheidet. Beide Arten haben einen starken Unterkiefer.

Rhamphochromis longiceps

(GÜNTHER, 1864)
HANDELSNAMEN: Diese Art ist im Aquaristikhandel unbekannt.
VERBREITUNG: Sie kommt überall im See vor.
VARIANTEN UND MORPHEN: Unbekannt.
MAXIMALE LÄNGE: Sie erreicht eine Gesamtlänge von etwa 28cm.
BIOTOP: *R. longiceps* lebt im offenen Wasser, abseits jeder Küste (Eccles & Trewavas, 1989).
ERNÄHRUNG: Wie alle anderen Mitglieder dieser Gattung ist er ein Fischfresser. Er hat sich darauf spezialisiert, die Seesardine (Engraulicypris sardella) zu fangen, frißt aber auch Wirbellose (George Turner, pers. Mittl.).
ABLAICHVERHALTEN: Unbekannt.
ÄHNLICHE ARTEN: *R. longiceps* ist an seiner relativ kleinen Körpergröße bei ausgewachsenen Tieren zu erkennen und an den relativ kleinen Zähnen. Er unterscheidet sich von allen anderen Mitgliedern der Gattung durch sehr viele Zähne auf dem Oberkiefer (über 40).

Rhamphochromis lucius

AHL, 1927
HANDELSNAMEN: Diese Art wurde noch nicht exportiert.
VERBREITUNG: Sie kommt überall im See vor.
VARIANTEN UND MORPHEN: Unbekannt.
MAXIMALE LÄNGE: Die Gesamtlänge liegt bei etwa 40cm.
BIOTOP: Dieser Cichlide schwimmt im offenen Wasser, wird aber gewöhnlich in tiefen Schichten gefangen. Wahrscheinlich lebt er dicht am Seeboden, was jedoch zu tief ist, um es zu beweisen.
ERNÄHRUNG: *R. lucius* ist ein Fischfresser, der leicht geangelt werden kann, wenn man Usipa (Engraulicypris sardella) als Köder benutzt. Wenn er an der Angel hängt, kämpft er kaum, vielleicht, weil er aus großer Tiefe hochgezogen wird. Beim Hochziehen läßt der reduzierte Druck seine Schwimmblase platzen, was den Fisch betäubt.
ABLAICHVERHALTEN: Unbekannt.
ÄHNLICHE ARTEN: Drei Rhamphochromis Arten sind schwer auseinanderzuhalten. Es handelt sich dabei um *R. woodi, R. lucius* und *R. ferox.* Die sehr kleinen Augen von *R. lucius* stehen hoch am Kopf, der ein gerades Profil zeigt. Sein Maul ist länger als die halbe Kopflänge. Er zeigt keinen Seitenstreifen wie *R. macrophthalmus, R. esox* und *R. leptosoma.* Er trägt weniger als 40 Zähne auf dem Oberkiefer, worin er sich von *L. longiceps* unterscheidet und hat relativ kleinere Augen (6 bis 8mal in der Kopflänge) und einen flacheren Körper (4mal in der Standardlänge) als *L. brevis.*

Rhamphochromis cf. lucius, Masinje

Rhamphochromis macrophthalmus

REGAN, 1922
HANDELSNAMEN: Rhamphochromis, Ncheni.
VERBREITUNG: Er kommt überall im See vor.
VARIANTEN UND MORPHEN: Unbekannt.
MAXIMALE LÄNGE: *R. macrophthalmus* erreicht maximal eine Größe von etwa 28cm.
BIOTOP: Es ist wahrscheinlich das einzige Mitglied der Gattung, das immer in Ufernähe gefunden wird. Er schwimmt im offenen Wasser, bleibt aber in etwa 2 bis 5m Abstand zum Boden. Er wurde in etwa 100m Tiefe gefangen (Eccles & Trewavas, 1989). Jungtiere sieht man oft in großen Schulen von über 100 Tieren. Jagende Gruppen von etwa 20 bis 50 halbwüchsigen Tieren sind in seichtem Wasser in der Nähe von Sandstränden zu sehen.
ERNÄHRUNG: *R. macrophthalmus* jagt kleine Fische, wie kleine Utaka und Usipa (Engraulicypris sardella), frißt aber auch Wirbellose.
ABLAICHVERHALTEN: Unbekannt.
ÄHNLICHE ARTEN: *R. macrophthalmus* ist an den gelben After- und Bauchflossen, den relativ großen Augen (etwa 5mal in der Kopflänge) und dem Seitenstreifen auf seinem silbrigen Körper zu erkennen.

Rhamphochromis macrophthalmus, Otter Pt.

Rhamphochromis macrophthalmus, Aquarium

Rhamphochromis woodi

REGAN, 1922
HANDELSNAMEN: Dieser Cichlide ist im Aquaristikhandel unbekannt.
VERBREITUNG: Er kommt im ganzen See vor.
VARIANTEN UND MORPHEN: Unbekannt.
MAXIMALE LÄNGE: Er erreicht eine Gesamtlänge von etwa 45cm.

Rhamphochromis cf. woodi, Taiwan Reef

BIOTOP: Er lebt im offenen Wasser, wahrscheinlich in recht tiefen Schichten.
ERNÄHRUNG: *R. woodi* ist ein Fischfresser.
ABLAICHVERHALTEN: Unbekannt.
ÄHNLICHE ARTEN: Die drei Arten *R. woodi, R. lucius* und *R. ferox,* sind kaum zu unterscheiden. *R. lucius* hat hoch am Kopf stehende, sehr kleine Augen und ein gerades Kopfprofil. *R. woodi* hat einen größeren Kopf als *R. ferox.* Er paßt weniger als 3mal in seine Standardlänge. Sein Maul steht deutlich weiter vor als bei *R. ferox.* Sein prämaxillarer Pedicel, ein Ausläufer des Oberkiefers, der an der Schnauze entlanggleitet, paßt etwa 3,25 bis 3,75 mal in die Kopflänge. Damit ist er kürzer als bei *R. ferox,* wo er 4 bis 4,5mal in die Kopflänge paßt. *R. woodi* fehlt der Seitenstreifen, der bei *R. macrophthalmus, R. esox* und *R. leptosoma* vorhanden ist. Er hat weniger als 40 Zähne auf dem Oberkiefer, worin er sich von *L. longiceps* unterscheidet, und er hat relativ kleinere Augen (6 bis 8mal in der Kopflänge) als *L. brevis.*

Sciaenochromis ahli

(TREWAVAS, 1935)
SYNONYME: Haplochromis serranoides.
HANDELSNAMEN: Haplochromis Big Eye.
VERBREITUNG: *Sc. ahli* kommt in der Nordhälfte des Sees

Sciaenochromis ahli, Mdoka, Männchen

Sciaenochromis ahli, Chewere

Sciaenochromis ahli, Mdoka, Weibchen

Sciaenochromis cf. ahli, Likoma

Sciaenochromis ahli, Msisi

Sciaenochromis ahli, Taiwan Reef

vor und wurde bei Mdoka, Chewere, Taiwan Reef, Likoma und Msisi gefunden.
VARIANTEN UND MORPHEN: Unbekannt.
MAXIMALE LÄNGE: Die Gesamtlänge liegt ungefähr bei 20cm.
BIOTOP: *Sc. ahli* lebt in der Übergangszone und in Sandbiotopen, wurde aber auch am Taiwan Reef gesehen. Durchschnittlich kommt er in 25m Tiefe vor.
ERNÄHRUNG: Unbekannt, aber *Sc. ahli* ist ein Raubfisch, der sich wahrscheinlich von kleinen Fischen und Wirbellosen ernährt.
ABLAICHVERHALTEN: Nicht bekannt. Männchen in Brutfärbung wurden im November und Dezember gefangen. Saulos Mwale (pers. Mittl.) sah Männchen schüs-

selförmige Nester im Sand verteidigen. Maulbrütende Weibchen wurden noch keine gesehen.
ÄHNLICHE ARTEN: Nichtbrütende Tiere gleichen *Sc. psammophilus,* sind aber an ihren großen Körpermaßen, dem schlankeren Körper und dem breiteren Kopf zu erkennen.

Sciaenochromis benthicola

KONINGS, 1993
HANDELSNAMEN: Diese Art wurde nie für den Zierfischhandel exportiert.
VERBREITUNG: Sie scheint seeweit verbreitet zu sein. Der Holotypus wurde in der Nähe von Kaporo, im Nordteil des Sees, gefangen, aber auch im Südostarm.

Sciaenochromis benthicola, Kaporo

VARIANTEN UND MORPHEN: Unbekannt.
MAXIMALE LÄNGE: Ihre Länge wird maximal auf 18cm geschätzt.
BIOTOP: Die wenigen gesehenen Tiere wurden in über 50m Tiefe auf Sand- und Schlammboden gefangen.
ERNÄHRUNG: Nicht bekannt, aber der Holotypus wurde geangelt, wobei Stücke von Usipa (Engraulicypris sardella) als Köder verwendet wurden.
ABLAICHVERHALTEN: Nicht bekannt.
ÄHNLICHE ARTEN: *Sc. benthicola* gleicht *Sc. psammophilus,* läßt sich aber an dem breiteren Kopf unterscheiden.

Sciaenochromis fryeri

KONINGS, 1993
HANDELSNAMEN: Haplochromis Ahli, Haplochromis Electric Blue, Haplochromis Jacksoni.
VERBREITUNG: *Sc. fryeri* ist überall im See zu finden.
VARIANTEN UND MORPHEN: Die Männchen der nördlichen Populationen tragen mehr gelbes Pigment auf dem Körper und auf den Flossen als an anderen Stellen. Die Männchen der südlichen Populationen entwickeln ihre weißliche Blesse auf dem Nacken in einem früheren Stadium als die der nördlichen Populationen.
MAXIMALE LÄNGE: Ein bei der Insel Likoma gefangenes Männchen hatte eine Gesamtlänge von etwas über 20cm (Saulos Mwale, pers. Mittl.). Die Durchschnittsgröße der adulten Männchen reicht von 10 bis 16cm. Die Weibchen haben als adulte Tiere eine Durchschnittsgröße von etwa 10cm.
BIOTOP: Sc. fryeri lebt in mehreren Biotopen, jedoch müssen diese Felsen enthalten. Dieser Raubfisch lebt recht zurückgezogen und wird gewöhnlich in Höhlen und Spalten der Biotope gefunden.
ERNÄHRUNG: *Sc. fryeri* macht auf kleine Fische Jagd, vor allem kleine Mbuna, die zwischen den Felsen leben. Während der Brutzeit des Kampango *(Bagrus meridionalis),* im November, Dezember und Januar, kann man mehrere *Sc. fryeri* in den riesigen Schulen junger Utaka, die über dem Nest des Kampango Schutz suchen, finden. Der große Wels vertreibt die meisten Raubfische, aber einige, darunter *Sc. fryeri, Stigmatochromis modestus* und *Nimbochromis polystigma,* finden dennoch einen Weg, einige junge Utaka zu erbeuten.
ABLAICHVERHALTEN: Männchen in Brutfärbung findet man das ganze Jahr über. Ihre Revieraggression ist wahrscheinlich auf die Zeit des Ablaichens und die Gegenwart konkurrierender Männchen an derselben Stelle beschränkt. Bei Lupingu wurde eine Gruppe aus fünf Männchen einmal bei der Verteidigung ihrer Höhlenkraternester, die etwa 2m voneinander entfernt lagen, beobachtet. Territoriale Männchen wurden ansonsten niemals gefunden. Die Weibchen, die ganz braun gefärbt sind, sind recht scheu und leben das ganze Jahr über in Spalten und Höhlen.
ÄHNLICHE ARTEN: Die Kombination aus Farbe und Form ist für *Sc. fryeri* charakteristisch und kann nur mit *Otopharynx lithobates* bei Thumbi West und der Insel Mumbo verwechselt werden. *O. lithobates* hat relativ gesehen größere Augen, einen schmaleren Mund und einen weniger länglichen Körper als *Sc. fryeri.* Die dunkelbraunen Weibchen von *Sc. fryeri* lassen sich von den *Sc. psammophilus* Weibchen durch ihre Farbe unterscheiden, da die letztgenannten ganz silbrig gefärbt sind und deshalb leicht zu identifizieren sind.

Sciaenochromis psammophilus

KONINGS, 1993
HANDELSNAMEN: Haplochromis Electric Blue Kande. Sciaenochromis Sand.
VERBREITUNG: Diese Art wurde zuerst von der Insel Kande exportiert, danach aber auch an der Insel Likoma und im Südostarm des Sees gefunden.
VARIANTEN UND MORPHEN: Männchen in Brutfärbung sind nur von der Insel Kande bekannt. Da diese Art über Sand vorkommt, haben sich wahrscheinlich keine deutlichen geographischen Varianten ausgebildet.

Sciaenochromis fryeri, Chwere

Sciaenochromis fryeri, Lupingu

Sciaenochromis fryeri, Chizumulu

Sciaenochromis fryeri, Lundu

Sciaenochromis fryeri, Chinyamwezi

Sciaenochromis fryeri, Taiwan Reef

Sciaenochromis fryeri, Ntekete

Sciaenochromis fryeri, Chuanga

MAXIMALE LÄNGE: Die Länge der Männchen ist maximal etwa 14cm und die der Weibchen etwa 10cm.
BIOTOP: *Sc. psammophilus* trifft man selten über Sand. An der Insel Kande, wo man das ganze Jahr über eine Brutkolonie findet, sieht man ihn häufiger in der Übergangszone.
ERNÄHRUNG: *Sc. psammophilus* frißt die Jungen von sandbewohnenden Cichliden.

Sciaenochromis psammophilus, Kande, Männchen

Sciaenochromis psammophilus, Ntekete, Weibchen

Sciaenochromis psammophilus, Senga Bay

ABLAICHVERHALTEN: Territoriale Männchen bauen Höhlenkraternester in den Sand, halbwegs unter einen Fels. Die Weibchen und nichtterritorialen Tiere leben allein. Während der Brutzeit kann man mehrere Weibchen und Männchen in Brutfärbung in relativ kleinen Bereichen finden. Die meisten Nester kamen in etwa 16m Tiefe vor.
ÄHNLICHE ARTEN: In der Form gleicht *Sc. psammophilus* dem *Sc. fryeri,* aber seine silbrige Färbung und seine Biotoppräferenz unterscheiden ihn deutlich von den felsbewohnenden "Electric Blue". Ferner unterscheidet er sich von *Sc. ahli* durch seinen schlanken Körper, die kleinen Körpermaße und den schmaleren Kopf.

Serranochromis robustus

(GÜNTHER, 1864)
HANDELSNAMEN: Diese Art ist in der Aquaristik unbekannt.
VERBREITUNG: Im See findet man sie am häufigsten in der Nähe von Flußmündungen und im Südteil. Außerhalb des Sees ist sie weiter verbreitet.
VARIANTEN UND MORPHEN: Unbekannt.

Serranochromis robustus, Nkhata Bay

Serranochromis robustus, Otter Pt.

MAXIMALE LÄNGE: Sie kann eine Gesamtlänge von etwa 45cm erreichen.
BIOTOP: Im See kommt diese Art am häufigsten in seichten Übergangszonen vor. Auch über Sandregionen oder an bewachsenen Stellen, aber auch über Felssubstrat wird er gefunden.
ERNÄHRUNG: *S. robustus* ist ein Fischfresser. Er macht Jagd auf Mbuna und sandbewohnende Haplochromine.
ABLAICHVERHALTEN: Es ist ein Maulbrüter, jedoch wurde er im See noch nicht beim Brüten beobachtet. Maulbrütende Weibchen wurden im Felsbereich der Übergangszone versteckt gesehen.
ÄHNLICHE ARTEN: Im See ist *S. robustus* leicht an seiner Form, dem großen Maul und seinem charakteristischen Pigmentierungsmuster zu erkennen. Brütende Männchen sind dunkelblau auf der Körperoberseite und haben einen blauen Kopf. Unter den Malawicichliden wird nur noch *Buccochromis heterotaenia* vergleichbar groß.

Stigmatochromis modestus

(GÜNTHER, 189)
HANDELSNAMEN: Haplochromis Modestus, Haplochromis Woodi.
VERBREITUNG: *S. modestus* kommt im ganzen See vor.
VARIANTEN UND MORPHEN: Bei Chilumba, Likoma und Chinyamwezi scheinen die Männchen eine ähnliche Brutfärbung zu haben.
MAXIMALE LÄNGE: Die Männchen können auf eine Länge von etwa 20cm heranwachsen. Die Weibchen sind kleiner.
BIOTOP: *S. modestus* ist auf den Felsenbiotop beschränkt und kommt recht häufig vor, ist jedoch selten sichtbar, da er sich in den Spalten und Lücken versteckt. Die generell dunkelbraune Farbe deckt sich perfekt mit dem Hintergrund solcher Verstecke.
ERNÄHRUNG: *S. modestus* ist ein Fischfresser, der seiner Beute in den dunklen Schlupfwinkeln des Biotops auflauert.
ABLAICHVERHALTEN: *S. modestus* brütet das ganze Jahr über. Territoriale Männchen sammeln sich in kleinen Kolonien von etwa 10 Tieren. Sie verteidigen eine Höhle im tieferen Teil des Felsenbiotops und versuchen Weibchen zu ihren Laichplätzen in den Höhlen zu locken.
ÄHNLICHE ARTEN: Das große Maul und die dunkle Grundfarbe sind für *S. modestus* charakteristisch. Er unterscheidet sich von allen anderen Arten und ist mit keiner leicht zu verwechseln, außer vielleicht mit einer kleinen, noch nicht beschriebenen Art von der Ostküste, nördlich des Flusses Nsinje. Dieser Cichlide, *Stigmatochromis* sp. "modestus eastern", ist hochrückiger und die ausgewachsenen Tiere kleiner.

Stigmatochromis modestus, Likoma

Stigmatochromis modestus, Londo

Stigmatochromis modestus, Mbenji

Stigmatochromis sp. "modestus eastern"

HANDELSNAMEN: East Coast Modestus.
VERBREITUNG: Diese Art wurde an der Felsküste nördlich des Flusses Nsinje, in der Nähe der Grenze zu Mosambik, gefunden.
VARIANTEN UND MORPHEN: Es konnte nur eine einzige Population festgestellt werden.

Stigmatochromis sp. „modestus eastern", Masinje, Männ.

Stigmatochromis sp. „modestus eastern", Masinje, Weib.

MAXIMALE LÄNGE: Die Männchen können eine Länge von etwa 15cm, Weibchen etwa 10cm erreichen.
BIOTOP: *S.* sp. "modestus eastern" ist ein Höhlenbewohner und deshalb nur im Felsenbiotop zu finden. Brütende Männchen sieht man manchmal außerhalb ihrer Höhlen. Weibchen begegnet man jedoch selten, und sie leben zurückgezogen im Felsenbiotop.
ERNÄHRUNG: Das Freßverhalten wurde noch nicht beobachtet, und die wenigen untersuchten Tiere hatten leere Mägen, wahrscheinlich weil es brütende Männchen waren. Das große Maul und seine Ähnlichkeit mit dem größeren *S. modestus* könnten ein Hinweis darauf sein, daß es sich um einen Fischräuber handelt.
ABLAICHVERHALTEN: Männchen in Brutfärbung verteidigen eine Höhle in mindestens 20m Tiefe. Das Balzen und Ablaichen findet innerhalb der Höhle statt (Saulos Mwale, pers. Mittl.).
ÄHNLICHE ARTEN: S. sp. "modestus eastern" ist durch drei Punkte auf dem Körper und das relativ große, schräge Maul gekennzeichnet. Er ist hochrückiger als *S. modestus* und auch als *Otopharynx brooksi,* mit dem er verwechselt werden könnte. Die letztgenannte Art wird aber größer und hat einen größeren Fleck, wobei der Fleck unter dem hartstrahligen Teil der Rückenflosse ganz unterhalb der Seitenlinie liegt. Bei *S.* sp. "modestus eastern" berührt dieser Fleck die Seitenlinie oder liegt teilweise auch darauf.

Stigmatochromis sp. "modestus makokola"

HANDELSNAMEN: Otopharynx Brooksi, Modestus Makokola.
VERBREITUNG: Er wurde nur am Makokola Reef gefunden, ist aber im Südostarm des Sees wahrscheinlich weiter verbreitet.
VARIANTEN UND MORPHEN: Unbekannt.
MAXIMALE LÄNGE: *S.* sp. "modestus makokola" kann maximal eine Gesamtlänge von etwa 18cm erreichen.

Stigmatochromis sp. „modestus makokola", Makokola Reef

Stigmatochromis sp. „modestus makokola", Makokola Reef

BIOTOP: Er wurde auf Sand in etwa 35m Tiefe, in der Nähe von Felsen gefunden.
ERNÄHRUNG: Seine Nahrung ist nicht bekannt, aber *S.* sp. "modestus makokola" ist ein Räuber.
ABLAICHVERHALTEN: Nicht bekannt. Ein Männchen in Brutfärbung wurde auf Sand in der Nähe von Felsen gesehen, verteidigte aber kein Revier.

ÄHNLICHE ARTEN: S. sp. "modestus makokola" gleicht S. modestus in der Form, hat aber einen breiteren Kopf und die Männchen eine hellere Farbe als die *S. modestus* Männchen.

Stigmatochromis pholidophorus

(TREWAVAS, 1935)
HANDELSNAMEN: Haplochromis Torpedo, Haplochromis Torpedo Kambiri.
VERBREITUNG: Der Holotypus von *S. pholidophorus* wurde in der Nähe von Ngara, im Norden des Sees, gefangen. Er ist jedoch seeweit verbreitet.
VARIANTEN UND MORPHEN: Der Holotypus trägt ein ziemlich gerades Maul, die bei den Tieren der Senga Bay Population rundlich ist und gekrümmt bei den Tieren an der Ostküste.
MAXIMALE LÄNGE: Die Gesamtlänge eines Männchens ist maximal etwa 18cm; die Weibchen bleiben um ein Viertel kleiner.
BIOTOP: *S. pholidophorus* wird ab und zu über Sand in der Übergangszone oder außerhalb von Sandstränden gefunden. Durchschnittlich kommt er in etwa 7m Tiefe vor. Männchen in Brutfärbung wurden in etwa 20m Tiefe beobachtet.
ERNÄHRUNG: S. pholidophorus ist ein Räuber, der an der Sandoberfläche frißt. Er schwebt etwa 50cm über dem Substrat und sucht nach beweglicher Beute. Sobald ein Beutetier ausgemacht ist, schießt er vorwärts zum Boden und schnappt sie vom Sand. Seine Beute sind normalerweise kleine Fische.

Stigmatochromis pholidophorus, Senga Bay, Männchen

Stigmatochromis pholidophorus, Fort maguire

Stigmatochromis pholidophorus, Manda

Stigmatochromis pholidophorus, Senga Bay, Weibchen

Stigmatochromis pholidophorus, Chiloelo

ABLAICHVERHALTEN: Ihr Ablaichverhalten konnte ich noch nicht beobachten, aber Stuart Grant berichtete mir (pers. Mittl.), daß etwa im April brütende Männchen in etwa 20m Tiefe gesehen werden. Die Brutfärbung ist purpurrot-blau.

ÄHNLICHE ARTEN: Oberflächlich betrachtet, gleicht *S. pholidophorus* dem *S. woodi*. Letzterer hat ein größeres Maul, dessen Unterkiefer deutlich vorsteht. Die Punkte auf dem Körper sind bei *S. woodi* größer und weniger regelmäßig in der Form als bei *S. pholidophorus*.

Stigmatochromis sp. "spilostichus type"

HANDELSNAMEN: Haplochromis Spilostychus Type, Haplochromis Epichorialis.

VERBREITUNG: Er wurde an den Inseln Likoma und Chizumulu, bei Mara Point und im Südostarm des Sees gefunden.

VARIANTEN UND MORPHEN: Die Brutfarbe der Männchen ist nur von Aquariumtieren bekannt, die wahrscheinlich aus dem Südostarm des Sees stammen. Das Grundpigmentierungsmuster der nördlichen Varianten besteht aus drei länglichen Flecken, die fast eine eckige Diagonallinie bilden.

MAXIMALE LÄNGE: Die Männchen werden maximal etwa 20cm lang, die Weibchen etwa 16cm.

BIOTOP: Diese Art kommt normalerweise über Sand in der Übergangszone vor, lebt aber auch in reinen Sandbiotopen.

ERNÄHRUNG: *S.* sp. "spilostichus type" ist ein Fischfresser.

ABLAICHVERHALTEN: Unter Aquariumbedingungen sind die Männchen territorial und bauen flache Sandburgne-

Stigmatochromis sp. „spilostichus type", Männ., Aquarium

Stigmatochromis sp. „spilostichus type", Likoma

Stigmatochromis sp. „spilostichus type", Weibchen, Aquarium

Stigmatochromis sp. „spilostichus type", Mara Point

Stigmatochromis sp. „spilostichus type", Mazinzi reef

ster oder manchmal auch nur Sandhaufen. Abgelaicht wird auf dem Sand. Sein Brutverhalten im See ist unbekannt.
ÄHNLICHE ARTEN: Er gleicht *S. woodi* und *S.* sp. "tolae", mit denen er sympatrisch vorkommt, bezüglich der Körperform, aber sein Pigmentierungsmuster unterscheidet sich von dem dieser beiden Arten. Das Muster von *S. woodi* und *S.* sp. "tolae" besteht aus drei deutlichen Punkten, während das von *S.* sp. "spilostichus type" aus unregelmäßigen und manchmal länglichen Punkten besteht, die einer Diagonallinie gleichen. Die Diagonallinie besteht bei *Mylochromis gracilis,* der ebenfalls mit *S.* sp. "spilostichus type" verwechselt werden könnte, normalerweise aus Punkten, die gleichgroß sind und eine regelmäßige Form haben.

Stigmatochromis sp. "tolae"

HANDELSNAMEN: Haplochromis Tolae.
VERBREITUNG: Diese Art wurde um die Insel Mbenji und am Eccles Reef gefunden. Eine sehr ähnliche Population wurde am Makakola Reef gefunden (Stuart Grant, pers. Mittl.).
VARIANTEN UND MORPHEN: Unbekannt.
MAXIMALE LÄNGE: Die Männchen können bis zu 20cm lang werden.
BIOTOP: *S.* sp. "tolae" wird in der Übergangszone in etwa 20m Tiefe gefunden.
ERNÄHRUNG: *S.* sp. "tolae" ist ein Räuber, der kleine Fische sowie Wirbellose frißt.
ABLAICHVERHALTEN: Männchen in Brutfärbung wurden im Dezember gesehen, wahrscheinlich wird aber

Stigmatochromis sp. „tolae", Ntekete

Stigmatochromis sp. „tolae", Mbenji, Männchen

Stigmatochromis sp. „tolae", Eccles, Männchen

Stigmatochromis sp. „tolae", Mbenji, Weibchen

Stigmatochromis sp. „tolae", Eccles, Weibchen

das ganze Jahr über gebrütet (Saulos Mwale, pers. Mittl.). Große Nestkonstruktionen wurden unter Felsen gefunden, jedoch hielten sich die wenigen revierverteidigenden Männchen, die beobachtet wurden, im freien Wasser in unmittelbarer Nähe der Felsen etwa 1m über solchen Nestern auf. Ein Ablaichvorgang wurde nicht beobachtet, wahrscheinlich wird aber in solchen Nestern abgelaicht.

ÄHNLICHE ARTEN: *S.* sp. "tolae" gleicht *S. woodi*, er ist aber durch seine Hochrückigkeit und die generell dunkle Grundfarbe unterscheidbar. Die Kopfform ist weniger stark zur Bauchlinie hin zugespitzt, was darauf hindeuten könnte, daß *S.* sp. "tolae" nicht direkt vom Boden frißt wie *S. woodi*. Die letztgenannte Art ist stärker auf Sand angewiesen als *S.* sp. "tolae".

Stigmatochromis woodi

(REGAN, 1922)

SYNONYME: Haplochromis pleurospilus ist wahrscheinlich ein Juniorsynonym von S. woodi.

HANDELSNAMEN: Haplochromis Woodi.

VERBREITUNG: *S. woodi* kommt überall im See vor.

VARIANTEN UND MORPHEN: Laut Eccles & Trewavas (1989), kommt *S. woodi* in unterschiedlichen geographischen Varianten vor. Die südlichen Arten haben ein etwas kleineres Maul, das etwas stärker abgewinkelt ist als bei den nördlichen. In der Färbung der nichtbrütenden und brütenden Tiere wurden keine Unterschiede festgestellt.

MAXIMALE LÄNGE: *S. woodi* kann eine Gesamtlänge von etwa 25cm erreichen.

BIOTOP: Halbwüchsige und junge Tiere werden regelmäßig in der Übergangszone angetroffen, aber größeren Tieren begegnet man auch oft über offenen Sandflächen in tieferen Schichten.

ERNÄHRUNG: *S. woodi* ist ein Fischfresser, der seine Beute über dem Sand erlegt.

Stigmatochromis woodi, Eccles, Männchen

Stigmatochromis woodi, Eccles, Männchen

Stigmatochromis woodi, Chidunga

ABLAICHVERHALTEN: Brütende Männchen wurden das ganze Jahr über beobachtet. Sie bevorzugen die Sandregionen in der Nähe von Felsen in etwa 25m Tiefe. Territoriale Männchen graben große Sandburgnester mit einem Durchmesser von etwa 1m. Maulbrütende Weibchen wurden in kleinen Gruppen auf dem Sand zwischen einigen Felsen ruhend gesehen.

ÄHNLICHE ARTEN: *S. woodi* gleicht S. sp. "tolae", die auch beide sympatrisch vorkommen. *S.* sp. "tolae" ist hochrückiger und hat eine spitzeres Maul als *S. woodi*. Bei der letztgenannten Art ist das Maul mehr zum Bauch hin plaziert.

Taeniochromis holotaenia

(REGAN, 1922)

SYNONYME: Paratilapia dimidiata, Haplochromis bodyi.

HANDELSNAMEN: Haplochromis Holotaenia.

VERBREITUNG: *T. holotaenia* kommt überall im See vor.

VARIANTEN UND MORPHEN: Brütende Männchen im Südteil des Sees scheinen alle ähnlich gefärbt zu sein, wie die im Norden.

Taeniochromis holotaenia, Kande

Taeniochromis holotaenia, Senga

Taeniochromis holotaenia, Nkhomo

Taeniochromis holotaenia, Männchen, Aquarium

MAXIMALE LÄNGE: Maximal wurde eine Länge von 22cm beobachtet.
BIOTOP: An der Insel Kande und am Nkhomo Reef wurde diese Art über Sand gesehen, am Jalo Reef aber im Felsenbiotop.
ERNÄHRUNG: *T. holotaenia* wurde bei der Jagd auf junge Cichliden beobachtet. Wahrscheinlich vervollständigen Wirbellose seine Nahrung.
ABLAICHVERHALTEN: Sein Brutverhalten im See ist nicht bekannt, im Aquarium sind die Männchen aber territorial und bauen flache, schüsselförmige Nester in der Nähe eines Steines oder darunter.

ANMERKUNGEN: *T. holotaenia* ist ein sehr charakteristisch gefärbter Cichlide, der mit keinem anderen Haplochrominen im See verwechselt werden kann. Er wurde von Eccles & Trewavas (1989) zu *Taeniochromis* gerechnet. Die Kriterien für die Zuordnung zu einer monotypischen Gattung sind sein einzigartiges Farbmuster und die dichtsitzenden Zähne auf den äußeren Kiefern. Er könnte mit den *Dimidiochromis* Arten verwandt sein, diese haben jedoch alle ein nach oben gebogenes Maul. Die Form von *T. holotaenia* erinnert an die von *Mylochromis formosus,* der einen Diagonalstreifen trägt.

Taeniolethrinops cyrtonotus

(TREWAVAS, 1931)

HANDELSNAMEN: Diese Art wurde nicht exportiert.

VERBREITUNG: Sie ist nur von einem einzigen Tier unbekannten Ursprungs bekannt.

VARIANTEN UND MORPHEN: Eccles & Trewavas (1989) kommentieren zu dieser Art, daß das Typusexemplar vielleicht ein deformiertes Tier einer unbekannten Art, vielleicht einer Mylochromis Art, darstellt.

MAXIMALE LÄNGE: Das Typusexemplar hat eine Gesamtlänge von 11,2cm.

BIOTOP: Wie alle Arten mit einer solchen Form, lebt sie wahrscheinlich über Sand.

ERNÄHRUNG: *T. cyrtonotus* hat einige vergrößerte Zähne auf dem Schlundknochen, was darauf hindeuten könnte, daß er Krebstierchen frißt. Wahrscheinlich filtert er seine Beute aus dem Sand, indem er ihn durch die Kiemen fließen läßt.

ABLAICHVERHALTEN: Nicht bekannt.

ÄHNLICHE ARTEN: *T. cyrtonotus* ist durch ein stark gewölbtes Rückenprofil gekennzeichnet, was bei keiner anderen Art mit einem diagonalen Band vorkommt.

Taeniolethrinops furcicauda

TREWAVAS, 1931

HANDELSNAMEN: Lethrinops Furcifer.

VERBREITUNG: *T. furcicauda* wurde im Südteil des Sees gefunden (Eccles & Trewavas, 1989), könnte aber auch woanders vorkommen.

VARIANTEN UND MORPHEN: Unbekannt.

MAXIMALE LÄNGE: *T. furcicauda* wird etwa 21cm lang.

BIOTOP: Er wird über offenen Sandregionen in etwa 5 bis 40m Tiefe gefunden, u. z. gewöhnlich allein.

ERNÄHRUNG: *T. furcicauda* frißt Insektenlarven, die im Sand vorkommen. Der Sand wird durch die Kiemen gefiltert, und freßbare Partikel werden im Maul zurückgehalten.

ABLAICHVERHALTEN: Hierüber ist nichts bekannt. Männchen in Brutfärbung wurden noch keine gefunden.

ÄHNLICHE ARTEN: *T. furcicauda* ist durch einen großen, länglichen Körper mit einem Diagonalstreifen gekennzeichnet. Er unterscheidet sich von *T. praeorbitalis* und *T. laticeps* durch den kürzeren Kopf und den flacheren Körper. Das Maul ist stärker abgewinkelt als bei *T. praeorbitalis.*

Taeniolethrinops sp. "furcicauda ntekete"

HANDELSNAMEN: Diese Art wurde noch nicht exportiert.

VERBREITUNG: Sie wurde in der Nähe von Ntekete, entlang der Ostküste des Sees gefunden.

VARIANTEN UND MORPHEN: Unbekannt.

MAXIMALE LÄNGE: *T.* sp. "furcicauda ntekete" wächst maximal auf eine Gesamtlänge von etwa 20cm heran.

BIOTOP: Er wurde in etwa 15m Tiefe auf Sand gefunden, nicht weit vom Felsenbiotop entfernt.

ERNÄHRUNG: *T.* sp. "furcicauda ntekete" filtert Sand und hält freßbare Partikel zurück. Seine Nahrung besteht wahrscheinlich aus Krebstierchen und Insektenlarven.

Taeniolethrinops sp. „furcicauda ntekete", Ntekete, Männ.

Taeniolethrinops cf. furcicauda, Senga Bay

Taeniolethrinops sp. „furcicauda ntekete", Ntekete, Weib.

ABLAICHVERHALTEN: Brütende Männchen sind territorial und bauen große Sandburgnester in etwa 15m Tiefe. Die Weibchen sind Einzelgänger.
ÄHNLICHE ARTEN: *T.* sp. "furcicauda ntekete" gleicht *T. furcicauda,* kann aber am kürzeren Kopf und den größeren Augen erkannt werden.

Taeniolethrinops laticeps

(TREWAVAS, 1931)
HANDELSNAMEN: Lethrinops Furcifer.
VERBREITUNG: *T. laticeps* ist seeweit verbreitet.
VARIANTEN UND MORPHEN: Unbekannt. Der Name *T. laticeps* wurde früher für ein Synonym von *T. praeorbitalis* gehalten, aber George Turner (pers. Mittl.) fand beide Formen sympatrisch lebend im Südostarm des Sees.
MAXIMALE LÄNGE: Er kann maximal auf eine Gesamtlänge von etwa 30cm heranwachsen.
BIOTOP: *T. laticeps* lebt in den seichten Sandregionen des Sees und wird normalerweise in 5 bis 25m Tiefe gefunden.
ERNÄHRUNG: Er filtert Sand durch die Kiemen und hält dabei Krebstierchen und andere Wirbellose zurück.

Taeniolethrinops laticeps, Chizumulu

Taeniolethrinops sp. „laticeps itungi", Itungi, Tansania, Foto L. DeMason

ABLAICHVERHALTEN: Brütende Männchen sind territorial und bauen große Sandburgnester auf den Sand. Die Weibchen sind meist Einzelgänger.
ÄHNLICHE ARTEN: *T. laticeps* gleicht *T. praeorbitalis,* ist aber an der Farbe auf dem Maul, das bei *T. praeorbitalis* leuchtendgelb, aber bei *T. laticeps* weißlich-grün ist, zu erkennen. Die letztgenannte Art zeigt oft einen deutlichen Diagonalstreifen, der normalerweise bei *T. praeorbitalis* unsichtbar ist. *T. laticeps* hat auch eine kürzere Schnauze und ein kräftigeres Aussehen.

Taeniolethrinops praeorbitalis

(REGAN, 1922)
SYNONYME: Lethrinops macrorhynchus, L. fasciatus.
HANDELSNAMEN: Lethrinops Furcifer.
VERBREITUNG: *T. praeorbitalis* kommt überall im See vor.
VARIANTEN UND MORPHEN: Unbekannt.
MAXIMALE LÄNGE: *T. praeorbitalis* kann etwa 30cm groß werden.
BIOTOP: Er ist recht häufig über Sand in seichtem Wasser zu finden, wurde aber auch tiefer als 50m gefangen (Eccles & Trewavas, 1989).
ERNÄHRUNG: *T. praeorbitalis* frißt Insektenlarven, die er aus dem Sand heraussiebt. Der lange Kopf ermöglicht es ihm, tief in den Sand einzudringen. Auf diese Weise sucht er tiefere Substratschichten ab als die meisten anderen Fische. *T. praeorbitalis* wendet eine Menge Sand und ist gewöhnlich von kleineren Fischen umgeben, die Partikel aufpicken, die beim Graben zum Vorschein kommen. Häufig wird er zusammen mit *Cyrtocara moorii* und *Protomelas annectens* gesehen, die beide darauf spezialisiert sind, Material zu fressen, das von solchen Grabern freigelegt wurde.
ABLAICHVERHALTEN: Nichtbrütende Tiere sieht man gewöhnlich allein. Brütende Männchen wurden im Juli und August beobachtet. Es wurde gesehen, wie sie enorm große Sandburgnester mit einem Durchmesser von etwa 1,5m in etwa 3 bis 10m Tiefe verteidigten. Um ein territoriales Männchen können sich mehrere Weibchen scharen. Die Jungtiere haben einen gelben Kopf, der bei den adulten Tieren etwas verblaßt. Die brütenden Männchen haben eine dunkle, violett-bläuliche Grundfarbe.
ÄHNLICHE ARTEN: *T. praeorbitalis* ist durch seine großen, adulten Tiere und den sehr länglichen Kopf geprägt. Er gleicht *T. furcicauda,* aber diese Art hat einen kürzeren Kopf. Er gleicht auch sehr *T. laticeps,* kann aber am längeren Kopf, der gelben Kopfspitze und dadurch, daß die Diagonallinie auf dem Körper normalerweise nicht sichtbar ist, erkannt werden.

Taeniolethrinops praeorbitalis, Chembe Beach

Taeniolethrinops praeorbitalis, Chembe Beach, Männ. Nest

Taeniolethrinops praeorbitalis, Männchen, Aquarium

Tilapia rendalli, Chemwezi Rocks

Tilapia rendalli, Chemwezi Rocks, Eier

Tilapia rendalli

(BOULENGER, 1896)

SYNONYME: Tilapia melanopleura rendalli, T. latifrons, T. christyi, T. druryi, T. kirkhami, T. mackeani und T. sykesii.

HANDELSNAMEN: Red-Breasted Tilapia.

VERBREITUNG: Im See kommt er gewöhnlich in der Nähe von Flußmündungen vor, wurde aber auch an der Insel Likoma gesehen (Tony Ribbink, pers. Mittl.). Er ist über den Süden Afrikas recht weit verbreitet.

VARIANTEN UND MORPHEN: Unbekannt.

MAXIMALE LÄNGE: Er kann maximal etwa 25cm groß werden.

BIOTOP: *T. rendalli* begegnet man hauptsächlich in seichtem Wasser, in der Nähe von Vegetation, aber auch in Felsenbiotopen.

ERNÄHRUNG: Es ist ein pflanzenfressender Cichlide, der dafür bekannt ist, Wasserpflanzen zu fressen. Im Malawisee frißt er auch vom Sediment auf dem Sand und den Felsen, wo er Kieselalgen und Algen sammelt.

ABLAICHVERHALTEN: *T. rendalli* ist die einzige Cichlidenart im See, die Substratbrüter ist. Männchen und Weibchen bilden über lange Zeit und mehrere Laichzyklen ein Paarband aus. Eine bestimmt Brutsaison ist nicht bekannt. In bewachsenen Regionen gräbt das Paar mehrere kleine Löcher oder eine große Grube in den Boden. In Felsregionen säubern sie einen geeigneten Fels, auf dem das Weibchen seine Eier ablegt. Diese Eier werden dann vom Männchen befruchtet und von beiden Eltern bewacht. Das Weibchen bleibt immer dicht beim Nest, während das Männchen in einiger Entfernung Eindringlinge abwehrt. Gelege mit 3000 Eiern sind normal.

ÄHNLICHE ARTEN: Im Malawisee erkennt man *T. rendalli* leicht an seiner Größe und Form. Die Jungtiere erkennt man an dem sog. Tilapia-Fleck. Dabei handelt es sich um einen deutlichen, runden, schwarzen Punkt auf der Rückenflosse.

Tramitichromis brevis

(BOULENGER, 1908)
HANDELSNAMEN: Obwohl diese Art mehrmals exportiert wurde, ist kein Handelsname bekannt.
VERBREITUNG: *T. brevis* kommt überall im See vor.
VARIANTEN UND MORPHEN: Unbekannt. Brütende Männchen von Senga Bay und der Insel Chizumulu sind sehr ähnlich gefärbt.
MAXIMALE LÄNGE: Die Männchen erreichen eine Gesamtlänge von etwa 17cm; die Weibchen sind etwa um ein Viertel kleiner.
BIOTOP: Nichtbrütende Tiere werden über offenem Danboden beobachtet. Brutgruppen wurden über Sand in der Übergangszone in etwa 15m Tiefe gesehen.
ERNÄHRUNG: *T. brevis* siebt Sand und Schlamm durch die Kiemen und hält dabei weiche Wirbellose, wie Insektenlarven, zurück.
ABLAICHVERHALTEN: Männchen in Brutfärbung wurden von Mai bis September gesehen. Territoriale Männchen bauen niedrige Sandburgnester in den Kies der Übergangszone. Im Nestrand befindet sich immer ein kleiner Stein. Mehrere Männchen befinden sich an einer Stelle, an der die Nester etwa 3m auseinander liegen. Die Weibchen schwimmen in kleinen Gruppen oder allein umher.

Tramitichromis brevis, Msisi, Nest

Tramitichromis brevis, Msisi, Männchen

Tramitichromis brevis, Chizumulu, Männchen

Tramitichromis brevis, Msisi, Weibchen

Tramitichromis brevis, Weibchen, Aquarium

ÄHNLICHE ARTEN: *T. brevis* ist durch ein deutliches, diagonales Band gekennzeichnet, das in der Brutfärbung des Männchens nicht zu sehen ist. Gestreßte Männchen in Brutfärbung zeigen schnell dieses charakteristische, diagonale Band. Nur *T. variabilis* gleicht *T. brevis.* Die nördlichen Populationen von *T. variabilis* tragen ebenfalls ein diagonales Band (Trewavas, 1931). Er ist größer und hat weniger Kiemenrechen auf dem unteren Teil des ersten Bogens (5 bis 8) als *T. brevis,* der 8 bis 10 Kiemenrechen hat.

Tramitichromis intermedius

(TREWAVAS, 1935)
HANDELSNAMEN: Diese Art wurde noch nicht exportiert.
VERBREITUNG: *T. intermedius* kommt überall im See vor. Er wurde vom Süden beschrieben, wurde aber auch bei Ngara und Cóbuè gefunden.
VARIANTEN UND MORPHEN: Unbekannt.
MAXIMALE LÄNGE: Er kann eine Länge von etwa 14cm erreichen.
BIOTOP: *T. intermedius* kommt im sehr seichten Wasser geschützter Buchten vor. Bei Ngara ist er häufig über Sandboden, in etwa 3m Tiefe, in der Nähe von Schilf zu sehen, aber bei Cóbuè kommt er in der Übergangszone in etwa 5m Tiefe vor.
ERNÄHRUNG: *T. intermedius* hat einen sehr charakteristischen Schlundknochen, der Eccles & Trewavas (1989) dazu veranlaßte, diese Art *Tramitichromis* zuzuordnen. Das Merkmal, das sie mit anderen Mitgliedern dieser Gattung teilen, ist die vertikale Verlängerung des vorderen Teils des unteren Schlundknochens. Normalerweise sind die Zähne im vorderen Teil kleiner als am hinteren Rand des unteren Schlundknochens, aber bei *Tramitichromis* ist es gerade umgekehrt. *T. intermedius* frißt Insektenlarven und andere weiche Wirbellose. Die Funktion dieses besonderen Schlundknochens ist nicht bekannt.

Tramitichromis intermedius, Ngara

ABLAICHVERHALTEN: Brütende Männchen wurden im Mai bei Ngara gesehen. Sie bauen kleine Türmchennester auf den Boden und locken Weibchen zu ihren Nestern. Die Weibchen leben allein oder in kleinen Gruppen.
ÄHNLICHE ARTEN: *T. intermedius* ist durch die drei Punkte auf dem Körper gekennzeichnet, ein Muster, das dem der Arten der Gattung *Trematocranus* (Eccles & Trewavas, 1989) ähnelt. Er zeigt jedoch *Lethrinops*-ähnliche Merkmale, die eine mögliche Einordnung in *Trematocranus* fragwürdig erscheinen lassen.

Tramitichromis lituris

(TREWAVAS, 1931)
HANDELSNAMEN: Diese Art wurde noch nicht exportiert.
VERBREITUNG: Sie wurde an verschiedenen Stellen um den See registriert, wurde aber in seinem natürlichen Lebensraum nur bei Mdoka beobachtet.
VARIANTEN UND MORPHEN: Unbekannt.
MAXIMALE LÄNGE: *T. lituris* kann auf eine Größe von etwa 17cm heranwachsen.

Tramitichromis intermedius, Cóbué

Tramitichromis intermedius, Männchen, Aquarium

BIOTOP: Eine Brutgruppe wurde in etwa 15 bis 20m Tiefe in der Übergangszone gesehen. *T. lituris* sucht wahrscheinlich außerhalb der Brutsaison auf dem offenen Sand seine Nahrung.
ERNÄHRUNG: Er filtert Schlammsediment vom Sand durch seine Kiemen. Seine Nahrung enthält wahrscheinlich weiche Wirbellose.

Tramitichromis lituris, Mdoka, Männchen

Tramitichromis lituris, Mdoka, Weibchen

Tramitichromis lituris, Mdoka Nest

ABLAICHVERHALTEN: Territoriale Männchen bauen sog. Höhlenkraternester gegen oder unter große Felsen in der Übergangszone. Derartige Nester bestehen aus einem halbkreisförmigen Sandwall, der gegen einen Fels aufgehäuft wurde. Das Zentrum des Nests befindet sich in der Nähe des Felses und wurde als eine Art Höhle ausgegraben. *T. lituris* brütet in Arenen, in denen sich normalerweise über 25 territoriale Männchen befinden können. Bei Mdoka wurden einige Männchen bei der Verteidigung eines Sandburgnests auf einem Fels beobachtet. Die Weibchen leben in Schulen und besuchen die Männchen, wenn sie ablaichbereit sind.
ÄHNLICHE ARTEN: *T. lituris* ist durch einen silbriggefärbten Körper gekennzeichnet, und den adulten Tieren fehlt jegliches Pigmentierungsmuster. Jungtiere wurden noch keine gesehen oder richtig erkannt. Er gleicht *T.* sp. "lituris yellow", es fehlt ihm aber die gelbe Farbe auf dem Maul und auf den Flossen, die die letztgenannte Art charakterisiert.

Tramitichromis sp. "lituris yellow"

HANDELSNAMEN: Obwohl diese Art gelegentlich exportiert wurde, ist kein Handelsname bekannt.
VERBREITUNG: *T.* sp. "lituris yellow" wurde im Südteil des Sees, in Senga Bay, gefunden, kommt aber wahrscheinlich auch in anderen Gegenden vor.
VARIANTEN UND MORPHEN: Unbekannt.
MAXIMALE LÄNGE: Seine Länge ist maximal etwa 12cm.
BIOTOP: *T.* sp. "lituris yellow" kommt auf Sandböden in recht seichtem Wasser vor. Er wurde in Strandnetzen gefangen.
ERNÄHRUNG: Er frißt Insektenlarven und andere weiche Wirbellose, die aus dem Sand herausgesiebt werden, wenn dieser durch die Kiemen fließt.
ABLAICHVERHALTEN: Männchen in Brutfärbung wurden keine gesehen.

Tramitichromis sp. „lituris yellow", Aquarium

ÄHNLICHE ARTEN: *T.* sp. "lituris yellow" ist durch die gelben After- und Bauchflossen von Männchen und Weibchen gekennzeichnet. Diese Farbe ist auch auf dem Kinn und dem Maul zu sehen. Er hat ein rundliches Kopfprofil und einen sehr silbrig gefärbten Körper. Keine andere bekannte *Lethrinops*-ähnliche Art zeigt diese Merkmale gemeinsam.

Tramitichromis sp. "red flush"

HANDELSNAMEN: Lethrinops Red Flush, Lethrinops Parvidens.
VERBREITUNG: Er wurde nur in Senga Bay, in der Nähe von Kambiri Point, gefunden, ist wahrscheinlich aber weiter verbreitet.
VARIANTEN UND MORPHEN: Unbekannt.
MAXIMALE LÄNGE: Die Männchen können maximal eine Gesamtlänge von etwa 18cm erreichen, die Weibchen bleiben normalerweise viel kleiner.
BIOTOP: Brütende Tiere wurden in sehr seichtem Wasser in etwa 2m Tiefe gefangen. Nichtbrütende Tiere wurden noch nicht identifiziert.

Tramitichromis sp. „variabilis red flush", Kambiri Pt., Männ.

Tramitichromis sp. „variabilis red flush", Kambiri Pt., Weib.

ERNÄHRUNG: Ihre Nahrung ist unbekannt, aber wahrscheinlich besteht sie aus weichen Wirbellosen.
ABLAICHVERHALTEN: Unbekannt. Im See brütende Männchen wurden in sehr seichtem Wasser gefangen und scheinen territorial zu sein. Nestbau wurde keiner gesehen. Im Aquarium bauen die Männchen keine Nester. Sie laichen auf dem "nackten" Sand ab.
ÄHNLICHE ARTEN: Brütende *T.* sp. "red flush" Männchen erkennt man an dem roten Fleck auf den Schultern. Adulten Weibchen fehlt jegliche Markierung, und sie sind von den *L. lituris* Weibchen nicht zu unterscheiden.

Tramitichromis trilineatus

(TREWAVAS, 1931)
HANDELSNAMEN: Diese Art wurde noch nicht exportiert.
VERBREITUNG: *T. trilineatus* wurde nur im Süden des Sees registriert.
VARIANTEN UND MORPHEN: Unbekannt.
MAXIMALE LÄNGE: Er erreicht maximal eine Länge von etwa 14cm.
BIOTOP: *T. trilineatus* wurde in seichtem Wasser über Sand in etwa 7m Tiefe gesehen. Nur einige Tiere waren zugegen.
ERNÄHRUNG: *T. trilineatus* siebt Sand durch seine Kiemen. Er hat scharfe Zähne auf den Schlundknochen. Seine Nahrung besteht deshalb wahrscheinlich aus weichen Wirbellosen.
ABLAICHVERHALTEN: Unbekannt.
ÄHNLICHE ARTEN: In seiner Form gleicht er *L. parvidens,* aber das Farbmuster aus zwei deutlichen, horizontalen Streifen und einigen länglichen Flecken entlang der Basis der Rückenflosse ist für *T. trilineatus* charakteristisch.

Tramitichromis trilineatus, Chembe Beach

Tramitichromis variabilis

(TREWAVAS, 1931)
HANDELSNAMEN: Diese Art wurde noch nicht exportiert.
VERBREITUNG: *T. variabilis* kommt überall im See vor.
VARIANTEN UND MORPHEN: Es scheint mindestens zwei verschiedene Formen zu geben, die durch ein deutliches Pigmentierungsmuster gekennzeichnet sind. Die meisten Tiere der nördlichen Populationen haben ein diagonales Band und gleichen deshalb *T. brevis.* Die der südlichen Populationen, einschließlich der bei Likoma, zeigen zwei undeutliche, horizontale Linien mit einem undeutlichen, zentralen Fleck, der diese beiden Linien verbindet.
MAXIMALE LÄNGE: *T. variabilis* erreicht eine Gesamtlänge von etwa 18cm. Die Weibchen sind etwa um ein Viertel kleiner als die Männchen.
BIOTOP: Eine Brutkolonie von T. variabilis wurde in der Übergangszone in einer Tiefe von etwa 10m gesehen.
ERNÄHRUNG: Er siebt Sand durch die Kiemen und hält dabei weiche Wirbellose, wie Insektenlarven, zurück.
ABLAICHVERHALTEN: Sein Brutverhalten ähnelt sehr dem von *T. brevis.* Bei Likoma, wurden beide Arten zusammen an derselben Stelle gesehen. Die Männchen in Brutfärbung sehen gleich aus, aber die Weibchen sind unterschiedlich (siehe weiter unten). Die Männchen bauen flache Nester in den Kies der Übergangszone. Die Weibchen leben normalerweise allein oder in kleinen Gruppen.
ÄHNLICHE ARTEN: *T. variabilis* gleicht *T. brevis* in der Form bei Brutfärbung der Männchen. *T. brevis* zeigt ein sehr charakteristisches diagonales Band, das auch in der nördlichen *T. variabilis* Population vorkommt. Die Kiemenrechen sind bei beiden Arten unterschiedlich. Bei *T. variabilis,* der 5 bis 8 Rechen auf dem unteren Teil des ersten Bogens trägt, sind die ersten beiden Rechen klein und knopfförmig. Bei *T. brevis* haben alle Rechen mehr oder weniger dieselbe Form und Länge.

Tramitichromis cf. variabilis, Likoma, Männchen

Tramitichromis cf. variabilis, Likoma, Weibchen

Trematocranus labifer

(TREWAVAS, 1935)
HANDELSNAMEN: Diese Art wurde niemals exportiert.
VERBREITUNG: *T. labifer* kommt überall im See vor (-Eccles & Trewavas, 1989).
VARIANTEN UND MORPHEN: Unbekannt.
MAXIMALE LÄNGE: Er erreicht eine Gesamtlänge von etwa 23cm.
BIOTOP: Diese Art wurde niemals (bewußt) von mir beobachtet. Jackson (1961) berichtet, daß er häufig in Strandnetzen gefangen wird, was darauf schließen läßt, daß er in seichtem Wasser über Sandboden lebt.
ERNÄHRUNG: Ein Tier, das im Südostarm des Sees gefangen wurde, hatte planktonische Krebstierchen und anderes feines Material gefressen (Trewavas in Eccles & Trewavas, 1989). Die Zähne auf den Schlundknochen sind spitz.
ABLAICHVERHALTEN: Hierüber ist nichts bekannt.
ÄHNLICHE ARTEN: *T. labifer* ist durch drei Flecke gekennzeichnet, die auf der Körperoberseite liegen. Er unterscheidet sich von anderen Arten mit einem ähnlichen Farbmuster durch sein großes Maul.

Trematocranus microstoma

TREWAVAS, 1935
HANDELSNAMEN: Haplochromis Placodon Pointed Head.
VERBREITUNG: *T. microstoma* kommt überall im See vor.
VARIANTEN UND MORPHEN: Brütende Männchen wurden nur im Südteil des Sees gesehen, wo die verschiedenen Populationen keinerlei Variation aufwiesen.
MAXIMALE LÄNGE: Die Männchen können eine Länge von etwa 25cm erreichen, die Weibchen bleiben beträchtlich kleiner, bei etwa 15cm.
BIOTOP: *T. microstoma* wurde zusammen mit *T. placodon* in seichten, schlammigen Buchten in etwa 4 bis 20m Tiefe gesehen. Sie werden auch oft in Gegenden mit Vegetation gefunden.

Trematocranus microstoma, Männchen, Aquarium

Trematocranus placodon, Ruarwe

Trematocranus microstoma, Weibchen, Aquarium

Trematocranus placodon, Thumbi West

ERNÄHRUNG: *T. microstoma* frißt Insektenlarven und Krebstierchen, die er im weichen Substrat aufspürt. Er schwebt über dem Sand, als ob er das Substrat nach etwa Freßbarem absucht. Er schwebt jedoch nicht bewegungslos und sehr dicht über dem Boden, wie die Mitglieder der Gattung *Aulonocara*. Jedoch trägt er vergrößerte Sinnesgruben auf der unteren Kopfhälfte, mit denen er sich bewegende Wirbellose, wie etwa kleine Schnecken, die im Schlamm versteckt sind, aufspüren kann.
ABLAICHVERHALTEN: Männchen in Brutfärbung wurden im August und Dezember gesehen. Territoriale Männchen graben Kraternester ohne einen erhöhten Rand ins weiche Schlammsubstrat. Derartige Nester wurden bei Chembe Beach, im Südteil des Sees, in etwa 7m Tiefe gefunden.
ÄHNLICHE ARTEN: *T. microstoma* gleicht sehr *T. placodon* und unterscheidet sich nur durch das kleinere Maul, das mit vielen Zähnen besetzt ist, und die spitzere Kopfform. Die Brutfarbe der Männchen ist dunkelblau. Die Brutfarbe des *T. placodon* ist mehr grünlichblau. Brütende Männchen beider Arten wurden zusammen gesehen.

Trematocranus placodon

(REGAN, 1922)
HANDELSNAMEN: Haplochromis Placodon.
VERBREITUNG: *T. placodon* ist seeweit verbreitet.
VARIANTEN UND MORPHEN: Unbekannt.
MAXIMALE LÄNGE: Die Männchen können maximal eine Länge von etwa 25cm erreichen; die Weibchen von etwa 17cm.
BIOTOP: *T. placodon* kommt häufig in seichten, bewachsenen und sandigen Regionen vor; durchschnittlich in etwa 5m Tiefe.
ERNÄHRUNG: *T. placodon* hat starke Schlundknochen und frißt vorwiegend kleine Schnecken, die er mit Hilfe seiner molarförmigen Zähne auf diesen Knochen zermalmt.
ABLAICHVERHALTEN: Territoriale Männchen wurden bei der Verteidigung großer Sandburgnester beobachtet. In Gegenden mit weichem Substrat sind die Nester flach, haben aber einen erhöhten Rand. Männchen in Brutfärbung wurden im Mai, Juni, August und September gesehen und kommen wahrscheinlich das ganze Jahr über vor.

ÄHNLICHE ARTEN: *T. placodon* gleicht sehr *T. microstoma*, mit dem er oft sympatrisch lebt. Er unterscheidet sich von ihm durch das größere Maul und die gerade Kopfform. Die Zähne auf den Schlundknochen sind bei *T. placodon* stärker als bei *T. microstoma.*

Tyrannochromis macrostoma

(REGAN, 1921)
SYNONYME: Haplochromis maculiceps, Haplochromis polyodon.
HANDELSNAMEN: Haplochromis Maculiceps, Haplochromis Polyodon.

Trematocranus placodon, Chizumulu

Trematocranus placodon, Chembe Beach

Trematocranus placodon, Mbenji, Nest

Tyrannochromis macrostoma, Chitande Is.

Tyrannochromis macrostoma, Mbenji

Tyrannochromis macrostoma, Gome

VERBREITUNG: *T. macrostoma* kommt überall im See vor.
VARIANTEN UND MORPHEN: Von *T. macrostoma* sind keine geographischen Varianten bekannt, aber es ist eine polymorphe Art. Der Polymorphismus besteht in einer variablen Körperform. An einer einzigen Stelle (z. B. an der Insel Chirwa) leben hochrückige Tiere zusammen mit Tieren eines sehr länglichen Körpers. Formen mit einem torpedoähnlichen Körper wurden als *H. maculiceps* beschrieben, und die hochrückigen als *H. polyodon.*
MAXIMALE LÄNGE: *T. macrostoma* kann eine Größe von etwa 35cm erreichen, die Weibchen sind normalerweise viel kleiner und werden etwa 24cm lang.
BIOTOP: *T. macrostoma* bevorzugt die Übergangszone und kommt auch in sedimentreichen, seichten Felsregionen vor. Sowohl adulte Tiere als auch Jungtiere leben in seichtem Wasser. Er wird nicht in reinen Felsengegenden, wie etwa isolierten Riffen und Inseln gefunden.
ERNÄHRUNG: *T. macrostoma* ist ein Fischfresser, der seiner Beute auf besondere Art und Weise auflauert. Sobald er ein mögliches Opfer ausgemacht hat, dreht sich der Räuber auf seine Seite und fokussiert den Fisch mit nur einem Auge. Dann läßt er sich seitwärts langsam bis auf Reichweite absinken. Mit einem plötzlichen Sprung nach vorne ergreift er das Opfer.
ABLAICHVERHALTEN: Brütende Männchen findet man das ganze Jahr über. Die territorialen Männchen verteidigen zeitweilig einen Laichplatz, zu dem sie Weibchen hinlocken. Brutpflegende Weibchen sieht man häufig im Felsenbiotop. Unter der Brut befinden sich fast immer fremde Jungen, die ihrem Weg zum Schutz bietenden Raubfischweibchen gefunden haben.
ÄHNLICHE ARTEN: Gestreßte *T. macrostoma* Tiere gleichen *T. nigriventer,* jedoch kann man *T. macrostoma* in seinem natürlichen Lebensraum leicht an ihrem dunklen Bauch erkennen. Die dunkle Farbe zeigt sich nicht bei allen *T. macrostoma,* die in Aquarien gehalten werden. Jungfische und gestreßte Aquariumtiere kann man daran erkennen, daß der prämaxillare Pedicel, das gleitende Element des Oberkiefers, bei *T. macrostoma* viel länger ist als bei *T. nigriventer.* Bei *T. macrostoma* liegt die Spitze des Pedicels näher beim Auge als bei der Kopfspitze während sie bei *T. nigriventer* näher bei der Kopfspitze liegt.

Tyrannochromis macrostoma, Gome, mit Brut

Tyrannochromis macrostoma, Foto S. M. Grant

Tyrannochromis nigriventer

ECCLES, 1989
HANDELSNAMEN: Haplochromis Macrostoma.
VERBREITUNG: *T. nigriventer* kommt überall im See vor.
VARIANTEN UND MORPHEN: Unbekannt.
MAXIMALE LÄNGE: Ein *T. nigriventer* Männchen kann auf eine Größe von etwa 27cm heranwachsen. Weibchen mit einer Größe von etwa 20cm wurden regelmäßig gesehen.
BIOTOP: *T. nigriventer* bevorzugt den Felsenbiotop, vor allem in etwas tieferen Regionen. Adulte Tiere befinden

Tyrannochromis nigriventer, Cape Kaiser

Tyrannochromis nigriventer, Mdoka

Tyrannochromis nigriventer, Ruarwe

Tyrannochromis nigriventer, Hongi, Nest

Tyrannochromis nigriventer, Ndumbi/Likoma

sich öfter unterhalb von 10m. Sedimentfreie Felsenbiotope beherbergen gewöhnlich dichtere *T. nigriventer* Populationen als die sedimentreichen.

ERNÄHRUNG: *T. nigriventer* ist ein Fischfresser, der auf Mbuna Jagd macht. Er schwimmt um die Felsen und in Spalten, immer auf der Suche nach unachtsamer Beute, die er sich schnell mit seinem großen Maul schnappt.

ABLAICHVERHALTEN: Brütende und territoriale Männchen kann man das ganze Jahr über beobachten. Territoriale Männchen verteidigen große Nester, die in etwa 18m Tiefe gegen große Felsen oder Felsblöcke gebaut wurden. Brutpflegende Weibchen sieht man regelmäßig zwischen den Felsen; gewöhnlich befinden sich verschiedene Arten unter ihrer Brut. Die Jungfische werden verlassen, wenn sie etwa 3cm groß sind.

ÄHNLICHE ARTEN: *T. nigriventer* gleicht *T. macrostoma,* kann aber an dem kürzeren, prämaxillaren Pedicel, der weniger als die halbe Länge der Strecke zwischen den Augen und der Kopfspitze ausmacht, erkannt werden. Bei *T. macrostoma* ist er länger als die Hälfte dieses Abstandes. *T. nigriventer* Männchen in Brutfärbung gleichen denen von *Nimbochromis fuscotaeniatus,* lassen sich aber an dem schlankeren Körper und den etwas größeren Augen erkennen.

Aethiomastacembelus shiranus

GÜNTHER, 1896

HANDELSNAMEN: Diese Art wurde hin und wieder exportiert. Ein Handelsname ist jedoch nicht bekannt.
VERBREITUNG: Er ist im See (einschließlich dem Malombesee) endemisch.
VARIANTEN UND MORPHEN: Unbekannt.
MAXIMALE LÄNGE: *A. shiranus* wächst auf eine Gesamtlänge von 30cm heran.

Aethiomastacembelus shiranus, Otter Island

Aethiomastacembelus shiranus, Thumbi East Island

Aethiomastacembelus shiranus, Mbamba Bay Island

BIOTOP: Er kommt vorwiegend im seichten Wasser vor. Zwar wurde er im Felsenbiotop gesehen, aber die meisten Tiere werden über reinem Sandboden gefangen.
ERNÄHRUNG: Wahrscheinlich frißt er Wirbellose und kleine Fische.
ABLAICHVERHALTEN: Hierüber ist nichts bekannt.
ÄHNLICHE ARTEN: *A. shiranus* unterscheidet sich von *A.* sp. "rosette" durch seine stumpfgraue Farbe. Die letztgenannte Art, die nur an einigen Inseln und Riffen gefunden wurde, hat eine dunkelbraune Grundfarbe mit leuchtendorangeroten Rosetten auf dem ganzen Körper.

Aethiomastacembelus sp. "rosette"

HANDELSNAMEN: Mastacembelus Rosette.
VERBREITUNG: Er wurde an verschiedenen Stellen am See gefunden, jedoch waren alle Plätze von den Festlandufern isoliert. Häufig sieht man ihn an der Insel Mbenji, aber auch am Minos Reef und den Inseln Chizumulu und Mbowe.
VARIANTEN UND MORPHEN: Unbekannt.
MAXIMALE LÄNGE: Er wird etwa 30cm groß.
BIOTOP: Er wurde in etwa 15m Tiefe in der Übergangszone angetroffen.

Aethiomastacembelus sp. „rosette", Mbenji

Aethiomastacembelus sp. „rosette", Mbenji

ERNÄHRUNG: Wahrscheinlich ernährt er sich von Wirbellosen und kleinen Fischen.
ABLAICHVERHALTEN: Unbekannt.
ÄHNLICHE ARTEN: *A.* sp. "rosette" ist leicht an seinem Farbmuster zu erkennen. Wie die anderen Aethiomastacembelus Arten hat auch *A. shiranus* eine stumpfgraue Grundfarbe ohne Zeichnungen.

Anguilla bengalensis labiata

PETERS, 1852
HANDELSNAMEN: Dieser Aal wurde niemals als Aquariumfisch exportiert.
VERBREITUNG: Er kommt überall im See vor und ist in ganz Afrika weitverbreitet.
VARIANTEN UND MORPHEN: Unbekannt.
MAXIMALE LÄNGE: Gelegentlich werden Tiere mit einer Länge von etwa 170cm gefangen.
BIOTOP: *A. bengalensis labiata* lebt hauptsächlich in felsiger Umgebung. Er versteckt sich in Spalten im Felsenbiotop.
ERNÄHRUNG: Er ist ein Fischfresser, der nachts jagt. Seine Beute sind hauptsächlich Mbuna und andere Haplochromine, die im Felsenbiotop schlafen.
ABLAICHVERHALTEN: Wahrscheinlich brütet er im Indischen Ozean und gelangt über den Zambezi und den Shire in den See.

Anguilla bengalensis labiata, Mbenji

Anguilla bengalensis labiata, Mbenji

Aplocheilichthys johnstonii

(GÜNTHER, 1893)
HANDELSNAMEN: Diese Art wurde noch nicht exportiert.
VERBREITUNG: Dieser Killifisch kommt vorwiegend in kleinen Strömen um den See vor, jedoch fand ich ihn auch an der Insel Thumbi East. Er ist in Südafrika weit verbreitet.
VARIANTEN UND MORPHEN: Unbekannt.
MAXIMALE LÄNGE: Er erreicht eine Gesamtlänge von etwa 5cm.
BIOTOP: Im See lebt dieser Fisch unmittelbar an der Wasseroberfläche und zwischen Wasserpflanzen, zwischen denen er Schutz und Nahrung findet.
ERNÄHRUNG: Er wurde beim Fressen von der Wasseroberfläche beobachtet. Seine Nahrung besteht hauptsächlich aus Wirbellosen, wie Insektenlarven und adulten Insekten.
ABLAICHVERHALTEN: *A. johnstonii* laicht zwischen Wasserpflanzen ab. Die Eier werden an die Blätter geklebt. Nach 10 bis 14 Tagen schlüpfen die Jungen, die in der Nähe der schützenden Pflanzen bleiben.

Aplocheilichthys johnstonii

ÄHNLICHE ARTEN: *A. johnstonii* ist durch einen silbrigweißen Körper gekennzeichnet. Die Männchen zeigen einen bläulichen Schimmer oben auf der Flanke. Es ist unwahrscheinlich, daß dieser Killifisch mit irgendeinem anderen Fisch im See verwechselt werden könnte. Bei *Nothobranchius othonotus*, einem anderen Killifisch, der im oder in der Nähe des Sees vorkommt, sind die Männchen rötlich gefärbt und die Weibchen hellbraun mit dunklen Punkten auf der Flanke.

Bagrus meridionalis

GÜNTHER, 1893
HANDELSNAMEN: Diese große Art wurde sporadisch als Aquariumfisch exportiert; ein Handelsname ist jedoch nicht bekannt.
VERBREITUNG: Sie kommt überall im See vor und ist wahrscheinlich im Malawisee endemisch.
VARIANTEN UND MORPHEN: Unbekannt.
MAXIMALE LÄNGE: Sie kann auf eine Gesamtlänge von etwa 120cm heranwachsen.

Bagrus meridionalis, Mdoka

Bagrus meridionalis, Chinyamwezi

Bagrus meridionalis, Gome Rock

BIOTOP: *B. meridionalis* ist auf Felsenbiotope angewiesen. Tagsüber versteckt er sich in großen Höhlen. In einigen Höhlen befinden sich mehr als ein Tier. Mehrere Cichlidenarten befinden sich mit *B. meridionalis* in denselben Höhlen.
ERNÄHRUNG: Es ist ein Fischfresser, der hauptsächlich nachts frißt. Er erbeutet Cichliden, die im Felsenbiotop schlafen.

Bagrus meridionalis, Juveniles, Jalo Reef

Barbus arcislongae, Kande Island

ABLAICHVERHALTEN: Die Brutsaison von *B. meridionalis* erstreckt sich von November bis Januar. Zuerst sichert sich ein Paar eine Stelle, um das Nest vorzubereiten. Die Eier werden in eine flache Einbuchtung eines großen Felses abgelegt. Stellen, die durch überhängende Felsen geschützt sind, auch mit Sandboden, werden bevorzugt. Die cremeweißen Eier werden an die Felswand geklebt und vorwiegend vom Männchen bewacht. Das Weibchen, das größer als das Männchen ist, verteidigt die Stelle in einiger Entfernung. Die Eier und Larven sind bemerkenswert klein für einen derart großen Fisch. Das Gelege eines großen Paares enthält oft mehrere Tausend Larven. Das Männchen bleibt in der Nähe der Brut und läßt seine Nachkommen selten unbewacht. Würde es wegschwimmen, würden viele Cichliden die Gelegenheit nutzen und die schwarzen Larven auffressen. Mehrere Cichlidenarten sind auf das Stehlen von Jungfischen unter dem wachhabenden Männchen heraus spezialisiert, z. B. *Pseudotropheus crabro* und *Mylochromis melanonotus*. Bevor die Jungen eine Länge von etwa 5cm erreicht haben, wurden normalerweise schon über 90% davon von Cichliden aufgefressen. Die Jungen werden bis zu einer Größe von etwa 12cm von ihren Eltern bewacht und vom Weibchen gefüttert, das auch weiterhin noch schubweise Eier ausstößt (Jay Stauffer, pers. Mittl.). Brutpflegende Männchen kann man noch im Mai finden.
ÄHNLICHE ARTEN: *B. meridionalis* wird von den Einheimischen als einer der am besten schmeckenden Fische im See geschätzt. Sie nennen ihn Kampango. Er ist leicht an seiner Form und der schwarzen Farbe zu erkennen. Die Jungen sind dunkelgrau gefärbt und haben schwarze Punkte.

Barbus bifrenatus

FOWLER, 1935
HANDELSNAMEN: Unbekannt.
VERBREITUNG: Diese Art ist in Zentral- und Südafrika weit verbreitet.
VARIANTEN UND MORPHEN: Es bestehen Unterschiede im Pigmentierungsmuster, aber die Populationen um den Malawisee gleichen sich (Skelton, 1993).
MAXIMALE LÄNGE: Die Gesamtlänge ist maximal etwa 9cm.
BIOTOP: *B. bifrenatus* wird normalerweise in sehr seichtem Wasser in sumpfigen Gegenden und manchmal auch in schlammigen, bewachsenen Buchten gefunden.
ERNÄHRUNG: Er frißt Sediment, Algen, Samen und Wirbellose (Skelton, 1993).
ABLAICHVERHALTEN: Unbekannt, aber wahrscheinlich brütet diese Art das ganze Jahr über. Die Eier werden wahrscheinlich über die Wasserpflanzen verteilt.
ÄHNLICHE ARTEN: *B. bifrenatus* ist leicht an den zwei gebogenen, schwarzen Linien auf dem Kopf zu erkennen. Die untere Linie verläuft auf der Seitenlinie.

Barbus brevicauda

KEILHACK, 1908
SYNONYME: Der Name dieser Art wurde mit *B. eurostomus* verwechselt, der zur Zeit als Synonym von *B. johnstonii* (vgl. Seegers, 1995) gilt.
HANDELSNAMEN: Diese Art wurde nie für den Aquaristikhandel exportiert.
VERBREITUNG: Sie kommt im gesamten See vor.
VARIANTEN UND MORPHEN: Unbekannt; diese Art galt aber früher als Synonym von *B. johnstonii*, einer variablen Art.
MAXIMALE LÄNGE: Die Länge ist maximal etwa 50cm.
BIOTOP: Sie lebt im offenen Wasser in der Nähe von Felsenbiotopen. Normalerweise findet man große Schulen in den oberen 3m der Wassersäule.
ERNÄHRUNG: Es werden Aufwuchs und Wirbellose von den Felsen abgeschabt.
ABLAICHVERHALTEN: Unbekannt.

Barbus johnstonii

BOULENGER, 1907
SYNONYME: Barbus njassae, Barbus latirostris, Varicorhinus njassensis, Barbus globiceps und Barbus eurystomus.
HANDELSNAMEN: Diese Art wurde noch nicht exportiert.
VERBREITUNG: Sie ist im See endemisch und kommt überall vor.
VARIANTEN UND MORPHEN: Diese Art ist polymorph. Sie umfaßt zwei verschiedene Morphen, die an ihre Umgebung und ihre Nahrung angepaßt sind.
MAXIMALE LÄNGE: Sie wird etwa 60cm groß.
BIOTOP: Sie lebt in allen möglichen Biotopen, normalerweise in Gruppen von etwa 25 bis 100 Tieren.
ERNÄHRUNG: Im Felsenbiotop frißt *B. johnstonii,* indem er Aufwuchs von den Felsen abschabt. Dies wird auf besondere Weise getan: er taucht mit recht großer Geschwindigkeit zum Fels hinab und streift dessen Oberfläche mit dem Maul. Niemals wurde er beim Zupfen am Aufwuchs gesehen. Die andere Morphe, die keine harten, hornigen Lippen hat, frißt Krabben, Schnecken und kleine Fische und wird normalerweise auf Sandböden gefunden.

Barbus johnstonii, Nkhungu Point

ABLAICHVERHALTEN: Unbekannt, aber er schwimmt in die Flüsse zum Ablaichen.
ÄHNLICHE ARTEN: Mehrere Arten dieser Gattung, die im See gefunden wurden, wurden von mir noch nicht beobachtet. Es ist deshalb nicht möglich, die Unterschiede zwischen ihnen festzulegen.

Barbus johnstonii, Mbenji

Barbus johnstonii, Mbenji

Barbus litamba

KEILHACK, 1908
SYNONYME: Barbus rhoadesii.
HANDELSNAMEN: Diese Art wurde noch nicht als Aquariumfisch exportiert.
VERBREITUNG: Sie kommt überall im See vor.
VARIANTEN UND MORPHEN: Unbekannt.
MAXIMALE LÄNGE: Die maximal gemessene Größe war 44cm (Jackson, 1961), aber normalerweise sind diese Tiere kleiner.
BIOTOP: Diese Art lebt dicht am Strand, jedoch ist ihre Biotoppräferenz nicht bekannt.
ERNÄHRUNG: Es ist eine räuberische Art, die kleine

Barbus litamba, Kaporo

Fische und Wirbellose frißt.
ABLAICHVERHALTEN: Ihr Brutverhalten ist größtenteils unbekannt, jedoch berichtet Jackson (1961), daß sie die Flüsse hinaufwandert, um abzulaichen.
ÄHNLICHE ARTEN: Mehrere Mitglieder der Gattung "Barbus" wurden von mir noch nicht beobachtet, weshalb ich sie hier nicht anhand ihrer Lebendfärbung unterscheiden kann.

Barbus macrotaenia

WORTHINGTON, 1933
HANDELSNAMEN: Dieser Barbe wurde noch nicht exportiert.
VERBREITUNG: Laut Skelton (1993) kommt er im Malawisee, im unteren Zambezi und im Pungwe vor.
VARIANTEN UND MORPHEN: Unbekannt.
MAXIMALE LÄNGE: Die Gesamtlänge ist maximal etwa 5,5cm.
BIOTOP: Diese Art lebt in Sumpfbiotopen (Skelton, 1993) um den See.
ERNÄHRUNG: Nicht bekannt.
ABLAICHVERHALTEN: Unbekannt.
ÄHNLICHE ARTEN: *B. macrotaenia* ist durch ein breites, horizontales Band gekennzeichnet (Worthington, 1933).

Barbus radiatus

PETERS, 1853
HANDELSNAMEN: Beira Barbe. Dieser Barbe wurde noch nicht als Aquariumfisch exportiert.
VERBREITUNG: Er kommt im ganzen See vor, wird aber häufiger außerhalb des Malawisees gefunden.
VARIANTEN UND MORPHEN: Unbekannt.
MAXIMALE LÄNGE: Es wird eine Gesamtlänge von etwa 14cm erreicht.
BIOTOP: Alle Tiere wurden in seichten Sandregionen gefunden, wo es auch Vegetation gibt.
ERNÄHRUNG: Unbekannt. Skelton (1993) berichtet, daß dieser Barbe im Dämmerlicht und nachts am aktivsten ist.
ABLAICHVERHALTEN: Unbekannt.
ÄHNLICHE ARTEN: *B. radiatus* ist durch einen silbrigen Körper mit einer geraden, schwarzen seitlichen Mittellinie und rosaroten Flossen gekennzeichnet.

Barbus trimaculatus

PETERS, 1852
HANDELSNAMEN: Dieser Barbe wurde noch nicht exportiert.
VERBREITUNG: Er kommt überall im See vor, ist aber im Zambezi-Luapula Flußsystem viel weiter verbreitet (Worthington, 1933).
VARIANTEN UND MORPHEN: Unbekannt.
MAXIMALE LÄNGE: Er erreicht eine Gesamtlänge von etwa 8cm.
BIOTOP: Alle Exemplare wurden in seichtem Wasser in der Nähe von Flußmündungen oder in der Nähe von Sumpfgegenden gefunden.
ERNÄHRUNG: Die Mägen von vier Tieren enthielten Wirbellose, Wasserkäfer und Pflanzensamen (Worthington, 1933).
ABLAICHVERHALTEN: Unbekannt.
ÄHNLICHE ARTEN: Keine bekannt.

Brycinus imberi

(PETERS, 1852)
HANDELSNAMEN: Spot-Tail, Imberi. Diese Art wurde noch nicht exportiert.
VERBREITUNG: Sie kommt im südlichen Ostafrika vor.
VARIANTEN UND MORPHEN: Unbekannt.
MAXIMALE LÄNGE: Die Männchen sind kleiner als die Weibchen und können eine Gesamtlänge von etwa 11cm erreichen. Die Weibchen können etwa 12,5cm lang werden.
BIOTOP: Diese Art trifft man in kleinen Schulen im seichten und geschützten Wasser von sumpfigen Buchten an.
ERNÄHRUNG: Es ist ein Allesfresser. Seine Nahrung besteht aus Insekten, winzigen Fischen und pflanzlichen Partikeln (Jackson, 1961).
ABLAICHVERHALTEN: *B. imberi* brütet in der Regenzeit (Dezember bis März) und wandert nach dem Regen zu seinen Laichgründen (Skelton, 1993).
ÄHNLICHE ARTEN: *B. imberi* ist durch einen schwarzen Punkt auf dem Schwanzstiel gekennzeichnet. Er ähnelt den anderen Mitgliedern der Gattung, ist aber der einzige Vertreter im See und deshalb leicht zu erkennen. *Hemigrammopetersius barnardi,* ein anderer Salmler im See, läßt sich an der schwarzen Afterflosse erkennen, die bei *B. imberi* durchsichtig ist.

Clarias gariepinus

(BURCHELL, 1822)
SYNONYME: Clarias mossambicus, C. lazera.
HANDELSNAMEN: Diese Art wurde noch nicht vom See aus exportiert.
VERBREITUNG: Sie kommt überall im See vor. In Ostafrika ist sie weit verbreitet.
VARIANTEN UND MORPHEN: Unbekannt.
MAXIMALE LÄNGE: Diese Art erreicht eine Gesamtlänge von etwa 60cm.
BIOTOP: Sie kommt in sehr schlammigem Wasser von Inlandströmen vor. Manchmal findet man sie im See in der Nähe von Flußmündungen.
ERNÄHRUNG: *C. gariepinus* ist ein Allesfresser mit Neigung zum Fleischfressen (Jackson, 1961). Laut Skelton (1993) frißt er jedoch alles, auch pflanzliche Bestandteile.

Clarias gariepinus, Domwe Island

Clarias gariepinus, Cape Kaiser

ABLAICHVERHALTEN: *C. gariepinus* brütet während oder nach der Regenzeit, wenn die Fluß- und Seeufer überschwemmt sind. Abgelaicht wird in bewachsenen Gegenden, wo die Eier zwischen die Vegetation abgelaicht werden. Die Jungfische halten sich so lange wie möglich in den überfluteten Vegetationsbiotopen auf, bevor sie in den See schwimmen.
ÄHNLICHE ARTEN: *C. gariepinus* kann man unter den Malawiarten an seinen großen Körpermaßen und der graubraunen Farbe erkennen.

Clarias ngamensis

CASTELNAU, 1861
HANDELSNAMEN: Diese Art wurde nicht exportiert.
VERBREITUNG: Sie kommt vorwiegend in den Flüssen um den See vor, wird aber manchmal auch in der Nähe von Flußmündungen im See selbst gesehen.
VARIANTEN UND MORPHEN: Unbekannt.
MAXIMALE LÄNGE: Diese Art wächst maximal auf eine Länge von etwa 70cm heran.
BIOTOP: Sie lebt über Schlammböden in Sumpfregionen.
ERNÄHRUNG: Sie frißt vorwiegend Schnecken, die mit dem Maul aufgeknackt werden. Das Dach der Mundhöhle trägt große, flache Zahnleisten (Gaumenzähne).
ABLAICHVERHALTEN: Diese Art brütet während der Regenzeit, wenn Grasbänke überflutet sind. Laut Skelton (1993) wandern zahlreiche brütende Tiere zu den seichten, überfluteten Abflußkanälen, um abzulaichen.
ÄHNLICHE ARTEN: *C. ngamensis* ist unter den Malawiarten an den großen Gaumenzähnen zu erkennen.

Clarias theodorae

WEBER, 1897
HANDELSNAMEN: Diese Art wurde noch nicht exportiert.
VERBREITUNG: Sie ist außerhalb des Sees weit verbreitet, vorwiegend in Südostafrika.
VARIANTEN UND MORPHEN: Unbekannt.
MAXIMALE LÄNGE: Diese Art erreicht maximal eine Größe von etwa 35cm.
BIOTOP: *C. theodorae* lebt in den seichten Sumpfregionen um den See, wo er zwischen den Wasserpflanzen gefunden wird.
ERNÄHRUNG: Vorwiegend frißt er Insekten und kleine Fische.
ABLAICHVERHALTEN: Unbekannt.
ÄHNLICHE ARTEN: *C. theodorae* erkennt man unter seinen malawischen Gattungsgenossen an den relativ kleinen Körpermaßen der adulten Tiere.

Chiloglanis neumanni

BOULENGER, 1909
HANDELSNAMEN: Neumann's Saugwels. Diese Art wurde noch nicht vom See aus exportiert.
VERBREITUNG: Sie wurde hier und da im See gefunden, ist aber über Ostafrika weit verbreitet.
VARIANTEN UND MORPHEN: Unbekannt.
MAXIMALE LÄNGE: Dieser kleine Wels erreicht maximal eine Gesamtlänge von etwa 8cm.
BIOTOP: Im See kommt er in Übergangszonen vor, aber in Flüssen findet man ihn häufig zwischen den Felsen im kühlen Wasser der Bergbäche.
ERNÄHRUNG: Wahrscheinlich frißt er vom Aufwuchs der Felsen, wo er die Algen abgrast.
ABLAICHVERHALTEN: Unbekannt.
ÄHNLICHE ARTEN: *C. neumanni* gleicht mehreren anderen Arten dieser Gattung. Es ist jedoch der einzige Vertreter im See.

Dinotopterus euryodon

(JACKSON, 1959)
HANDELSNAMEN: Diese Art wurde noch nicht exportiert.
VERBREITUNG: Nicht bestimmt. Es sind nur wenige Tiere bekannt.
VARIANTEN UND MORPHEN: Unbekannt.
MAXIMALE LÄNGE: Die maximal gemessene Größe war 105cm.

BIOTOP: Unbekannt.
ERNÄHRUNG: Nicht bekannt.
ABLAICHVERHALTEN: Unbekannt.

Dinotopterus filicibarbis

(JACKSON, 1959)
HANDELSNAMEN: Diese große Art wurde noch nicht exportiert.
VERBREITUNG: Sie ist nur von Nkhata Bay bekannt.
VARIANTEN UND MORPHEN: Unbekannt.
MAXIMALE LÄNGE: Diese Art wird mindestens 79cm lang.
BIOTOP: Sie wurde in 55m Tiefe über Schlammboden gefangen.
ERNÄHRUNG: *D. filicibarbis* frißt Fische und Krebstiere.
ABLAICHVERHALTEN: Unbekannt.
ÄHNLICHE ARTEN: Man erkennt ihn leicht an den breiten, flachen Barben, die am Rand gekräuselt sind.

Dinotopterus foveolatus

(JACKSON, 1955)
HANDELSNAMEN: Diese Art wurde niemals exportiert.
VERBREITUNG: Sie kommt überall im See vor.
VARIANTEN UND MORPHEN: Unbekannt.
MAXIMALE LÄNGE: *D. foveolatus* erreicht eine Gesamtlänge von über 70cm.
BIOTOP: Die meisten Tiere wurden in Felsenbiotopen in 30m Tiefe und tiefer gefangen (Jackson, 1955).
ERNÄHRUNG: Es ist ein Fischfresser, der vorwiegend nachts felsbewohnende Arten fängt.
ABLAICHVERHALTEN: Unbekannt.
ÄHNLICHE ARTEN: *D. foveolatus* ist durch seine pockenartige Haut, seinen buckeligen Rücken und die kurzen, stummelförmigen Barben zu erkennen.

Dinotopterus gigas

(JACKSON, 1959)
HANDELSNAMEN: Diese Art wurde noch nicht exportiert.
VERBREITUNG: Sie kommt überall im See vor.
VARIANTEN UND MORPHEN: Unbekannt.
MAXIMALE LÄNGE: Gelegentlich wurden Tiere mit 150cm Länge gefangen.
BIOTOP: Diese Art kommt in Felsenbiotopen und Übergangszonen vor. Tagsüber ruht sie in kleinen Höhlen oder in Sandnestern unter Felsen. Wird sie gestört, schießt sie wie der Blitz in tieferes Wasser davon. Ihre Sicht ist gering, und bei einer Störung kann sie direkt auf Felsen aufprallen oder auf den Taucher, der die Störung verursachte.
ERNÄHRUNG: Mit ihrem großen Maul verschlingt sie nachts schlafende Cichliden und andere Fische.

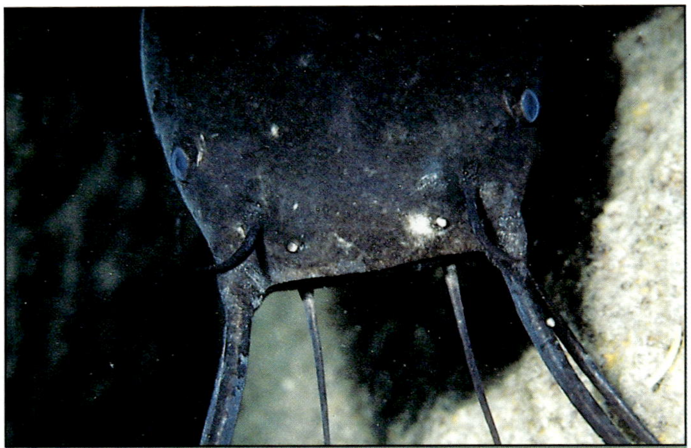

Dinotopterus gigas, Njambe

Dinotopterus gigas, Chilucha Reef

ABLAICHVERHALTEN: Unbekannt.
ÄHNLICHE ARTEN: *D. gigas* ist durch seine große Größe und den relativ großen, flachen Kopf gekennzeichnet.

Dinotopterus ilesi

(JACKSON, 1959)
HANDELSNAMEN: Diese Art wurde niemals exportiert.
VERBREITUNG: Sie ist von verschiedenen Stellen im See bekannt.
VARIANTEN UND MORPHEN: Unbekannt.
MAXIMALE LÄNGE: Es wird eine Gesamtlänge von mindestens 73cm erreicht.
BIOTOP: Diese Art wurde in 30 bis 70m Tiefe gefangen. Es ist nicht bekannt, ob sie einen bestimmten Biotop bevorzugt.
ERNÄHRUNG: Es ist ein Fischfresser, der vorwiegend Cichliden fängt.
ABLAICHVERHALTEN: Unbekannt.
ÄHNLICHE ARTEN: *D. ilesi* läßt sich von allen anderen Arten dieser Gattung an dem schwarzen Schleim erkennen, der den Fisch bedeckt und leicht von seiner Haut entfernt werden kann. Jackson (1961) berichtet, daß,

wenn man diesen Fisch an Bord hebt, er Streifen schwarzen Schleims auf Boot, Kleidern und Händen zurückläßt. Er wurde Black Sapuwa genannt.

Dinotopterus jacksoni

GREENWOOD, 1961
HANDELSNAMEN: Dieser Wels wurde noch nicht als Aquariumfisch exportiert.
VERBREITUNG: Er wurde in Nkhata Bay gefangen.
VARIANTEN UND MORPHEN: Unbekannt.
MAXIMALE LÄNGE: Er erreicht eine Gesamtlänge von etwa 75cm.
BIOTOP: Unbekannt.
ERNÄHRUNG: Nicht bekannt.
ABLAICHVERHALTEN: Unbekannt.
ÄHNLICHE ARTEN: Keine bekannt.

Dinotopterus longibarbis

(WORTHINGTON, 1933)
HANDELSNAMEN: Diese Art wurde nicht exportiert.
VERBREITUNG: Sie wurde überall im See gefunden, ist aber im Nordteil häufiger zu sehen.
VARIANTEN UND MORPHEN: Unbekannt.
MAXIMALE LÄNGE: Die maximal gemessene Länge betrug 76cm.
BIOTOP: Dieser Fisch wird häufig aus recht tiefem Wasser geangelt. Es ist nicht bekannt, welchen Biotop er bevorzugt.
ERNÄHRUNG: *D. longibarbis* ist ein Fischfresser.
ABLAICHVERHALTEN: Unbekannt.
ÄHNLICHE ARTEN: Diese Art ist an ihrem kurzen Kopf und den langen Barben zu erkennen. Die Einheimischen nennen sie Kabwili.

Dinotopterus loweae

(JACKSON, 1959)
HANDELSNAMEN: Diese Art wurde noch nicht exportiert. Sie wird von den Einheimischen Nkhomo genannt.
VERBREITUNG: Sie kommt überall im See vor.
VARIANTEN UND MORPHEN: Unbekannt.
MAXIMALE LÄNGE: Es ist eine sehr schwere und große Art, die über 100cm lang werden kann.
BIOTOP: Dieser Wels lebt im offenen Wasser mitten im See. Er dringt bis in tiefe Wasserschichten vor, wo gruppenweise nach Nahrung gesucht wird.
ERNÄHRUNG: Bemerkenswert für einen Fisch dieser Größe ist, daß er Plankton und Insektenlarven frißt.
ABLAICHVERHALTEN: Unbekannt.

Dinotopterus sp. Chizumulu Island

Dinotopterus nyasensis

(WORTHINGTON, 1933)
HANDELSNAMEN: Diese Art wurde noch nicht exportiert. Die Einheimischen in der Nähe von Nkhata Bay nennen sie Sapuwa.
VERBREITUNG: Sie kommt überall im See vor. Manchmal dringt sie in Flußmündungen ein.
VARIANTEN UND MORPHEN: Unbekannt.
MAXIMALE LÄNGE: Diese Art kann eine Gesamtlänge von etwa 80cm erreichen.
BIOTOP: D. nyasensis lebt im offenen Wasser, aus dem er regelmäßig geangelt wird.
ERNÄHRUNG: Er trägt 118 bis 220 fadenartige Kiemenrechen auf dem unteren Arm des ersten Kiemenbogens und hat ein sehr großes Maul. Er filtert hauptsächlich Zooplankton aus der Wassersäule, frißt aber auch manchmal kleine Fische und Insektenlarven.
ABLAICHVERHALTEN: Unbekannt.
ÄHNLICHE ARTEN: *D. nyasensis* erkennt man an der großen Anzahl Kiemenrechen.

Dinotopterus rotundifrons

(JACKSON, 1959)
HANDELSNAMEN: Dieser Wels wurde niemals exportiert.
VERBREITUNG: Er ist recht selten, scheint aber überall im See vorzukommen.
VARIANTEN UND MORPHEN: Unbekannt.
MAXIMALE LÄNGE: Er erreicht eine Gesamtlänge von etwa 70cm.
BIOTOP: Es ist nicht bekannt, ob er einen bestimmten Lebensraum bevorzugt. Manchmal wird er mit Kiemennetzen aus tiefen Wasserschichten gefangen.
ERNÄHRUNG: *D. rotundifrons* ist ein Fischfresser.
ABLAICHVERHALTEN: Unbekannt.
ÄHNLICHE ARTEN: Er ist durch seinen fleischigen, rundlichen Kopf gekennzeichnet.

Dinotopterus worthingtoni

(JAKSON, 1959)
HANDELSNAMEN: Er wurde niemals als Aquariumfisch exportiert. Die Einheimischen bei Nkhata Bay nennen ihn Nkopora.
VERBREITUNG: Meistens wird er im Nordteil des Sees gefunden.
VARIANTEN UND MORPHEN: Unbekannt.
MAXIMALE LÄNGE: Maximal wurde eine Größe von 81cm gemessen.
BIOTOP: Er bevorzugt den Felsenbiotop, wird aber manchmal mit Chirimilanetzen gefangen, die die Einheimischen zum Utakafang verwenden.
ERNÄHRUNG: Den Hauptanteil seiner Nahrung stellen Krabben, aber gelegentlich werden auch Fische gefressen.
ABLAICHVERHALTEN: Unbekannt.
ÄHNLICHE ARTEN: *D. worthingtoni* ist an seiner Barbenform zu erkennen, die zur Basis hin dicker werden.

Engraulicypris sardella

(GÜNTHER, 1868)
HANDELSNAMEN: Seesardine. Diese Art wurde noch nicht exportiert. Die Einheimischen nennen sie Usipa.
VERBREITUNG: Sie ist im See endemisch und kommt in großen Schwärmen vor.
VARIANTEN UND MORPHEN: Unbekannt.
MAXIMALE LÄNGE: Maximal wird diese Art etwa 12cm groß.
BIOTOP: Die Jungfische kommen im offenen Wasser des Sees vor. Adulte Tiere wandern zu den Ufern, wo sie mit Strandnetzen gefangen werden. Am frühen Morgen befinden sie sich vorwiegend über Sandboden, ziehen sich aber tagsüber etwas weiter ins tiefere Wasser küstenauswärts zurück.
ERNÄHRUNG: *E. sardella* frißt nur Zooplankton.
ABLAICHVERHALTEN: Er scheint im offenen Wasser zu brüten. Die Larven und Jungfische bleiben mitten im See. Haben sie aber eine Größe von etwa 3cm erreicht, wandern sie in großen Schwärmen zu den Ufern. Dort verbringen sie den größten Teil ihres Lebens.
ÄHNLICHE ARTEN: Usipa kommt sehr häufig vor und ist leicht an dem extrem länglichen und silbrigen Körper zu erkennen. Trotz der kleinen Größe ist es einer der wichtigsten Nahrungsfische des Sees. Sie werden auch häufig als Köder zum Angeln verwendet.

Hemigrammopetersius barnardi

(HERRE, 1936)
HANDELSNAMEN: Diese Art wurde noch nicht exportiert.
VERBREITUNG: Sie lebt entlang sumpfiger Regionen am Malawisee, aber auch in den unteren Zambezi, Pungwe und Buzi Flußsystemen.
VARIANTEN UND MORPHEN: Unbekannt.
MAXIMALE LÄNGE: Diese Art kann eine Gesamtlänge von etwa 5cm erreichen.
BIOTOP: Sie kommt an Ufern mit Pflanzenwuchs vor.
ERNÄHRUNG: Sie frißt Wirbellose.
ABLAICHVERHALTEN: Unbekannt.
ÄHNLICHE ARTEN: *H. barnardi* ist an dem silbrigen Körper und einem schwarzen Band über und auf der Afterflosse zu erkennen.

Hippopotamyrus discorhynchus

(PETERS, 1852)
HANDELSNAMEN: Diese Art wird nur unregelmäßig exportiert.
VERBREITUNG: Sie ist in Ostafrika weit verbreitet und wird in Küstenlagunen und in der Nähe von Sümpfen um den See gefunden.
VARIANTEN UND MORPHEN: Unbekannt.
MAXIMALE LÄNGE: Diese Art kann maximal etwa 35cm groß werden.
BIOTOP: Sie kommt hauptsächlich über Schlammböden

Engraulicypris sardella, Charo

Hippopotamyrus discorhynchus, Senga Bay

in geschützten Buchten, Lagunen und Mooren vor.
ERNÄHRUNG: Sie frißt nachts und sucht im Schlammboden nach Insektenlarven.
ABLAICHVERHALTEN: Unbekannt.
ÄHNLICHE ARTEN: *H. discorhynchus* ist durch einen hochrückigen Körper und eine braune Farbe geprägt. Er läßt sich von den anderen, kleineren Nilhechten in und um den See dadurch unterscheiden, daß der erste Stachel der Rückenflosse weiter vorne steht als der der Afterflosse.

Labeo cylindricus

PETERS, 1852
HANDELSNAMEN: Diese Art wurde noch nicht exportiert. Sie wird von den Einheimischen Ningwe oder Nbunu genannt.
VERBREITUNG: Sie wird im See häufig gefunden, ist aber in ganz Ostafrika weit verbreitet.
VARIANTEN UND MORPHEN: Die Population im See sieht einheitlich aus, unterscheidet sich aber von den Flußpopulationen etwas in der Farbe.
MAXIMALE LÄNGE: Diese Art erreicht eine Gesamtlänge von etwa 35cm.

Labeo cylindricus, Thumbi West

Labeo cylindricus, Maleri Island

BIOTOP: *L. cylindricus* kommt häufig in Felsenbiotopen bis in etwa 30m Tiefe vor. Sie wurde sowohl in sedimentfreien als auch in sedimentreichen Felsenbiotopen gefunden.
ERNÄHRUNG: Sie frißt vom Aufwuchs, wobei sie lockeres Material, vor allem Kieselalgen und andere kleine Algen, von den Felsen abschabt.
ABLAICHVERHALTEN: Die Population im See hat eine kurze Brutsaison; sie brüten vorwiegend im Dezember (Jackson, 1961). Es wird um Felsen abgelaicht, und die Eier bleiben in den Winkeln und Spalten des Biotops liegen.
ÄHNLICHE ARTEN: *L. cylindricus* ist leicht an seinem dunklen Körper mit dem goldgelben Seitenstreifen zu erkennen. Der andere Labeo, *L. mesops,* hat einen silbriggefärbten Körper.

Labeo mesops

GÜNTHER, 1868
HANDELSNAMEN: Diese Art wurde noch nicht exportiert. Sie heißt bei den Einheimischen Nchila oder Ntuwa.
VERBREITUNG: Sie ist im See endemisch.
VARIANTEN UND MORPHEN: Unbekannt.
MAXIMALE LÄNGE: Maximal wird sie etwa 35cm groß.
BIOTOP: L. mesops lebt in Schulen über Sandboden. Meistens findet man ihn in seichtem Wasser, und er wird häufig in Strandnetzen gefangen.
ERNÄHRUNG: Er frißt vom Aufwuchs und Sediment auf dem Sand.
ABLAICHVERHALTEN: Jackson (1961) berichtet, daß er flußaufwärts wandert und in Lagunen zum Ablaichen vordringt. Wahrscheinlich wird zwischen Wasserpflanzen an Stellen abgelaicht, wo eine Strömung die verlassenen Eier mit frischem Wasser versorgt.
ÄHNLICHE ARTEN: *L. mesops* hat einen silbrigen Körper und kann deshalb leicht von *L. cylindricus* unterschieden werden, der einen dunklen Körper mit einem goldgelben Seitenstreifen besitzt.

Marcusenius macrolepidotus

(PETERS, 1852)
HANDELSNAMEN: Diese Art wurde noch nicht exportiert.
VERBREITUNG: Sie lebt in den Abflußsystemen des Zambezi, Rovuma und des Luapula. Gelegentlich begegnet man ihr im See, vor allem in der Nähe von Flußmündungen.
VARIANTEN UND MORPHEN: Es gibt einige morphologischen Unterschiede bei den bekannten Populationen, jedoch scheint die Population im Malawisee homogen zu sein.
MAXIMALE LÄNGE: Diese Art erreicht eine Gesamtlänge von etwa 30cm.

BIOTOP: Sie kommt in Küstenregionen vor, wo sumpfige Ufer einen Schlammboden haben. Vor allem aber wird sie in Flüssen, die in den See einmünden, gefunden.
ERNÄHRUNG: *M. macrolepidotus* frißt nachts. Er sucht den Schlammboden nach Insektenlarven und anderen Wirbellosen ab.
ABLAICHVERHALTEN: Unbekannt.
ÄHNLICHE ARTEN: *M. macrolepidotus* gleicht im Aussehen *M. nyasensis.* Jedoch hat er größere Schuppen auf dem Körper und einen schlankeren Schwanzstiel, dessen Tiefe mehr als 3mal in seine Länge paßt. Der Schwanzstiel von *M. nyasensis* paßt 2 bis 2,5 mal in seine Länge.

Marcusenius nyasensis

(WORTHINGTON, 1933)
HANDELSNAMEN: Diese Art wurde noch nicht exportiert.
VERBREITUNG: Sie kommt überall im See vor. Ob sie auch extralakustrische (außerhalb des Sees) vorkommt, ist unbekannt.
VARIANTEN UND MORPHEN: Unbekannt.
MAXIMALE LÄNGE: M. nyasensis wächst auf eine Größe von maximal etwa 30cm heran.
BIOTOP: Gewöhnlich findet man ihn in Sumpfregionen, die den See an zahlreichen Stellen begrenzen. Schlammboden ist Bedingung für das Wohlbefinden dieser Art.
ERNÄHRUNG: Er frißt nachts. Seine Nahrung besteht aus Wirbellosen, vorwiegend Insektenlarven, und Kräutern.
ABLAICHVERHALTEN: Unbekannt.
ÄHNLICHE ARTEN: *M. nyasensis* gleicht *M. macrolepidotus.* Jedoch sind die Schuppen kleiner und der Schwanzstiel kürzer und höher. Die Tiefe des Schwanzstiels paßt bei *M. macrolepidotis* mehr als 3mal in seine Länge, während sie bei *M. nyasensis* 2 bis 2,5mal in seine Länge paßt.

Marcusenius nyasensis, Senga Bay

Mormyrops anguilloides

(Linnaeus, 1758)
SYNONYM: Mormyrops deliciosus.
HANDELSNAMEN: Diese Art wurde nur selten exportiert, wahrscheinlich unter dem Namen Mormyrops Deliciosus. Jedoch wurden ihm mehrere gewöhnliche Namen wie Bottlenose und Cornish Jack verliehen. Einheimische Namen für diese Art sind Nyanda und Njolo (Jackson, 1961).
VERBREITUNG: Diese Art ist in Ost- und Westafrika weit verbreitet.
VARIANTEN UND MORPHEN: Unbekannt.

Mormyrops anguilloides, Mdoka

MAXIMALE LÄNGE: Sie erreicht eine Gesamtlänge von etwa 100cm.
BIOTOP: Sie kommt in Flüssen und Lagunen häufig vor; manchmal wird sie nachts in Küstenbereichen, vor allem über Schlammböden gefangen. Sie lebt vorwiegend in seichtem Wasser, wurde aber auch aus tiefem Wasser gefangen.
ERNÄHRUNG: *M. anguilloides* ist ein Fischfresser, der auf kleine Beutetiere spezialisiert zu sein scheint, die er nachts fängt.
ABLAICHVERHALTEN: Unbekannt.
ÄHNLICHE ARTEN: *M. anguilloides* kann man leicht an seinem länglichen, silbrig-braunen Körper und seinem charakteristischen Maul erkennen.

Mormyrus longirostris

PETERS, 1852
HANDELSNAMEN: Rüsselnilhecht, Eastern Bottlenose. Diese Art wurde hin und wieder exportiert.
VERBREITUNG: Sie ist in Mittel- und Ostafrika weit verbreitet.
VARIANTEN UND MORPHEN: Unbekannt.
MAXIMALE LÄNGE: Sie kann maximal auf eine Gesamtlänge von etwa 80cm heranwachsen.

BIOTOP: Meistens sieht man sie versteckt in kleinen Höhlen, in denen mehrere Tiere zusammengedrängt sind. Sie verlassen die Höhle im Dämmerlicht des Abends. Man findet diese Art aber auch in Schlammregionen, wo sie sich zwischen Pflanzen versteckt. Sie kann bis in sehr tiefe Wasserschichten vorkommen, sogar bis zur Grenze von gelöstem Sauerstoff (Jackson, 1961).
ERNÄHRUNG: Es wird berichtet, daß sie Insekten und andere Wirbellose frißt, wahrscheinlich aber auch kleine Fische, da die meisten Tiere, die in Felsregionen beobachtet wurden, ihre lange Schnauze in Spalten im Biotop hineinstecken.

Mormyrus longirostris, Senga Bay

ABLAICHVERHALTEN: Hierüber ist nichts genaues bekannt, aber sie scheint flußaufwärts zu wandern (Jackson, 1961).
ÄHNLICHE ARTEN: *M. longirostris* ist leicht an seinem langgestreckten Kopf mit dem endständigen Maul zu erkennen. Die Kopfspitze ist nach unten gebogen, im Gegensatz zur Kopfspitze des *Mormyrops anguilloides*.

Nothobranchius orthonotus

(PETERS, 1844)
SYNONYME: Hydrargyra maculata, Fundulus mkuziensis.
HANDELSNAMEN: Diese Art wurde in letzter Zeit nicht aus dem See exportiert, ist aber im Aquariumhobby vorhanden. Ein Handelsname ist nicht bekannt.
VERBREITUNG: Sie ist in Süd- und Ostafrika verbreitet.
VARIANTEN UND MORPHEN: Es sind mehrere geographische Varianten bekannt, aber nur eine vom Malawisee.
MAXIMALE LÄNGE: *N. orthonotus* erreicht eine Gesamtlänge von etwa 9cm.
BIOTOP: Dieser Killifisch kommt nur in sehr seichtem Wasser vor, aber nicht im offenen Wasser. Manchmal findet man ihn auch an sumpfigen Stellen, die den See begrenzen.
ERNÄHRUNG: Er frißt hauptsächlich Insektenlarven.

ABLAICHVERHALTEN: *N. orthonotus* laicht im lockeren Material am Boden seines Lebensraums ab. Je nach den Schwankungen des Wasserspiegels brütet er saisonal oder das ganze Jahr über. In Tümpeln, die austrocknen, überleben die Eier im Boden, so daß die Jungen beim ersten Regen schlüpfen. Trocknet ihr Biotop nicht aus, wird das ganze Jahr über abgelaicht und die Jungen schlüpfen in einigen Wochen aus den Eiern.
ÄHNLICHE ARTEN: Im Malawisee erkennt man diese Art leicht an der intensiven Färbung der Männchen, die vorwiegend karminrot ist. Der andere Killifisch im See, *Aplocheilichthys johnstonii,* ist silbrig gefärbt.

Nothobranchius orthonotus, Senga Bay

Opsaridium microcephalum

(GÜNTHER, 1864)
HANDELSNAMEN: Seeforelle. Diese Art wurde noch nicht exportiert. Bei den Einheimischen heißt sie Sanjika.
VERBREITUNG: Sie ist im See endemisch, wird aber auch in den ausfließenden Flüssen und Strömen gefunden.
VARIANTEN UND MORPHEN: Unbekannt.
MAXIMALE LÄNGE: Sie wird etwa 30cm groß.
BIOTOP: Die Jungfische leben in Strömen und in der Nähe von Flußmündungen. Die adulten Tiere findet man im seichten Wasser über Sandböden.
ERNÄHRUNG: *O. microcephalum* frißt Usipa (Engraulicypris sardella). Er folgt den großen Schwärmen der Seesardine an der Küste entlang.
ABLAICHVERHALTEN: Er wandert die vielen Flüsse, die in den See in der Regenzeit einmünden, aufwärts. Im kühlen Wasser der Gebirgsbäche laicht er in etwa 300m über dem Meeresspiegel ab.
ÄHNLICHE ARTEN: *O. microcephalum* gleicht *O. microlepis,* dem Seelachs. Diese letztgenannte Art hat sehr kleine Schuppen und viel größere adulte Tiere als *O. microcephalum. O. microcephalum* trägt attraktiv rotgefärbte Schwanzflossen und bläuliche, senkrechte Bänder auf dem Körper.

Opsaridium microcephalum

Opsaridium microlepis

Opsaridium microlepis

(GÜNTHER, 1864)
HANDELSNAMEN: Diese Art wurde noch nicht als Aquariumfisch exportiert. Es ist ein sehr geschätzter Nahrungsfisch und wird von den Einheimischen Mpasa genannt. Er ist auch als Seelachs bekannt.
VERBREITUNG: Er ist im See endemisch, kommt aber auch in Strömen, die in den See fließen, vor.
VARIANTEN UND MORPHEN: Unbekannt.
MAXIMALE LÄNGE: Er kann eine Gesamtlänge von etwa 60cm erreichen.
BIOTOP: Man findet ihn über Sandebenen in recht seichtem Wasser; aber auch im offenen Wasser wurde er beobachtet.
ERNÄHRUNG: *O. microlepis* ist ein Fischfresser, der auf die Seesardine *(Engraulicypris sardella)* Jagd macht und ihren großen Schwärmen die Küste entlang folgt.
ABLAICHVERHALTEN: Diese Art brütet im kühlen Wasser von Bergströmen. Es gibt keine Berichte über eine bestimmte Brutsaison, aber wahrscheinlich haben *O. microlepis* und *O. microcephalum* unterschiedliche Brutperioden. Beide Arten benötigen große Flüsse, deren Quellwasser den benachbarten Bergen entspringt.
ÄHNLICHE ARTEN: *O. microlepis* ist an den sehr kleinen Schuppen, dem großen Maul und den großen adulten Tieren zu erkennen. *O. microcephalum,* dem er sehr ähnelt, hat einen orangeroten Schwanz und schwache, senkrechte, bläuliche Bänder auf dem Körper.

Petrocephalus catostoma

(GÜNTHER, 1866)
HANDELSNAMEN: Obwohl diese Art häufig exportiert wurde, ist kein Handelsname bekannt.
VERBREITUNG: Sie ist fast über ganz Ostafrika verbreitet, vom Viktorianil bis Natal.
VARIANTEN UND MORPHEN: Unbekannt.
MAXIMALE LÄNGE: Maximal wächst sie auf eine Länge von etwa 15cm heran.
BIOTOP: Sie wird niemals im offenen Wasser des Sees selbst gefunden, kommt aber im seichten Wasser schlammiger, geschützter Buchten, in Lagunen und Sumpfgegenden vor. Normalerweise bevorzugt sie weichen Boden.
ERNÄHRUNG: Diese Art frißt vorwiegend Insektenlarven und andere kleine Wirbellose, die sie im Boden findet. Sie sucht nachts nach Nahrung.
ABLAICHVERHALTEN: Unbekannt.
ÄHNLICHE ARTEN: *P. catostoma* unterscheidet sich von den anderen Nilhechten durch seinen rundlichen Kopf und das unterständige Maul. Von *Hippopotamyrus discorhynchus* unterscheidet er sich dadurch, daß die Rückenflosse weiter hinten angesetzt ist als die Afterflossen.

Petrocephalus catostoma

Synodontis njassae

KEILHACK, 1908
HANDELSNAMEN: Malawiwels, Squeaker (weil er quiekt, wenn man ihn aus dem Wasser nimmt).
VERBREITUNG: Diese Art ist im See endemisch.
VARIANTEN UND MORPHEN: Unbekannt.
MAXIMALE LÄNGE: Sie wird etwa 20cm groß.
BIOTOP: Die meiste Zeit des Jahres findet man sie zwischen den Felsen in seichtem Wasser, wo sie sich tagsüber in den Felsspalten versteckt, oder auch auf Sand in tiefem Wasser. Nachts verlassen sie ihr Versteck und schwimmen durch den Biotop. Im Oktober, November und Dezember werden die meisten Tiere jedoch über Sand- und Schlammboden in seichtem Wasser gefangen.
ERNÄHRUNG: Wahrscheinlich frißt diese Art während der Nacht. Ihre Nahrung besteht aus Insekten, Krebstieren und anderen Wirbellosen.
ABLAICHVERHALTEN: Unbekannt. Man nimmt an (Stuart Grant, pers. Mittl.), daß *S. njassae* während der Monate Oktober bis Dezember brütet. In dieser Zeit kann man sie nachts in Senga Bay in großen Mengen über Schlammboden fangen. Da sie in Fallen gelockt werden, kann man darauf schließen, daß sie in dieser Zeit auch fressen. Wenn sie nachts brüten, ist es unmöglich, daß sie Cichliden als Pflegeeltern für ihre Nachkommen verwenden, wie von einigen Synodontis im Tanganjikasee bekannt ist.
ÄHNLICHE ARTEN: *S. njassae* ist die einzige Art dieser Gattung im See und deshalb auch leicht zu erkennen.

Synodontis njassae, Senga Bay

Weitere Bewohner des Malawisees

Potamogeton, Schweinfuhrtii

Malawispongia echinoides, Thumbi Point, Tanz.

Schwamm bei Lupingu

Potamonautus orbitospinus, Mbenji

Potamonautus orbitospinus, Nkanda

Potamonautus orbitospinus, Cóbué

Vallisneria aethiopica

Register der Nicht-Cichliden

Weitere Cichlidenliteratur

Ratgeber - Malawi-Cichliden-Zucht

R. Stanislawski · T. Weirauch

Die beiden erfolgreichen Züchter geben praktische Tips aus der täglichen Aquarienpraxis zur Zucht dieser äußerst beliebten Fischgruppe, die auch in den Zoogeschäften der absolute Renner ist.
Endlich ein Buch, das sich intensiv mit dem Thema Zucht und auch dem technischen Drumherum befaßt. Ein ausführlicher, herrlich bebildeter Artenteil rundet das Buch ab.

ISBN 3-927 997-45-5 **DM 29,80**

Das große Buch der Tropheus-Cichliden

Frank Schneidewind

Auf über 200 herrlichen Farbbildern zeigt der erfahrene Autor alle gängigen Standortvarianten. Außerdem enthält das umfassende Standardwerk ein „ABC der Tropheuspflege". Dieses Buch enthält alles was der interessierte Aquarianer wissen muß. Auf 104 Seiten soviel geballte Information, da ist für jeden etwas dabei.

ISBN 3-927 997-65-X **DM 49,80**

Erfolg mit Malawi- und Tanganjikabuntbarschen

Sabine Melke

Ein Buch für die Aquarienpraxis. Die Autorin beschäftigt sich seit vielen Jahren beruflich mit diesen Cichliden. Ihr ist es gelungen, ein leicht verständliches Buch über die erfolgreiche Hälterung und Zucht dieser beliebten Fischgruppe zu schreiben.

ISBN 3-927 997-02-1 **DM 39,80**